中国通信学会普及与教育工作委员会推荐教材

21世纪高职高专电子信息类规划教材

21 Shiji Gaozhi Gaozhuan Dianzi Xinxilei Guihua Jiaocai

通信建设
工程监理

于正永 钱建波 董进 主编

Electronic
Information

人民邮电出版社

北 京

图书在版编目（CIP）数据

通信建设工程监理 / 于正永，钱建波，董进主编
. -- 北京：人民邮电出版社，2017.4（2023.7重印）
21世纪高职高专电子信息类规划教材
ISBN 978-7-115-44769-2

Ⅰ. ①通… Ⅱ. ①于… ②钱… ③董… Ⅲ. ①通信工
程－监理工作－高等职业教育－教材 Ⅳ. ①TN91

中国版本图书馆CIP数据核字(2017)第036587号

内 容 提 要

本书依据通信建设工程监理的实际工作流程，采用"模块+单元"架构设计，共分 4 个模块 12 个学习单元。书中主要介绍了通信建设工程监理、项目管理方面的基本理论和基础知识，重点分析了通信建设工程监理工作中的"三控"，即造价控制、进度控制和质量控制，详细阐述了"三管一协调"，即合同管理、信息管理、安全管理和相关的组织协调，最后选取和分析了基站光缆线路接入工程、无线网设备安装工程及室内覆盖工程 3 个典型的工程监理案例。

本书可作为高职高专院校通信类专业的教材，也可作为从事通信工程施工、监理、项目管理等方面工作的工程技术人员参考书，还可作为通信建设工程监理工程师认证考试培训教材。

- ◆ 主　　编　于正永　钱建波　董　进
　　责任编辑　桑　珊
　　执行编辑　左仲海
　　责任印制　焦志炜
- ◆ 人民邮电出版社出版发行　　北京市丰台区成寿寺路 11 号
　　邮编　100164　　电子邮件　315@ptpress.com.cn
　　网址　https://www.ptpress.com.cn
　　北京盛通印刷股份有限公司印刷
- ◆ 开本：787×1092　1/16
　　印张：15.25　　　　　　　　2017 年 4 月第 1 版
　　字数：379 千字　　　　　　2023 年 7 月北京第 4 次印刷

定价：42.00 元

读者服务热线：(010)81055256　印装质量热线：(010)81055316
反盗版热线：(010)81055315

前言

近年来，我国通信行业的发展态势良好，电信业投资规模保持增长势头。通信行业的发展带动通信工程监理行业进一步发展，特别是 4G 网络建设力度不断加强，5G 将于 2020 年商用，这些都为通信工程监理行业提供了机遇和挑战。未来的通信工程投资规模将继续增长，通信工程监理队伍将逐步壮大，服务水平将进一步提高，因此在高校开设通信建设工程监理课程十分必要。

本书采用"模块+单元"架构设计，共包括通信建设工程监理与项目管理、通信工程控制、通信工程管理与协调、通信建设工程监理实务四大模块，进一步提炼为 12 个学习单元。模块一包括 2 个学习单元，主要介绍了通信建设工程监理和通信建设工程项目管理两个方面的基础知识，具体包括建设工程监理的相关概念、监理企业及人员的要求、监理的工作流程、监理规划内容和细则、监理的相关法律法规、项目管理基本概念、招投标以及通信工程建设流程等；模块二包括 3 个学习单元，重点分析了通信建设工程监理工作中的"三控"，即造价控制、质量控制和进度控制，具体包括"三控"的基本概念、概预算文件编制以及"三控"各阶段的工作流程及要求等，并结合实际项目案例进行了分析说明；模块三包括 4 个学习单元，详细阐述了通信建设工程监理工作中的"三管一协调"，即合同管理、信息管理、安全管理和相关的组织协调，具体包括"三管一协调"的基本概念、施工索赔管理工作流程及要求、合同争议和合同解除要求、监理文件资料的管理流程、常用的监理表格及填写、安全事故的处理、组织协调的内容及方法等；模块四包括 3 个学习单元，具体给出了 3 个综合项目案例，并结合监理规划内容及要求进行详细分析。

本书每个模块均设有目标导航、教学建议、内容解读、知识归纳、自我测试等栏目，书中以实际工程案例进行分析，过程详细，深入浅出，具有很好的实用性，便于读者学习。

本书由淮安信息职业技术学院于正永、钱建波、董进担任主编。于正永负责全书的统稿，并负责模块二和模块四的撰写，钱建波负责模块三的撰写，董进负责模块一的撰写。本书在编写过程中，得到了中邮通建设咨询有限公司、安徽博达通信工程监理有限责任公司以及南京奥联信息技术有限公司工程技术人员的帮助，得到了我校计算机与通信工程学院各位领导和老师的大力支持，在此对他们表示诚挚的感谢。

由于编者水平有限，书中难免会有错误和不妥之处，恳请广大读者批评指正。读者可以通过电子邮件 yonglly@sina.com 直接与编者联系。

编　者
2016 年 10 月

目　录

模块一

通信建设工程监理与项目管理

【目标导航】

1. 了解建设工程监理的含义、服务范围等基本概念。
2. 熟悉监理企业、监理人员的资质等相关要求。
3. 理解和掌握通信建设工程监理的工作流程及要求。
4. 熟悉监理规划组成及监理实施细则。
5. 了解建设工程监理的相关法律法规要求。
6. 掌握通信建设工程项目管理概念、招投标以及建设流程。

【教学建议】

模块内容	学时分配	总学时	重点	难点
1.1 建设工程监理的含义	2	12		
1.2 监理单位与工程相关方的关系				
1.3 建设工程监理的服务范围	2		√	
1.4 监理企业的资质要求			√	
1.5 监理机构及监理人员的资质要求			√	
1.6 建设工程监理的控制原则及工作流程	2		√	√
1.7 监理规划及监理实施细则	2		√	
1.8 建设工程监理的相关制度				
2.1 项目管理基础	2			
2.2 通信建设工程招投标			√	
2.3 通信工程建设流程	2		√	

【内容解读】

本模块包括通信建设工程监理基础认知和通信建设工程项目管理基础认知两个学习单元。学习单元 1 主要介绍了建设工程监理的含义、工程各主体方之间的关系、服务范围等基本概念，介绍了监理企业的资质要求、监理人员的素质要求及工作职责，详细阐述了通信建设工程施工阶段监理的工作流程及要求，并说明了监理规划内容及实施细则，最后还给出了建设工程监理的相关法律法规要求；学习单元 2 主要介绍了项目管理的基础知识，给出了通信建设工程招投标的含义、方式以及工作流程，此外还详细阐述了通信工程建设的工作流程及要求。

学习单元 1 通信建设工程监理基础认知

1.1 建设工程监理的含义

建设工程监理是指具有相应资质的监理企业受工程项目建设单位的委托，依据国家有关工程建设的法律、法规及经建设主管部门批准的工程建设文件、建设工程监理委托合同及其他建设工程合同等，对建设工程实施专业化监督管理。

实行建设工程监理制度，目的在于完善建设工程管理，提高建设工程的投资效益和社会效益。具体来说，一是建设工程监理的实施需要法人的委托和授权；二是建设工程监理是针对工程项目建设所实施的监督管理活动；三是现阶段建设工程监理主要发生在项目建设的实施阶段；此外，建设工程监理的行为主体是监理企业，监理企业是具有独立性、社会化、专业化特点的从事建设工程监理和其他技术活动的组织。

实行通信建设工程监理制度，可以有效地控制工程建设进度和造价，提高工程质量；可以提高工程管理的专业化水平；可以提升施工单位的管理水平；可以使通信建设市场形成新的运行机制，为我国通信建设工程监理业进入国际市场奠定坚实的基础。总之，在通信工程建设过程中推行监理制度，能够起到控制工程造价、进度、质量和工程管理及协调等方面的积极作用。

1.2 监理单位与工程相关方的关系

在工程实施过程中，监理单位与政府质量监督管理部门、建设单位、施工单位和设计单位等之间的关系密不可分，主要表现为直接的合同关系和间接的合同关系。

1. 监理单位与政府质量监督管理部门的关系

工程建设监理和政府质量监督均属于工程建设领域的监督管理活动，两者目标是相同的。质量监督管理部门代表政府行使质量监督权力，监理企业代表建设单位执行监理任务，监理单位要接受政府质量监督管理部门的质量监督和相关检查，因此，监理单位应向政府质量监督管理部门提供反映工程质量实际情况的资料，配合质量监督管理部门进入施工现场开展检查。

2. 监理单位与建设单位的关系

一方面要遵循平等的企业法人关系，建设单位与监理单位都是通信建设市场中的企业法人，虽然经营性质不同、业务范围不同，但都是独立的经营主体，在通信建设市场中的地位是平等的。另一方面要遵循委托与被委托的合同关系，监理单位与建设单位都作为委托监理合同的合同主体，受监理合同的相关约束，双方是委托与被委托的关系。

3. 监理单位与施工单位的关系

一是平等的法人关系，监理单位与施工单位都是通信建设市场中的企业法人，经营性质、业务范围不同，双方在国家工程建设规范标准的制约下，完成通信工程建设任务，在通信建设市场中具有平等的地位。二是监理与被监理的关系，在建设单位与施工单位签订的建设工程施工合同中，一般会明确监理与被监理的关系，按照国家的有关规定，在委托监理的工程建设项目中，施工单位须接受监理单位的监督管理。

4．监理单位与设计单位的关系

在委托设计阶段监理的工程建设项目中，通过建设单位与设计单位签订的设计合同，以及与监理单位签订的委托监理合同，明确监理单位与设计单位之间监理与被监理的关系，设计单位应接受监理单位的监督管理。

在未委托设计阶段监理的工程建设项目中，监理单位与设计单位只是工作上的配合关系，当监理人员发现设计存在缺陷或不合理之处时，可以通过建设单位向设计单位提出修改建议。

1.3　建设工程监理的服务范围

1.3.1　监理业务范围

按照工信部第 2 号令《工业和信息化部行政许可实施办法》文件的相关规定，通信建设工程监理企业资质等级可以划分为甲级、乙级和丙级，甲级和乙级资质分为电信工程专业和通信铁塔专业，丙级资质只设电信工程专业，同时不同资质等级的监理企业可以承担的业务范围往往是不同的。

1．甲级资质企业业务范围

（1）电信工程专业：有线传输、无线传输、电话交换、移动通信、卫星通信、数据通信、通信电源、综合布线、通信管道工程。

（2）通信铁塔（含基础）专业。

2．乙级资质企业业务范围

（1）电信工程专业：工程投资额在 3000 万元以下的省内有线传输、无线传输、电话交换、移动通信、卫星通信、数据通信、通信电源等专业工程；1 万平方米以下建筑物的综合布线工程；通信管道工程。

（2）通信铁塔专业：塔高 80m 以下的通信铁塔工程。

3．丙级资质企业业务范围

电信工程业务：工程投资额在 1000 万元以下的本地网有线传输、无线传输、电话交换、移动通信、卫星通信、数据通信、电信电源工程；5000m^2 以下建筑物的综合布线工程；通信管道工程 48 孔以下。

1.3.2　监理工作内容

按照信部规（2007）168 号《通信建设工程监理管理规定》文件的相关要求，监理企业可以和建设单位约定对通信工程建设全过程（包括设计阶段、施工阶段和保修期阶段）实施监理，也可以约定对其中某个阶段实施监理，具体监理范围和工作内容，由建设单位和监理企业在委托合同中约定。

1. 设计阶段监理工作内容

（1）协助建设单位选定设计单位，商签设计合同并监督管理设计合同实施。

（2）协助建设单位提出设计要求，参与设计方案的选定。

（3）协助建设单位审查设计和概（预）算，参与施工图设计阶段的会审。

（4）协助建设单位组织设备、材料的招标和订货。

2. 施工阶段监理工作内容

（1）协助建设单位审核施工单位编写的开工报告。

（2）审查施工单位的资质，审查施工单位选择的分包单位的资质。

（3）协助建设单位审查批准施工单位提出的施工组织设计、安全技术措施、施工技术方案和施工进度计划，并监督检查实施情况。

（4）审查施工单位提供的材料和设备清单及其所列的规格和质量证明材料。

（5）检查施工单位是否严格执行工程施工合同和规范标准。

（6）检查工程使用的材料、构件和设备的质量。

（7）检查施工单位在工程项目上的安全生产规章制度和安全监管机构的建立、健全及专职安全生产管理人员配备情况，督促施工单位检查各分包单的安全生产规章制度的建立情况。审查项目经理和专职安全生产管理人员是否具备信息产业部或通信管理局颁发的《安全生产考核合格证书》，是否与投标文件相一致；审核施工单位应急救援预案和安全防护措施费用使用计划。

（8）监督施工单位按照施工组织设计中的安全技术措施和专项施工组织方案组织施工，及时制止违规施工作业；定期巡视检查施工过程中的危险性较大的工程作业情况；检查施工现场各种安全标志和安全防护措施是否符合强制性标准要求，并检查安全生产费用的使用情况；督促施工单位进行安全自查工作，并对施工单位资产情况进行抽查，参加建设单位组织的安全生产专项检查。

（9）实施旁站监理，检查工程进度和施工质量，验收分部分项工程，签署工程付款凭证，做好隐蔽工程的签证。

（10）审查工程结算。

（11）协助建设单位组织设计单位和施工单位进行竣工初步验收，并提出竣工验收报告。

（12）审查施工单位提交的交工文件，督促施工单位整理合同文件和工程档案资料。

3. 工程保修期阶段监理工作内容

（1）监理企业应依据委托监理合同确定质量保修期的监理工作范围。

（2）负责对建设单位提出的工程质量缺陷进行检查和记录，对施工单位修复工程的质量进行验收。

（3）协助建设单位对工程质量缺陷原因进行调查分析并确定责任归属，对非施工单位原因造成的工程质量缺陷，核实修复工程的费用和签发支付证明，并报建设单位。

（4）保修期结束后协助建设单位结算工程保修金。

1.3.3 监理工作方式

《建设工程质量管理条例》第 38 条规定："监理工程师应按照工程监理规范的要求采取旁站、巡视、平行检验和见证取样等方式对建设工程实施监理工作"。具体要求如下。

（1）旁站。

旁站是指项目监理机构对工程的关键部位或关键工序的施工质量实施的相关监督活动。旁站检查的方法可以通过目视，也可以通过仪器设备进行。旁站主要由监理员承担，它是确保关键工序或关键操作符合规范要求的主要监理工作方式。

（2）巡视。

巡视是指项目监理机构对施工现场进行的定期或不定期的检查活动。巡视是所有监理人员都应进行的一项日常工作，通过巡视，了解施工的部位、工种、工序、机械操作、工程质量等情况，及时发现存在的问题。

（3）平行检验。

平行检验是指项目监理机构在施工单位自检的同时，按有关规定、建设工程监理合同约定对同一检验项目进行的检测试验活动。一般来说，它是通过监理单位独自利用自有的检测设备或委托具有试验资质的机构来完成的，在此过程中所产生的平行检验费用应在委托监理合同中进行约定。

（4）见证取样。

见证取样是项目监理机构对施工单位进行的涉及结构安全的试块、试件及工程材料现场取样、封样、送检工作的监督活动。

1.4 监理企业的资质要求

通信建设监理企业实行资质认证管理，其等级可以划分为甲级、乙级和丙级。未取得《通信建设监理企业资质证书》的企业不得以通信建设监理企业的名义开展通信建设工程监理活动。

1.4.1 建设监理企业资质等级条件

通信建设工程监理企业应具有的资质条件如下：

（1）在中华人民共和国境内依法设立的、具有独立法人地位的企业（已取得企业法人营业执照，或者取得工商行政管理机关核发的工商预登记文件）。

（2）具备健全的组织机构，具有固定的、与人员规模相适应的工作场所。

（3）具备承担相应监理工作的检测仪器、仪表、设备和交通工具。

（4）符合通信建设监理企业资质等级的标准。

1.4.2 建设监理企业资质等级的标准

建设监理企业资质等级标准主要从有关负责人资质、工程技术和经济管理人员、注册资本和业绩等方面进行评定。

1．甲级企业

（1）有关负责人资历要求：企业负责人应当具有从事通信建设或者管理工作的经历，并具有中级以上（含中级）职称或者同等专业水平；企业技术负责人应当具有 8 年以上从事通信建设或者管理工作的经历，并具有高级技术职称或者同等专业水平，同时取得通信建设监理工程师资格。

（2）工程技术和经济管理人员要求：通信建设监理工程师总数不少于 60 人，申请资质中包含电信工程专业的，电信工程专业监理工程师应当不少于 45 人；申请资质中包含通信铁塔专业的，通信铁塔专业监理工程师应当不少于 5 人。在各类专业技术人员中，高级工程师或者具有同等专业水平的人员不少于 12 人，具有高级经济系列职称或者同等专业水平的人员不少于 3 人，具有通信建设工程概预算资格证书的人员不少于 20 人。

（3）注册资本要求：注册资本不少于 200 万元人民币。

（4）业绩要求：企业近两年内完成 2 项投资额 3000 万元以上或者 4 项投资额 1500 万元以上的通信建设监理工程项目。

2．乙级企业

（1）有关负责人资历要求：企业负责人应当具有从事通信建设或者管理工作的经历，并具有中级以上（含中级）职称或者同等专业水平；企业技术负责人应当具有 5 年以上从事通信建设或者管理工作的经历，并具有高级技术职称或者同等专业水平，同时取得通信建设监理工程师资格。

（2）工程技术和经济管理人员要求：通信建设监理工程师总数不少于 40 人，申请资质中包含电信工程专业的，电信工程专业监理工程师应当不少于 30 人；申请资质中包含通信铁塔专业的，通信铁塔专业监理工程师应当不少于 3 人。在各类专业技术人员中，高级工程师或者具有同等专业水平的人员不少于 8 人，具有中级以上（含中级）经济系列职称或者同等专业水平的人员不少于 2 人，具有通信建设工程概预算资格证书的人员不少于 12 人。

（3）注册资本要求：注册资本不少于人民币 100 万元。

（4）业绩要求：企业近两年内完成 2 项投资额 1500 万元以上或者 5 项投资额 600 万元以上的通信建设监理工程项目，但首次申请乙级资质的除外。

3．丙级企业

（1）有关负责人资历要求：企业负责人应当具有从事通信建设或者管理工作的经历，并具有中级以上（含中级）职称或者同等专业水平；企业技术负责人应当具有 3 年以上从事通信建设或者管理工作的经历，并具有中级以上（含中级）技术职称或者同等专业水平，同时取得通信建设监理工程师资格。

（2）工程技术和经济管理人员要求：电信工程专业的通信建设监理工程师不少于 25 人，高级工程师或者具有同等专业水平的人员不少于 3 人，具有中级以上（含中级）经济系列职称或者同等专业水平的人员不少于 1 人，具有通信建设工程概预算资格证书的人员不少于 8 人。

（3）注册资本要求：注册资本不少于人民币 50 万元。

（4）业绩要求：企业近两年内完成 5 项投资额 300 万元以上的通信建设监理工程项目，

但首次申请丙级资质的除外。

1.5　监理机构及监理人员的资质要求

1.5.1　项目监理机构组成

工程监理单位履行建设工程监理合同时，应在施工现场派驻项目监理机构。项目监理机构的组织形式和规模，应根据建设工程监理合同约定的服务内容、服务期限，以及工程特点、规模、技术复杂程度、环境等因素确定。项目监理机构通过规划、控制和协调，达到控制工程造价、进度、质量和安全、合同、信息管理的目的。

项目监理机构的监理人员由总监理工程师、专业监理工程师和监理员组成，专业配套、数量满足监理工作需要，必要时可设总监理工程师代表。项目监理机构人员组成如图1-1所示。

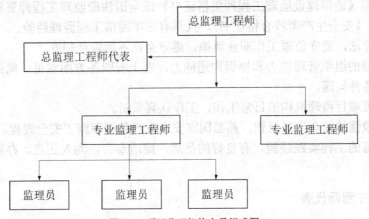

图1-1　项目监理机构人员组成图

工程监理单位在建设工程监理合同签订后，应及时将项目监理机构的组织形式、人员构成及对总监理工程师的任命书面通知建设单位，同时建设单位应授权一名熟悉工程情况的代表，负责与项目监理机构联系。总监理工程师可同时担任其他建设工程的总监理工程师，但最多不得超过三项，如果工程监理单位要更换总监理工程师时，事先应征得建设单位同意。调换专业监理工程师的，总监理工程师应书面通知建设单位。施工现场监理工作全部完成或建设工程监理合同终止时，项目监理机构可撤离施工现场。

1.5.2　监理工程师资格条件

通信建设监理工程师按专业设置，可以划分为电信工程专业和通信铁塔专业，其资格条件主要包括：

（1）遵守国家各项法律规定。

（2）从事通信建设工程监理工作，在通信建设监理单位任职。

（3）身体健康，能胜任现场监理工作，年龄不超过65周岁。

（4）申请电信工程专业监理工程师资格的，应当具有通信及相关专业或者经济及相关专业中级以上（含中级）职称或者同等专业水平，并有 3 年以上从事通信建设工程工作经历；申请通信铁塔专业监理工程师资格的，应当具有工民建及相关专业中级以上（含中级）技术职称或者同等专业水平，并有 3 年以上从事相关工作经历。

（5）近三年内承担过 2 项以上（含 2 项）通信建设工程项目。

（6）取得《通信建设监理工程师考试合格证书》。

1.5.3 监理人员素质要求

监理人员依据有关工程监理的法律、政策、规章，以及与建设单位签订的合同，在授权范围内，独立地开展监理工作，服务于工程建设。同时，工程监理工作具有服务性、科学性、独立性、公正性等特点。为此，在工程建设中对各类监理人员素质有着明确的要求。

1．总监理工程师

（1）应取得《通信建设监理工程师资格证书》或全国注册监理工程师资格证书（通信专业毕业），以及《安全生产考核合格证书》，且具有三年通信工程监理经验。

（2）遵纪守法，遵守监理工作职业道德，遵守企业各项规章制度。

（3）有较强的组织管理能力和协调沟通能力，善于听取各方面意见，能处理和解决监理工作中出现的各种问题。

（4）能管理项目监理机构的日常工作，工作认真负责。

（5）具有较强的安全生产意识，熟悉国家安全生产条例和施工安全规程。

（6）有丰富的工程实践经验，有良好的品质，廉洁奉公，为人正直，办事公道，精力充沛，身体健康。

2．总监理工程师代表

（1）应取得《通信建设监理工程师资格证书》或全国注册监理工程师资格证书（通信专业毕业）。

（2）遵纪守法，遵守监理工作职业道德，服从组织分配。

（3）有较强的组织管理能力，能正确理解和执行总监理工程师安排的工作，在总监理工程师授权范围内管理项目监理机构的日常工作，协调各方面的关系，能处理和解决监理工作中出现的各种问题。

（4）工作认真负责，能坚持工程项目建设监理基本原则。

（5）具有较强的安全生产意识，熟悉国家安全生产条例和施工安全规程。

（6）身体健康，能适应施工现场监理工作。

3．专业监理工程师

（1）应取得《通信建设监理工程师资格证书》或全国注册监理工程师资格证书（通信专业毕业）。

（2）遵纪守法，遵守监理工作职业道德，服从组织分配。

（3）工作认真负责，能坚持工程项目建设监理基本原则，善于协调各相关方的关系。掌握本专业工程进度和质量控制方法，熟悉本专业工程项目的检测和计量，能处理本专业工程监理工作中的问题。

（4）具有组织、指导、检查和监督本专业监理员工作的能力。

（5）具有安全生产意识，熟悉国家安全生产条例和施工安全规程。

（6）身体健康，能胜任施工现场监理工作。

4．监理员

（1）遵纪守法，遵守监理工作职业道德，服从组织分配。

（2）能正确填写监理表格，能完成专业监理工程师交办的监理工作。

（3）熟悉本专业监理工作的基本流程和相关要求，能看懂本专业项目工程设计图纸和工艺要求，掌握本专业施工的检测和计量方法，能在专业监理工程师的指导下，完成日常监理任务。

（4）具有安全生产意识，了解国家安全生产条例和施工安全规程。

（5）身体健康，能胜任施工现场监理工作。

1.5.4　监理人员工作职责

1．总监理工程师

（1）确定项目监理机构人员及其岗位职责。

（2）组织编制监理规划，审批监理实施细则。

（3）根据工程进展情况安排监理人员进场，检查监理人员工作，调换不称职监理人员。

（4）组织召开监理例会。

（5）组织审核分包单位资格。

（6）组织审查施工组织设计、（专项）施工方案、应急救援预案。

（7）审查开复工报审表，签发开工令、工程暂停令和复工令。

（8）组织检查施工单位现场质量、安全生产管理体系的建立及运行情况。

（9）组织审核施工单位的付款申请，签发工程款支付证书，组织审核竣工结算。

（10）组织审查和处理工程变更。

（11）调解建设单位与施工单位的合同争议，处理费用与工期索赔。

（12）组织验收分部工程，组织审查单位工程质量检验资料。

（13）审查施工单位的竣工申请，组织工程竣工预验收，组织编写工程质量评估报告，参与工程竣工验收。

（14）参与或配合工程质量安全事故的调查和处理。

（15）组织编写监理月报、监理工作总结，组织整理监理文件资料。

2．总监理工程师代表

（1）总监工程师代表职责。

① 负责总监理工程师指定或交办的监理工作。

② 根据总监理工程师的授权，行使总监理工程师的部分职责和权力。

（2）总监理工程师不得将下列工作委托总监理工程师代表。

① 组织编制监理规划，审批监理实施细则。

② 根据工程进展情况安排监理人员进场，调换不称职监理人员。

③ 组织审查施工组织设计、（专项）施工方案和应急救援预案。

④ 签发开工令、工程暂停令和复工令。

⑤ 签发工程款支付证书，组织审核竣工结算。

⑥ 调解建设单位与施工单位的合同争议，处理费用与工期索赔。

⑦ 审查施工单位的竣工申请，组织工程竣工预验收，组织编写工程质量评估报告，参与工程竣工验收。

⑧ 参与或配合工程质量安全事故的调查和处理。

3. 专业监理工程师

（1）参与编制监理规划，负责编制监理实施细则。

（2）审查施工单位提交的涉及本专业的报审文件，并向总监理工程师报告。

（3）参与审核分包单位资格。

（4）指导、检查监理员工作，定期向总监理工程师报告本专业监理工作实施情况。

（5）检查进场的工程材料、设备和构配件的质量。

（6）验收检验批、隐蔽工程和分项工程。

（7）处置发现的质量问题和安全事故隐患。

（8）进行工程计量。

（9）参与工程变更的审查和处理。

（10）填写监理日志，参与编写监理月报。

（11）收集、汇总和参与整理监理文件资料。

（12）参与工程竣工预验收和竣工验收。

4. 监理员

（1）检查施工单位投入工程的人力、主要设备的使用及运行状况。

（2）进行见证取样。

（3）复核工程计量有关数据。

（4）检查和记录工艺过程或施工工序。

（5）处置发现的施工作业问题。

（6）记录施工现场监理工作情况。

1.6 建设工程监理的控制原则及工作流程

1.6.1 通信建设工程监理控制原则

1. 实行程序化管理原则

监理程序是将计划和各种规定融入监理工作流程的一种形象表述，程序化管理是通信工程监理的重要活动之一。程序化管理可以规范监理的行为，统一工作的标准，可以明确并清晰表述监理的任务和内容，严格执行并坚持监理程序是实现监理目标的有力保证。程序应简明扼要，确保计划和目标的可分解性，程序应结合项目的工作顺序流程制定，程序的形式可采用流程图结合文字说明。

2. 实行主动控制与被动控制相结合原则

主动控制是指预先分析目标偏离的可能性，并且拟定和采取各项预防措施，以使计划目标得以实现的一种控制类型。被动控制是指工程建设进行中，监理人员通过实际值与计划值对比发现偏差后，而采取措施纠正偏差的一种控制类型。主动控制可以防患于未然，是首选的控制类型。但是由于工程项目的建设受到很多因素的影响，很多情况是不能预测或无法防范的，主动控制将无法实现，因此被动控制也是必要的。主动控制和被动控制两者缺一不可，应紧密结合。

3. 实行关键点控制原则

关键点是指对监理控制目标具有关键意义的一项工作或一道工序。关键点可按工程造价、质量和进度三个方面进行分类设置。关键点存在于工程项目建设目标控制的全过程，可根据工程建设项目特点，将对实现目标影响大、作业难度大、一旦失控造成危害大的对象确定为关键点。关键点会随着工程建设项目的实施发生变化，在监理过程中应根据情况及时调整。工程建设项目是一个综合的、复杂的系统工程，在选择和设置关键点时，要充分认识到质量目标、进度目标和造价目标的对立统一关系，综合地分析各个关键点对工程建设项目具体的影响度，采取切实可行的控制措施。

1.6.2 通信建设工程施工阶段监理工作流程

通信建设工程监理工作流程主要包括审查设计文件、审批施工组织设计（方案）、审核工程开工条件、设备材料进场的检验、处理工程暂停及复工、处理工程变更、处理费用索赔、处理工程延期及工程延误、分析工程安全事故并参与处理、参加工程验收等。在实际监理过程中，随着建设项目的变化，会出现工作内容增减或工作顺序变化的情况，但无论出现何种变化，都应坚持未经监理人员签字，施工单位不得进行下一道工序施工的基本原则。按照该流程实施监理工作，有利于加深监理人员对各施工环节的了解和认识，有利于理顺各环节之间的关系，使得通信建设工程有序开展。

1. 审查设计文件

工程设计通常根据建设项目的规模、性质划分阶段，一般大中型工程项目采用两阶段设计，即初步设计和施工图设计。

（1）初步设计。

初步设计阶段重视方案的选择，监理工程师审查初步设计文件的要点如下。

① 有关部门对建设工程的审批意见和设计要求。

② 工程所采用的技术方案是否经过多方案比选，是否符合总体方案要求，是否已达到可行性研究报告所确定的质量标准。

③ 工程建设法律、法规、技术规范和功能要求的满足程度。

④ 网络规划、设备选型的先进性和适用性。

⑤ 设计文件设计深度，是否满足初步设计阶段的技术要求。

⑥ 工程采用的新技术、新工艺、新设备和新材料是否安全可靠、经济合理。

（2）施工图设计。

施工图设计侧重于工程实施，监理工程师审核施工图设计文件时主要包括技术标准和工程量两个方面的审核。

技术标准的审核要求如下。

① 采用的技术标准是否有效。

② 线路和设备技术指标是否符合设计规范要求。

③ 验收项目内容是否齐全，验收标准是否符合验收规范要求。

工程量的审核要求如下。

① 核对施工图纸的工程量，必要时应实际勘察现场。

② 设计文件是否符合规定及标准。

③ 审核施工设计图纸是否满足施工需要。

④ 审核定额和单价。

⑤ 分项工程单价与预算定额的单价是否相符。

⑥ 单价换算是否符合定额规定。

⑦ 对补充定额的使用是否符合编制原则。

⑧ 主要设备和材料计价。

⑨ 审核其他费用。

2. 审批施工组织设计方案

（1）施工单位的施工组织设计（方案），应报送项目监理机构审批。

（2）项目监理机构收到施工单位报送的"施工组织设计方案"后，总监理工程师应组织专业监理工程师对其进行审查并签署意见。审查的主要内容如下。

① 施工组织构成及其分工情况和成员资质。

② 施工机械是否齐全、完好，数量充足。

③ 施工进度计划是否满足合同要求。

④ 施工工序是否合理。

⑤ 保证工程质量、进度和造价的措施是否可行。

⑥ 质量保证体系和制度是否健全。

⑦ 安全措施、文明施工措施及安全责任是否明确等方面。

（3）总监理工程师在约定的时间内核准"施工组织设计方案"，同时报送建设单位。若"施工组织设计方案"需要修改时，由总监理工程师签发书面意见退回施工单位，修改后再次报送，重新审核。

3. 审核工程开工条件

项目监理机构收到施工单位报送的"工程开工报审表"后，监理工程师应从下列几个方面进行审核。

① 工程所需报批手续是否办理齐全。

② 建设资金是否落实。

③ 施工现场是否具备开工条件。

④ 施工人员是否到位。

⑤ 主要设备、材料是否落实，并能满足工程进度需要。

⑥ 施工组织设计（方案）是否获总监理工程师批准。

4．设备材料进场的检验

（1）监理工程师应会同建设单位、施工单位、供货单位对进场的设备和主要材料的品种、规格型号、数量进行开箱清点和外观检查。

（2）核查通信设备材料合格证、检验报告单原始凭证、通信设备材料入网许可证，凡未获得《电信设备材料入网许可证》的设备材料不得在工程中使用。

（3）在我国抗震设防 7 度以上（含 7 度）地区公用电信网上使用的交换、传输、移动基站、通信电源设备应取得《电信设备抗地震性能检测合格证》，未取得电信主管部门颁发的抗震性能检测合格证的设备，不得在公用电信网上使用。

（4）当材料型号不符合施工图设计要求而需要其他器材代替时，必须征得设计和建设单位的同意并办理设计变更手续。

（5）对未经监理人员检查或检查不合格的工程材料、构配件和设备，监理工程师应拒绝签认，并书面通知施工单位限期将不合格的工程材料、构配件和设备撤出现场。

（6）当发现设备材料受潮、受损或变形时，应由建设、监理和施工单位代表共同进行鉴定，并保存记录，如不符合相关标准要求时，应通知供货单位及时解决。

（7）凡委托外单位加工的部件，检查其加工的尺寸、规格和质量等应符合安装要求。

5．处理工程暂停及复工

（1）总监理工程师应按照施工合同和委托监理合同的约定签发工程暂停令。

（2）在发生下列情况之一时，总监理工程师可签发工程暂停令。

① 建设单位要求暂停施工且工程需要暂停施工的。

② 为了保证工程质量而需要停工的。

③ 施工出现了安全隐患，总监理工程师认为有必要停工以消除隐患的。

④ 发生了必须暂时停工的紧急事件。

⑤ 施工单位未经许可擅自施工或拒绝项目监理机构管理的。

（3）总监理工程师在签发工程暂停令时，应根据停工原因的影响范围和影响程度，确定工程项目停工范围。

（4）由于建设单位原因或其他非施工单位原因导致工程暂停时，项目监理机构应如实记录所发生的实际情况。总监理工程师应在暂停原因消失、具备复工条件时，及时签署工程复工报审表，指令施工单位继续施工。

（5）由于施工单位原因导致工程暂停，在具备恢复施工条件时，项目监理机构应审查施工单位报送的复工申请及有关材料，同意后由总监理工程师签署工程复工报审表，指令施工单位继续施工。

（6）总监理工程师在签发工程暂停令到签发工程复工报审表期间，也会同有关各方按施工合同的约定，处理因工程暂停引起的与工期、费用等有关的问题。

6. 处理工程变更

（1）项目监理机构应按下列程序处理工程变更。

设计单位对设计存在的缺陷提出工程变更，应编制设计变更文件；建设单位或施工单位提出的工程变更，应提交总监理工程师，由总监理工程师组织专业监理工程师审查，审查同意后，由建设单位转交原设计单位编制设计变更文件。当工程变更涉及安全、环保等内容时，应按规定经有关部门审定。

总监理工程师应根据实际情况、设计变更文件和其他有关资料，按照施工合同有关条款，在指定专业监理工程师完成下列工作后，对工程变更的费用和工期做出评估：

① 确定工程变更项目与原工程项目之间的类似程度和难易程度。

② 确定工程变更项目的工程量。

③ 确定工程变更的单价或总价。

总监理工程师应就工程变更费用及工期的评估情况与施工单位和建设单位进行协商。

（2）总监理工程师签发工程变更单。

《工程变更单》应符合《建设工程监理规范》（GB/T 50319—2013）C.0.2 表的格式，并应包括工程变更要求、工程变更说明、工程变更费用和工期等必要的附件内容，有设计变更文件的工程变更应附设计变更文件。

（3）项目监理机构应根据工程变更单监督施工单位实施。

在总监理工程师签发工程变更单之前，施工单位不得实施工程变更。未经总监理工程师审查同意而实施的工程变更，项目监理机构不得予以计量。

7. 处理费用索赔

（1）项目监理机构处理费用索赔应依据下列内容：

① 国家有关的法律、法规和工程项目所在地的地方法规。

② 本工程的施工合同文件。

③ 国家、部门和地方有关的标准、规范和定额。

④ 施工合同履行过程中与索赔事件有关的凭证。

（2）施工单位申请费用索赔，并同时满足以下条件时，项目监理机构应予以受理：

① 索赔事件是由于非施工单位的责任造成的。

② 索赔事件造成了施工单位直接经济损失。

③ 施工单位已按照施工合同规定的限期和程序提出费用索赔申请表，并附有索赔凭证材料。

（3）施工单位向建设单位提出费用索赔，项目监理机构应按下列程序处理：

① 施工单位在施工合同规定的期限内向项目监理机构提交费用索赔申请表。

② 总监理工程师指定专业监理工程师收集与索赔有关的资料。

③ 总监理工程师初步审查费用索赔申请表，符合上述第（2）款所规定的条件时予以受理。

④ 总监理工程师进行费用索赔审查，在初步确定赔偿数额后，与施工单位和建设单位进行协商。

⑤ 总监理工程师应在施工合同规定的期限内签署费用索赔审批表或在施工合同规定的

期限内发出要求施工单位提交有关索赔报告的进一步详细资料的通知，待收到施工单位提交的详细资料后，按下述第（4）和第（5）项的程序进行。《费用索赔审批表》应符合《建设工程监理规范》（GB/T 50319—2013）B.0.13 表的格式规范。

（4）当施工单位的费用索赔要求与工程延期要求相关时，总监理工程师在做出费用索赔的批准决定时，应与工程延期的批准联系起来，综合做出费用索赔和工程延期的决定。

（5）由于施工单位的原因造成建设单位的额外损失，建设单位向施工单位提出索赔时，总监理工程师在审查索赔报告后，应公正地与建设单位和施工单位进行协商，并及时予以答复。

8．处理工程延期及工程延误

（1）工程延期。

工程延期是指延长了原定的合同工期，其原因是非施工单位责任引起的。

（2）工程延误。

工程延误是指由于施工单位自身原因引起，造成了原定合同工期的拖延。

① 当施工单位提出工程延期要求符合施工合同文件的规定条件时，项目监理机构应予以受理。

② 当影响工期事件具有持续性时，项目监理机构可在收到施工单位提交的阶段性工程延期申请表并经过审查后，先由总监理工程师签署工程临时延期审批表并通报建设单位。当施工单位提交最终的工程延期申请表后，项目监理机构应复查工程延期及临时延期情况，并由总监理工程师签署工程最终延期审批表。

③ 项目监理机构在批准临时工程延期或最终的工程延期前，均应与建设单位和施工单位进行协商。

④ 项目监理机构在审查工程延期时，应依据下列情况确定批准工程延期的时间。

A．施工合同中有关工程延期的约定。

B．工程拖延和影响工期事件的事实和程度。

C．影响工期事件对工期影响的量化程度。

⑤ 工程延期造成施工单位提出费用索赔时，项目监理机构应按上述第④条的相关规定进行处理。

⑥ 当施工单位未能按照施工合同要求的工期竣工造成工期延误时，项目监理机构应按施工合同规定从施工单位应得款项中扣除误期损害赔偿费。

9．分析工程安全事故并参与处理

（1）安全事故分析、处理一般流程。

单位负责人接到报告后，应当于 1 小时内向事故发生地县级以上人民政府安全生产监督管理部门和负有安全生产监督管理职责的有关部门报告。安全生产监督管理部门和负有安全生产监督管理职责的有关部门逐级上报事故情况，每级上报的时间不得超过 2 小时。工程安全事故分析与处理程序如图 1-2 所示。

（2）事故的现场处置。

① 当发生危及人身安全的紧急情况时，监理人员应要求施工人员立即停止作业或采取必要的应急措施后撤离现场。

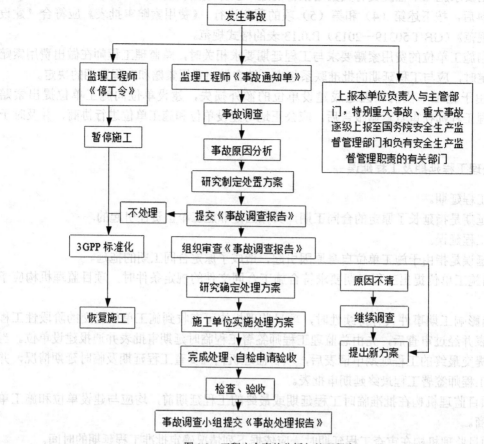

图 1-2　工程安全事故分析与处理程序

② 事故发生单位负责人接到事故报告后，应当立即启动事故相应应急预案，或者采取有效措施，组织抢救，防止事故扩大，减少人员伤亡和财产损失。

③ 事故发生后，监理人员应督促有关单位和人员妥善保护事故现场以及相关证据，任何单位和个人不得破坏事故现场、毁灭相关证据。

（3）安全事故调查报告主要内容。

① 事故发生单位概况。

② 事故发生经过和事故救援情况。

③ 事故造成的人员伤亡和直接经济损失。

④ 事故发生的原因和事故性质。

⑤ 事故责任的认定以及对事故责任者的处理建议。

⑥ 事故防范和整改措施。

事故调查处理应当坚持实事求是、尊重科学的原则，及时、准确地查清事故经过、事故原因和事故损失，查明事故性质，认定事故责任，总结事故教训，提出整改措施，并对事故责任者依法追究责任。

（4）事故处理。

① 重大事故、较大事故、一般事故，负责事故调查的人民政府应当自收到事故调查报

告之日起 15 日内做出批复；特别重大事故，30 日内做出批复，特殊情况下，批复时间可以适当延长，但延长的时间最长不超过 30 日。有关单位应当按照人民政府的批复，依照法律、行政法规规定的权限和程序，对事故发生单位和有关人员进行行政处罚，对负有事故责任的国家工作人员进行处分。事故发生单位应当按照负责事故调查的人民政府的批复，对本单位负有事故责任的人员进行处理。负有事故责任的人员涉嫌犯罪的，依法追究刑事责任。

② 事故发生单位应当认真吸取事故教训，落实防范和整改措施，防止事故再次发生。防范和整改措施的落实情况应当接受工会和职工的监督。安全生产监督管理部门和负有安全生产监督管理职责的有关部门应当对事故发生单位落实防范和整改措施的情况进行监督检查。

③ 事故处理的情况由负责事故调查的人民政府或者其授权的有关部门、机构向社会公布，依法应当保密的除外。

10．工程验收

通信建设工程验收根据工程规模、施工项目的特点，一般分为随工检验、初步验收、工程试运转和竣工验收。

（1）随工检验。

通信建设工程随工检验，应由监理人员采取旁站和巡视、平行检验和见证等方式进行。对隐蔽工程项目，应由监理人员签署"隐蔽工程检验签证单"。监理人员应按工程验收规范的规定项目、内容、检验方式要求进行随工检验。

（2）工程初步验收。

① 通信建设工程初步验收，简称为初验。一般大型工程按单项工程进行或按系统工程一并进行。工程初验应在施工完毕，并经自检及监理预检合格的基础上进行，由建设单位组织。

② 初验工作应依据设计文件及施工合同，监理人员对施工单位报送的竣工技术文件进行审查，并按工程验收规范要求的项目内容进行检查和抽测。

③ 对初验中发现的问题，应及时要求施工单位整改，整改完毕由监理工程师签认。

（3）工程试运转。

通信建设工程经初验合格后，建设单位组织工程的试运转。试运转期间发现的问题应由监理工程师督促施工单位及时整改，整改合格后由监理工程师签认。试运转时间应不少于 3 个月，试运转结束后，应由建设部门提交试运转报告。

（4）工程终验。

① 工程终验是基本建设的最后一个程序，是全面考核建设成果、检验工程设计、施工、监理质量以及工程建设管理的重要环节。对于中小型工程项目，可以视情况适当简化手续，可以将工程初验与终验合并进行。

② 工程终验可对系统性能指标进行重点抽测。

③ 项目监理机构应参加由建设单位组织的工程终验，并提供相关监理资料。对验收中提出的问题，项目监理机构应要求施工单位整改。工程质量符合要求时，由总监理工程师会同参加验收的各方签发验收证书。

④ 工程终验合格后颁发验收证书，系统可投产运行。

1.7 监理规划及监理实施细则

1.7.1 监理规划

监理规划应明确项目监理机构的工作目标，确定具体的监理工作制度、内容、程序、方法和措施，并具有指导性和针对性。监理规划应在签订建设工程监理合同及收到工程设计文件后编制，在召开第一次工地会议前报送建设单位。在监理工作实施过程中，如实际情况或条件发生变化而需要调整监理规划时，应由总监理工程师组织专业监理工程师修改，经工程监理单位技术负责人批准后报建设位。

监理规划编审程序包含：

（1）总监理工程师组织专业监理工程师编制。

（2）总监理工程师签字后由工程监理单位技术负责人审批。

监理规划主要包含以下内容：

（1）工程概况。

（2）监理工作的范围、内容、目标。

（3）监理工作依据。

（4）监理组织形式、人员配备及进场计划、监理人员岗位职责。

（5）工程质量控制。

（6）工程造价控制。

（7）工程进度控制。

（8）合同与信息管理。

（9）组织协调。

（10）安全生产管理职责。

（11）监理工作制度。

（12）监理工作设施。

1.7.2 监理实施细则

监理实施细则是用于不同专业监理业务工作的指导性文件。采用新材料、新工艺、新技术、新设备的工程，以及专业性较强、危险性较大的分部分项工程，应编制监理实施细则。

监理实施细则应在相应工程施工开始前由专业监理工程师编制，并报总监理工程师审批。在监理工作实施过程中，监理实施细则可根据实际情况进行补充、修改，经总监理工程师批准后实施。

编制监理实施细则的主要依据包括：①监理规划；②相关标准、工程设计文件；③施工组织设计、专项施工方案等。监理实施细则主要内容包括：①专业工程特点；②监理工作流程；③监理工作要点；④监理工作方法及措施。

1.8　建设工程监理的相关制度

1.　建设工程相关法律法规

（1）《中华人民共和国建筑法》。

1997 年 11 月 1 日，《中华人民共和国建筑法》由第八届全国人大常委会第 28 次会议通过，2011 年 4 月 22 日由第十一届全国人大常委会第 20 次会议修正。《中华人民共和国建筑法》分总则、建筑许可、建筑工程发包与承包、建筑工程监理、建筑安全生产管理、建筑工程质量管理、法律责任、附则 8 章 85 条，给出了工程建设相关的法律规定。

（2）《中华人民共和国合同法》。

1999 年 3 月 15 日，《中华人民共和国合同法》由第九届全国人民代表大会第二次会议通过。在我国，合同法是调整平等主体之间的交易关系的法律，它主要规定合同的订立、合同的效力及合同的履行、变更、解除、保全和违约责任等问题。

（3）《中华人民共和国招标投标法》。

1999 年 8 月 30 日，《中华人民共和国招标投标法》由第九届全国人民代表大会常务委员会第十一次会议通过，自 2000 年 1 月 1 日起施行。招标投标法是国家用来规范招标投标活动、调整在招标投标过程中产生的各种关系的法律规范的总称。本法主要用于规范招标投标活动，保护国家利益、社会公共利益和招标投标活动当事人的合法权益，提高经济效益，保证项目质量。

（4）《建设工程质量管理条例》。

2000 年 1 月 10 日，由国务院第 25 次常务会议通过，2000 年 1 月 30 日发布起施行。主要用于加强对建设工程质量的管理，保证建设工程质量，保护人民生命和财产安全，凡在中华人民共和国境内从事建设工程的新建、扩建、改建等有关活动及实施对建设工程质量监督管理的，必须遵守本条例，本条例共 9 章 82 条。

（5）《建设工程安全生产管理条例》。

2003 年 11 月 24 日由国务院第 28 次常务会议通过，自 2004 年 2 月 1 日起施行。主要用于加强建设工程安全生产监督管理，保障人民群众生命和财产安全，本条例共 8 章 71 条。

2.　建设工程标准规范

通信工程监理在工作过程中应遵循信息产业部发布的与本工程有关的标准规范，具体要求如下。

（1）《建设工程监理规范》（GB/T 50319—2013）。

为了提高建设工程监理与相关服务水平，规范建设工程监理与相关服务行为，制定本规范。本规范适用于建设工程的新建、扩建、改建监理与相关服务活动。

（2）《通信设备安装工程施工监理暂行规定》（YD 5125—2005）。

本暂行规定适用于新建光缆传输系统设备、电话交换设备、微波接力系统设备安装工程施工监理。扩建、改建工程可参照本暂行规定执行。

（3）《数字移动通信（TDMA）工程施工监理规范》（YD 5086—2005）。

本规范适用于新建数字移动通信（TDMA）工程施工监理。对于及改建、扩建的其他移动通信 TDMA 工程施工监理，可参照本规范执行。

（4）《通信电源设备安装工程施工监理暂行规定》（YD 5126—2005）。

本规定适用于新建通信电源设备安装工程施工监理工作，改建、扩建通信电

源设备安装工程参照执行。通信电源设备安装工程的安装方式、要求，各种设备规格、型号应按照工程设计的要求执行。新装设备的电气性能指标应符合工程设计或技术指标的规定。

（5）《无线通信系统室内覆盖工程设计规范》（YD/T 5120—2005）。

本规范适用于新建的无线室内覆盖系统工程的安装设计。改、扩建工程应在合理利用原有系统的基础上参照本规范执行。本规范涉及无线室内覆盖系统的信号源部分和室内天馈线分布系统部分的设计，网络侧的其他部分设计应参见相应的标准、规范。

（6）《通信管道和光（电）缆通道工程施工监理规范》（YD 5072—2005）。

本规范适用于新建通信管道和光（电）缆通道工程施工监理。对于扩建、改建工程可参照本规范执行。

（7）《长途通信光缆线路工程施工监理暂行规定》（YD 5123—2005）。

本暂行规定适用于新建长途通信光缆线路工程的施工监理。改建、扩建及其他类型光缆线路工程施工监理，参照本暂行规定执行。

3．其他规范性文件

（1）《建设工程合同（示范文本）》。

住房城乡建设部、工商总局对《建设工程施工合同（示范文本）》（GF—1999—0201）进行了修订，制定了《建设工程施工合同（示范文本）》（GF—2013—0201），主要用于规范建筑市场秩序，维护建设工程施工合同当事人的合法权益。

（2）《建设工程委托监理合同（示范文本）》。

住房和城乡建设部、国家工商行政管理总局对《建设工程委托监理合同（示范文本）》（GF—2000—2002）进行了修订，制定了《建设工程监理合同（示范文本）》（GF—2012—0202），主要用于规范建设工程监理活动，维护建设工程监理合同当事人的合法权益。

学习单元2 通信建设工程项目管理基础认知

2.1 项目管理基础

项目管理是一门新兴的管理科学，是现代工程技术、管理理论和项目建设实践三者有机结合的产物，经过数十年的不断发展和完善已日趋成熟，其经济效益明显，在各发达工业国家中得到了广泛应用，对于提高通信工程建设的质量、保证工期、降低建设成本均起到了至关重要的作用。

2.1.1 建设项目的含义

项目是指一项具有特定目标的有待完成的专门任务，是在一定组织构架内，在现有限定的资源条件下，在计划规定的时间内，满足一定的质量、进度、投资和安全等要求完成的任

务。要注意的是，重复进行的、大批量的、目标不明确的以及局部的任务都不能属于项目范畴，因此，项目一般具有一次性、唯一性、目标明确性和寿命周期性等特点。

建设项目是指按照一个总体设计进行建设，经济上实现统一核算，行政上具有独立的组织形式和实行统一管理的建设单位。一个总体设计中分期分批进行建设的主体工程、附属配套工程以及综合利用工程等均应属于同一个建设项目；不能把不属于一个总体设计的工程，按各种方式归纳为同一个建设项目；同样也不能把同一个总体设计内的工程，按地区或施工单位不同划分为几个建设项目。

一个建设项目一般可以包括一个或若干个单项工程。单项工程是指具有单独的设计文件，建成后能够独立发挥生产能力或经济效益的工程项目。单项工程是建设项目的重要组成部分。同样，一个单项工程又由多个单位工程组成。单位工程是指具有独立的设计文件，可以独立组织施工的工程项目。单位工程是单项工程的重要组成部分，一个单位工程包含若干个分部、分项工程。

2.1.2 建设项目的分类

为了进一步加强工程项目管理，正确反映建设项目的内容和规模，建设项目可依据不同标准和原则进行划分，具体划分种类如图 2-1 所示。

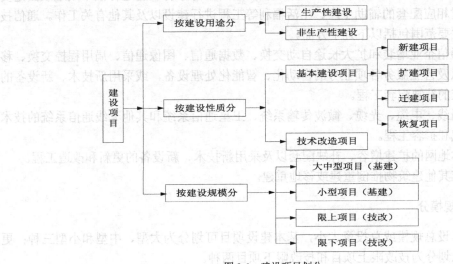

图 2-1　建设项目划分

1. 按建设用途分

根据建设项目在国民经济各部门中所起的作用，可将其划分为生产性建设项目和非生产性建设项目两类。

（1）生产性建设项目。

生产性建设项目是指直接用于物质生产或为满足物质生产服务的建设项目，主要包括工业建设、农业建设、商业建设以及基础设施建设等。

（2）非生产性建设项目。

非生产性建设项目是指用于满足人们物质生活、文化生活需要的建设及非物质生产部门

的建设，主要包括办公用房、居住建筑、公共建筑以及其他建设等。

2．按照建设性质分

建设项目按照其建设性质不同，可分为基本建设项目和技术改造项目两类。基本建设项目，也称为基建项目，是指投资建设用于进行以扩大生产能力或增加工程效益为主要目的的新建、扩建、改建、恢复工程以及有关工作。具体包括以下几个方面。

（1）新建项目。新建项目是指从无到有，新开始建设的项目。有的建设项目原有基础很小，重新进行总体设计，经扩大建设规模后，其新增加的固定资产价值超过原有固定资产价值三倍以上的，也属于新建项目范畴。

（2）扩建项目。扩建项目是指企业为扩大生产能力或新增效益而增建的生产车间或工程项目，以及事业和行政单位增建业务用房等。

（3）迁建项目。迁建项目是指现有企业和事业单位由于各种原因迁到另外的地方建设的项目，不论其建设规模是否维持原来规模，都属于迁建项目范畴。

（4）恢复项目。恢复项目是指企业和事业单位的固定资产因自然灾害或人为灾害等原因已全部或部分报废，后来又投资恢复建设的项目。不论是按原来建设规模恢复，还是在恢复同时进行扩建的项目均属于恢复项目。

技术改造项目，也称为技改项目，是指建设资金用来对原有设施进行技术改造或固定资产更新，同时对相应配套的辅助生产、生活福利等工程进行建设以及其他有关工作。通信技术改造项目的主要范围包括以下几个方面。

（1）现有通信企业增装和扩大长途自动交换、数据通信、图像通信、局用程控交换、移动通信等设备以及营业服务各项业务的自动化、智能化处理设备，或采用新技术、新设备的更新换代及相应的补缺配套工程。

（2）原有明线、电缆、光缆、微波传输系统、卫星通信系统和其他无线通信系统的技术改造、更新换代和扩容工程。

（3）原有本地网的扩建增容、补缺配套以及采用新技术、新设备的更新和改造工程。

（4）局房或其他建筑物推倒重建或移地重建。

3．按建设规模分

按项目的建设总规模或总投资大小，基本建设项目可划分为大型、中型和小型三种；更新改造项目可以划分为技改限上项目和技改限下项目两种。

（1）大、中型基建项目：是指长度在 500km 以上的跨省、区长途通信光（电）缆工程项目；长度在 1000km 以上的跨省、区长途通信微波工程项目以及总投资在 5000 万元以上的其他基本建设项目。

（2）小型基建项目：是指建设规模或计划总投资在大中型以下的基本建设项目。

（3）技改限上项目：是指限额在 5000 万元以上的技术改造工程项目。

（4）技改限下项目：是指计划投资在 5000 万元以下的技术改造工程项目。

2.1.3　通信建设工程项目的划分

通信建设工程按照不同专业可以划分为六大建设项目，每个建设项目又可以细化为多个单项工程，具体分类如表 2-1 所示。

表 2-1　　　　　　　　　　通信建设工程项目分类

建设项目	单项工程	备注
长途通信光（电）缆线路工程	省段光（电）缆分路段线路工程（包括线路、巡房）	进局及中继光（电）缆工程按每个城市作为一个单项工程；同一项目中较大的水底光（电）缆工程按每处作为一个单项工程
	终端站、分路站、转接站、数字复用设备及光（电）设备安装工程	
	光（电）缆分路段中继站设备安装工程	
	终端站、分路站、转接站、中继站电源设备安装工程（包括专用高压供电线路工程）	
	进局光（电）缆、中继光（电）缆线路工程（包括通信管道）	
	水底光（电）缆工程（包括水线房建筑及设备安装）	
	分路站、转接站房屋建筑工程（包括机房、附属生产房屋、线务段、生活房屋、进站段通信管道）	
微波通信干线工程	省段微波站微波设备安装工程（包括天线、馈线等）	微波二级干线可按站划分单项工程
	省段微波站复用终端设备安装工程	
	省段微波站电源设备安装工程（包括专用高压供电线路工程）	
地球站通信工程	地球站设备安装工程（包括天线、馈线）	
	复用终端设备安装工程	
	电源设备安装工程（包括专用高压供电线路工程）	
	中继传输设备安装工程	
移动通信工程	移动交换局（控制中心）设备安装工程	中继传输线路工程如采用微波线路，可参照微波干线工程增列单项工程；如采用有线线路，可参照市话线路工程增列单项工程
	基站设备安装工程	
	基站、交换局电源设备安装工程	
	中继传输线路工程	
长途电信枢纽工程	长途自动交换设备安装工程	传真机室设备安装工程视工程量大小可单独作为单项工程或并入人工设备安装单项工程中。同一建设项目中收、发信台分地建设时，电源、天线、馈线、遥控线、房屋、专用高压供电线路、台外道路等均可分别作为单项工程
	长途人工交换设备安装工程	
	人工电报设备安装工程（包括传真机）	
	微波、载波设备（包括天线、馈线）或数字复用设备安装工程	
	会议电话设备安装工程	
	通信电源设备安装工程	
	无线电终端设备安装工程	
	长途进局线路工程	
	通信管道工程	
	中继线路工程（包括终端设备）	
	弱电系统设备安装工程（包括小交换机、时钟、监控设备等）	
	专用高压供电线路工程	
	数据设备安装工程	

建设项目	单项工程	备注
市话通信工程	分局交换设备安装工程	市话网络设计可纳入总体部分的综合册，不作为单项工程；专用高压供电线路工程的设计文件由承包设计单位编制，概、预算及技术要求纳入电源单项工程中，不另列单项工程
	分局电源设备安装工程（包括专用高压供电线路工程）	
	分局用户线路工程（包括主干及配线电缆、交换及配线设备集线器、杆路等）	
	通信管道工程	
	中继线路工程（包括音频电缆、PCM 电缆、光缆）	
	中继线路数字设备安装工程	

注：① 一点多址工程不划分单项工程。

② 表中未包括的通信建设工程项目由设计单位划分单项工程。

2.1.4 通信建设工程类别的划分

为加强通信建设管理，规范工程施工行为，确保通信建设工程质量，原邮电部在邮部[1995]945 号文中发布了《通信建设工程类别划分标准》，将通信建设工程分别按照建设项目、单项工程划分为一类工程、二类工程、三类工程和四类工程。各类工程的设计单位和施工企业级别均有严格的要求，不允许低级别的施工企业承担高级别的工程项目，但高级别的施工企业可以承担相应类别及以下类别的工程。

1. 按建设项目分

一类、二类、三类和四类工程的具体要求如下。

（1）符合下列条件之一者为一类工程：大、中型项目或投资在 5000 万元以上的通信工程项目；省际通信工程项目；投资在 2000 万元以上的部定通信工程项目。

（2）符合下列条件之一者为二类工程：投资在 2000 万元以下的部定通信工程项目；省内通信干线工程项目；投资在 2000 万元以上的省定通信工程项目。

（3）符合下列条件之一者为三类工程：投资在 2000 万元以下的省定通信工程项目；投资在 500 万元以上的通信工程项目；地市局工程项目。

（4）符合下列条件之一者为四类工程：县局工程项目；其他小型项目。

2. 按单项工程分

（1）对于通信线路工程来说，其类别划分如表 2-2 所示。

表 2-2　　　　　　　　　　　　通信线路工程类别

项目名称	一类工程	二类工程	三类工程	四类工程
长途干线	省际	省内	本地网	
海缆	50km 以上	50km 以下		
市话线路		中继光缆或 2 万门以上市话主干线路	局间中继电缆线路或 2 万门以下市话主干线路	市话配线工程或 4000 门以下线路工程
有限电视网		省会及地市级城市有线电视网线路工程	县以下有限电视网线路工程	

项目名称	一类工程	二类工程	三类工程	四类工程
建筑楼综合布线工程		$10000m^2$ 以上建筑物综合布线工程	$10000m^2$ 以下 $5000m^2$ 以上建筑物综合布线工程	$5000m^2$ 以下建筑物综合布线工程
通信管道工程		48 孔以上	48 孔以下，24 孔以上	24 孔以下

（2）对于通信设备安装工程来说，其类别划分如表 2-3 所示。

表 2-3　　　　　　　　　　　　通信设备安装工程类别

项目名称	一类工程	二类工程	三类工程	四类工程
市话交换	4 万门以上	4 万门以下，1 万门以上	1 万门以下，4000 门以上	4000 门以下
长途交换	2500 路端以上	2500 路端以下，500 路端以上	500 路端以下	
通信干线传输及终端	省际	省内	本地网	
移动通信及无线寻呼	省会局移动通信	地市局移动通信	无线寻呼设备工程	
卫星地球站	C 频段天线直径 10m 以上及 Ku 频段天线直径 5m 以上	C 频段天线直径 10m 以下及 Ku 频段天线直径 5m 以下		
天线铁塔		铁塔高度 100m 以上	铁塔高度 100m 以下	
数据网、分组交换网等非话业务网	省际	省会局以下		
电源	一类工程配套电源	二类工程配套电源	三类工程配套电源	四类工程配套电源

注：①新业务发展按其对应的等级套用。

②本标准中××以上不包括××本身，××以下包括××本身。

③天线铁塔、市话线路、有限电视网、建筑楼综合布线工程无一类工程费。

④卫星地球站、数据网、分级交换网等专业无三类、四类工程，丙、丁级设计单位和三、四级施工企业不得承担此类工程任务，其他专业依此原则办理。

2.1.5　通信建设工程设计阶段的划分

根据工程建设特点和工程项目管理的需要，将工程设计划分为一阶段设计、两阶段设计和三阶段设计三种类型。

一般来说，工业与民用建设项目按两阶段设计进行，即初步设计和施工图设计；对于技术实现上较为复杂的工程项目，可以按三阶段设计进行，包括初步设计、技术设计和施工图设计；对于规模较小，技术成熟，或套用标准设计的工程项目，可直接采用一阶段设计，即直接做施工图设计。

不同的设计阶段要求编制不同的概预算文件：①三阶段设计，初步设计阶段应编制设计概算，技术设计阶段应编制修正概算，而施工图设计阶段应编制施工图预算；②两阶段设计，初步设计阶段应编制设计概算，施工图设计阶段应编制施工图预算；③一阶段设计，应编制施工图预算，按照单项工程进行处理，并要求能够反映工程费、工程建设其他费以及预备费等全部概算费用。

2.2 通信建设工程招投标

2.2.1 招投标的含义

招投标是市场经济条件下进行大宗货物的买卖、工程建设项目的发包与承包，以及服务项目的采购与提供时，所采用的一种交易方式。一般的做法是，单一的买方设定包括功能、质量、期限、价格为主的标的，约请若干卖方通过投标进行竞争，买方从中选择优胜者并与其达成交易协议，随后按合同实现标的。

工程招投标指招标人用招标文件将委托的工作内容和要求告知有兴趣参与竞争的投标人，投标人按规定条件提出实施计划和价格，然后通过评审比较选出信誉可靠、技术能力强、管理水平高、报价合理的可信赖单位，以合同形式委托其完成。各投标人依据自身能力和管理水平，按照招标文件规定的统一要求投标，争取获得实施资格。招标人与中标人通过签订合同明确双方权利义务。

招标投标活动应当遵循"公开、公平、公正和诚实信用"的原则。依法必须进行招标的项目，其招标活动不受地区或者部门的限制。任何单位和个人不得违法限制或者排斥本地区、本系统以外的法人或者其他组织参加投标，不得以任何方式非法干涉招标投标活动。

2.2.2 招标的规定和方式

1. 招标范围

（1）国家规定。

《中华人民共和国招标投标法》规定，在中华人民共和国境内进行下列工程建设项目包括项目的勘察、设计、施工、监理以及与工程建设有关的重要设备、材料等的采购，必须进行招标：

① 大型基础设施、公用事业等关系社会公共利益、公众安全的项目；

② 全部或者部分使用国有资金投资或者国家融资的项目；

③ 使用国际组织或者外国政府贷款、援助资金的项目。

（2）原信息产业部规定。

依据《中华人民共和国招标投标法》的基本原则，国家计委颁布了《工程建设项目招标范围和规模标准规定》，原信息产业部根据国家计委的规定，颁布了《通信建设项目招标投标管理暂行规定》，要求在中华人民共和国境内进行邮政、电信枢纽、通信、信息网络等邮电通信建设项目的勘察、设计、施工、监理以及与工程建设有关的主要设备、材料等的采购，达到下列标准之一者，必须进行招标：

① 施工单项合同估算价在 200 万元人民币以上；

② 重要设备、材料等货物的采购，单项合同估算价在 100 万元人民币以上；

③ 勘察、设计、监理等服务的采购，单项合同估算价在 50 万元人民币以上；

④ 单项合同估算价低于第①、②、③项规定的标准，但项目总投资额在 3000 万元人民币以上。

使用国际组织或外国政府贷款、援助资金的项目，除提供贷款或资金方有合法的特殊要求外，也应进行招标。任何单位和个人不得将依法必须进行招标的项目化整为零或者以其他方式规避招标。涉及国家安全等有关通信建设项目，可以直接发包或委托；在原局采用同型号设备进行扩容工程设备采购的，可以直接进行发包或委托。

2．招标方式

《通信建设项目招标投标管理暂行规定》中将招标分为公开招标和邀请招标。

（1）公开招标。

公开招标，是指招标人以招标公告的方式邀请不特定的法人或其他组织投标。招标人采用公开招标方式的，应当在国家有关主管部门指定的报刊、信息网络或其他媒介上公开发布招标公告。招标公告应当载明招标人的名称、地址、招标项目的性质、数量、实施地点、时间和获取招标文件的办法以及要求潜在投标人提供的有关资质证明文件和业绩情况等证明。

（2）邀请招标。

邀请招标，是指招标人以投标邀请书的方式邀请特定的法人或其他组织投标。招标人采用邀请招标时，应当同时向三个以上具备承担招标项目能力、资信良好的特定法人或其他组织发出投标邀请书。邀请招标投标邀请书的内容同公开招标招标公告的内容要求一致。招标人有权自行选择招标代理机构，委托其办理招标事宜。任何单位和个人不得以任何方式为招标人指定招标代理机构。

2.2.3　招投标流程和工作内容

1．招标程序

（1）通信建设项目招标程序。

依据《通信建设项目招标投标管理实施细则》的要求，通信建设项目招标应按以下程序进行。

① 招标准备阶段主要办理招标项目的各种建设手续，组建招标机构或办理委托代理招标手续，招标人自行组织招标的，应事前向部或省通信管理局备案。

② 发布招标公告和资格预审公告，发招标邀请函。

③ 编制招标文件。

④ 资格预审。

⑤ 发售招标文件。

⑥ 接受投标人递送投标文件。

⑦ 开标。

⑧ 评标和定标。

⑨ 招标人和中标人签订合同。

⑩ 招标备案。

（2）招标阶段划分及各阶段主要工作。

可将招标过程划分成招标准备阶段、招标投标阶段和决标成交阶段。

① 招标准备阶段主要办理招标项目的各种建设手续，组建招标机构或办理委托代理招标手续。招标项目按国家有关规定需要履行项目审批手续的，应先办理审批手续，取得批准，落实相应资金或资金来源，并在招标文件中如实载明。

② 依法必须进行招标的项目，招标人自行办理招标事宜的，应向工业和信息化部或省通信管理局备案。

③ 发布招标公告和资格预审公告或发招标邀请函。招标人可以根据招标项目本身的要求，在招标公告或者投标邀请函中要求符合条件的投标人提供有关资质证明文件和业绩情况，并对投标人进行资格审查；国家对投标人的资格条件有规定的，依照其规定。招标人可以根据项目的具体情况，组织投标人踏勘项目现场。

④ 编制招标文件。招标人可以根据招标项目的特点和需要编制招标文件。招标文件应当包括招标项目的技术要求、对投标人资格审查的标准、投标报价要求和评标标准等所有实质性要求和条件以及拟签订合同的主要条款。国家对招标项目的技术、标准有规定的，招标人应当按照其规定在招标文件中提出相应要求。招标项目需要划分标段、确定工期的，招标人应当合理划分标段、确定工期，并在招标文件中载明。招标文件不得要求或者标明特定的生产供应者以及含有倾向或者排斥潜在投标人的其他内容。

2. 招标投标阶段的主要工作

（1）资格预审。

招标人对公开招标的建设项目可以采用资格预审的方式，择优选择部分投标人作为预期的投标人，但资格条件、审查方式应符合公开、公平、公正的原则。投标人的资格审查应包括以下内容：

① 财务状况。

② 技术实施能力。

③ 资质等级及综合实力。

④ 以往经验及业绩。

⑤ 企业信誉。

（2）发售招标文件。

招标人可以要求投标人缴纳投标保证金，对于未中标的投标人缴纳的投标保证金，招标人应在与中标人签订合同后 5 日内退还。

（3）接受投标人递送投标文件。

投标文件应在规定的截止日期前密封送达投标地点。招标人或者招标代理机构对在提交投标文件截止日期后收到的投标文件，应不予开启并退还。招标人或者招标代理机构应当对收到的投标文件签收备案。投标人有权要求招标人或者招标代理机构提供签收证明。

投标人应当按照招标文件的要求编制投标文件。投标文件应当对招标文件提出的实质性要求和条件做出响应。投标人根据招标文件载明的项目实际情况，拟在中标后将中标项目的部分非主体、非关键性工作进行分包的，应当在投标文件中载明。

投标文件一般包括下列内容：

① 投标函。

② 投标人资格和资信证明文件。

③ 投标项目方案及说明。

④ 投标价格。

⑤ 投标保证金或者其他形式的担保。

⑥ 投标优惠条件。

⑦ 招标文件要求具备的其他内容。

3．决标成交阶段的主要工作

（1）开标。

开标应当在招标文件确定的提交投标文件截止时间的同一时间公开进行，开标地点应为招标文件中预先确定的地点。公开招标和邀请招标均应举行开标会议，体现招标的公平、公正和公开原则。开标由招标人主持，必须邀请所有投标人代表参加。开标时，由投标人或者其推选的代表检查投标文件的密封情况，也可由招标人委托的公证机构检查并公证；经确认无误后，由工作人员当场拆封，宣读投标人名称、投标价格和投标文件的其他主要内容。招标人在招标文件要求提交投标文件的截止时间前收到的所有投标文件，开标时都应当众予以拆封、宣读。开标过程应当记录，并存档备查。根据《通信建设项目招标投标管理暂行规定》，有下列情况之一的，投标书应当众被宣布为废标：

① 授权委托书不是原件或者无投标单位法人章、法定代表人印鉴的。

② 以联合体方式投标者无联合协议的。

（2）评标。

评标由招标人依法组建的评标委员会负责。评标委员会由招标人的代表和有关技术、经济等方面的专家共同组成，成员人数为 5 人以上单数，其中专家不得少于成员总数的三分之二。评标专家应当从事相关专业工作满 8 年并具有高级职称或者具有同等专业水平。评标委员会成员的名单在中标结果确定前应当严格保密。与投标人有利害关系的人不得进入相关项目的评标委员会。

评标委员会应当按照招标文件确定的评标标准和方法，对投标文件进行评审和比较。评标委员会完成评标后，应当向招标人提出书面评标报告，并推荐 2～3 家合格的中标候选人。通信建设项目评标原则必须符合国家有关规定。评标应采用对投标人的技术实力、企业信誉和投标报价综合评价的方法。

（3）定标。

招标人根据评标委员会提出的书面评标报告和推荐的中标候选人确定中标人。招标人也可以授权评标委员会直接确定中标人。招标人不得选择中标候选人以外的投标人中标。中标人的投标应当符合下列条件之一：

① 能够最大限度地满足招标文件中规定的各项综合评价标准。

② 能够满足招标文件各项要求，并经评审的价格最低，但投标价格低于成本的除外。

中标人确定后，招标人应当向中标人发出中标通知书，并同时将中标结果通知所有未中标的投标人。中标通知书对招标人和中标人具有法律效力。中标通知书发出后，招标人改变中标结果的，或者中标人放弃中标项目的，应当承担法律责任。

（4）招标人和中标人签订合同。

招标人和中标人应当自中标通知书发出之日起 30 日内，按照招标文件和中标人的投标文件订立书面合同。招标人和中标人不得再行订立背离合同实质性内容的其他协议。

招标文件要求中标人提交履约保证金的，中标人应当提交。招标人在确定中标人后 15 日内，应填写《通信建设项目招标投标情况报备表》，并按照项目的管理权限报工业和信息化部或者省、自治区、直辖市通信管理局备案。

2.3 通信工程建设流程

建设流程是指建设项目从设想、选择、评估、决策、设计、施工到竣工验收、投入生产的整个建设过程。通信建设工程的大中型和限上项目整个建设过程可划分为立项、实施和验收投产三个阶段，具体建设流程如图 2-2 所示。

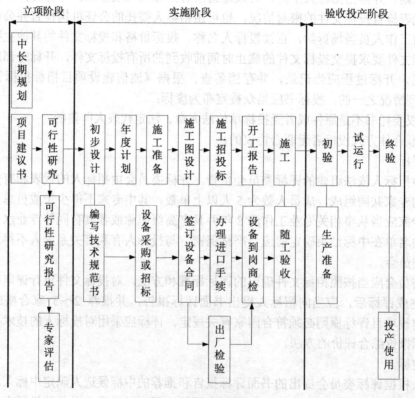

图 2-2 通信工程建设流程

1. 立项阶段

立项阶段是通信工程建设的第一阶段，包括中长期规划、项目建议书、可行性研究以及专家评估等内容。

（1）项目建议书。

一般来说，根据国民经济和社会发展的长远规划、行业规划、地区规划等要求，经过调查、预测、分析，提出项目建议书。其主要包括项目研究背景和必要性、建设规模和地点的初步设想、工程投资估算和资金来源、工程进度、经济和社会效益估计等内容。

（2）可行性研究的含义和步骤。

可行性研究是指对拟建工程项目在技术上是否可行、经济上是否盈利、环境上是否允许，项目建成需要的时间、资源、投资以及资金来源和偿还能力等进行全面、系统地分析和论证的一种科学方法，是建设前期工作的重要组成部分，也是整个工程建设程序中的一个重要环节。其研究结论直接影响到工程项目的生产、投资效益。

可行性研究的基本步骤一般可以划分为筹划、准备及资料搜集，现场条件调研与勘察，确立技术方案，投资估算和经济评价分析，编写报告书，项目审查与评估等。

（3）可行性研究报告的编制。

可行性研究最终要形成书面的文档资料，须编制规范的可行性研究报告。可行性研究报告内容依据行业不同而有所差别，通信建设工程的可行性研究报告一般包括以下几个方面的内容：

① 总论。包括项目提出背景，建设的必要性和投资收益，可行性研究的依据及简要结论等；

② 需求预测与拟建规模。包括业务流量、流向预测，通信设施现状，国家从战略、边海防等需要出发对通信特殊要求的考虑，拟建项目的构成范围及工程拟建规模容量等。

③ 建设与技术方案论证。包括组网方案，传输线路建设方案，局站建设方案，通路组织方案，设备选型方案，原有设施利用和技改方案以及主要建设标准的考虑等。

④ 建设可行性条件。包括资金来源、设备供应、建设与安装条件、外部协作条件以及环保与节能等。

⑤ 配套及协调建设项目的建议。如进城通信管道、机房土建、电源、空调、配套工程以及项目的提出等。

⑥ 建设进度安排的建议。

⑦ 维护组织、劳动定员与人员培训。

⑧ 主要工程量和投资估算。包括建设工程项目的主要工程量、投资估算、配套工程投资估算以及单位造价指标分析等。

⑨ 经济评价。包括财务评价和国民经济评价两方面。财务评价是从通信企业或邮电行业的角度考察项目的财务可行性，计算的财务评价指标主要有财务内部收益率和静态投资回收期等；而国民经济评价是从国家角度考察项目对整个国民经济的净效益，论证整个建设工程项目的经济合理性，计算的主要指标是经济内部收益率等。当两者评价结论出现矛盾时，国民经济评价起决定作用。

⑩ 其他需要说明的问题。

（4）专家评估。

专家评估是指由项目主管部门组织实践经验丰富的行业、企业专家对所编制的可行性研究报告进行经济技术指标分析和评估，给出具体的建议和意见。

2．实施阶段

总体来说，实施阶段可以划分为工程设计和工程施工两大部分，具体来说，主要包括初步设计、制定年度计划、施工准备、施工图设计、施工招投标、开工报告和建设施工等环节。

（1）初步设计。

初步设计是根据批准的可行性研究报告，以及有关的设计标准、规划，并通过现场勘察工作取得可靠的设计基础资料后进行编制的。初步设计的主要任务是确定项目的建设方案、进行设备选型、编制工程项目的总概算。其中，初步设计中的主要设计方案及重大技术措施等应通过技术经济分析，进行多方案比选论证，未采用方案的摘要情况及采用方案的选定理由均应写入设计文件。对于设计中比较复杂的项目、遗留问题或特殊需要，通过更详细的设计和计算，进一步研究和阐明其可靠性和合理性，准确地解决各个主要技术问题。设计深度和范围，基本上与初步设计一致，应编制修正概算。

（2）制定年度计划。

制定年度计划包括基本建设拨款计划、设备和主材（采购）储备贷款计划、工期组织配合计划等，是编制保证工程项目总进度要求的重要文件。

建设项目必须具有经过批准的初步设计和总概算，经资金、物资、设计、施工能力等综合平衡后，才能列入年度建设计划。经批准的年度建设计划是进行基本建设拨款或贷款的主要依据。年度计划中应包括整个工程项目的和年度的投资及进度计划。

（3）施工准备。

施工准备是基本建设程序中的重要环节，是衔接基本建设和生产的桥梁。建设单位应根据建设项目或单项工程的技术特点，适时组成机构，落实好这几项工作：

① 制定建设工程管理制度，落实管理人员。

② 汇总拟采购设备、主材的技术资料。

③ 落实施工和生产物资的供货来源。

④ 落实施工环境的准备工作，如征地、拆迁、"三通一平"（水、电、路通和平整土地）等。

（4）施工图设计。

施工图设计文件应根据批准的初步设计文件和主要设备订货合同进行编制，并绘制施工详图，标明房屋、建筑物、设备的结构尺寸、安装设备的配置关系和布线，施工工艺和提供设备、材料明细表，并编制施工图预算。

（5）施工招投标。

施工招标是建设单位将建设工程发包，鼓励施工企业投标竞争，从中评定出技术、管理水平高、信誉可靠且报价合理的中标企业。建设单位编制标书，公开向社会招标，预先明确在拟建工程的技术、质量和工期要求的基础上，建设单位与施工企业各自应承担的责任与义务；依法组成合作关系。建设工程招标依照《中华人民共和国招标投标法》规定，可采用公开招标和邀请招标两种形式。

施工投标是指争取工程业务的重要步骤。通常在得到有关工程项目信息后，即可按照甲方的要求制作标书。通信建设工程标书的主要内容包括项目工程的整体解决方案、技术方案的可行性和先进性论证、工程实施步骤、工程的设备材料详细清单、工程竣工后所能达到的技术标准、作用和功能等、线路和设备安装费用、工程整体报价以及样板工程介绍等。

（6）开工报告。

经施工招投标，签订承包合同后，建设单位落实年度资金拨款、设备和主材的供货及工程管理组织，建设项目于开工前一个月由建设单位会同施工单位向主管部门提出开工报告。在项目开工报批前，应由审计部门对项目的有关费用计取标准及资金渠道进行审计，通过后方可正式开工。

（7）建设施工。

通信建设项目的施工应由持有通信工程施工资质证书的施工单位承担。施工单位应按批准的施工图设计进行施工。

3．验收投产阶段

为了保证通信建设工程项目的施工质量，工程项目结束后，必须要经验收合格后才能投产使用。本阶段主要包括初验、试运行和终验等环节。

（1）初验。

初验一般是由施工企业完成施工承包合同工程量后，依据合同条款向建设单位提出工程项目完工验收的申请。初步验收由建设单位（或委托监理公司）组织，相关设计、施工、维护、档案及质量管理等部门参加。

除小型建设项目外，其他所有新建、扩建、改建等基建项目以及属于基建性质的技改项目，均应在完成施工调测后进行初验。初验时间应在原定计划建设工期内完成，具体工作主要包括检查工程质量、审查交工材料、分析投资效益、对发现的问题提出处理意见，并组织相关责任单位落实解决。

（2）试运行。

试运行是指工程初验后到正式验收、移交之间的设备运行，由建设单位负责组织，供货厂商、设计、施工和维护部门参加，对设备、系统的功能等各项技术指标以及工程设计和施工质量等进行全方位考核。试运行过程中，若发现有质量问题，应由相关责任单位负责免费返修。通信建设工程项目试运行周期一般为三个月。

（3）终验。

终验是通信工程建设过程的最后一个环节，是全面考核工程建设成果、检验设计和工程质量是否符合要求，审查投资使用是否合理的重要环节。

终验前，建设单位应向主管部门提出终验报告，编制项目工程总决算，并系统地整理出相关技术资料，包括工程竣工图纸、测试资料、重大障碍和事故处理记录等，清理所有财产和物资等，报上级主管部门审查。竣工项目经验收交接后，应迅速办理固定资产交付使用的转账手续，技术档案移交维护单位统一保管。

完成工程项目的终验，意味着整个工程建设项目已经完成移交，整个项目的合同执行情况已经完成。

【知识归纳】

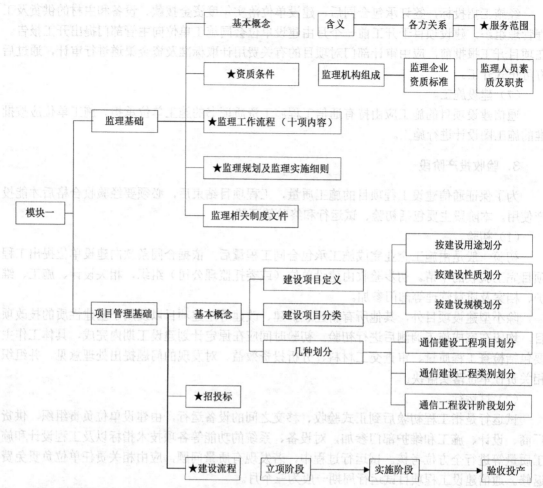

注：★表示本模块的重点内容。

【自我测试】

一、填空题

1. _____是指具有单独的设计文件，建成后能够独立发挥生产能力或效益的工程，_____是指具有独立的设计，可以独立组织施工的工程。

2. 建设程序是指建设项目从设想、选择、评估、决策、_____、施工到竣工验收、投入生产整个建设过程中，各项工作必须遵循的先后顺序的法则。

3. 项目一般具有_____、唯一性、_____和寿命周期性等特点。

4. 建设工程招标依照《中华人民共和国招标投标法》规定，可采用_____和_____两种形式。

5. 按照通信建设工程投资金额划分，工程类别可以划为一类、二类、三类和四类：若投资在 2000 万元以下的部定通信工程项目或者省内通信干线工程项目，投资在 2000 万元以上的省定通信工程项目我们称为_____类项目，国家八横八纵光缆工程我们可称作为_____类项目，二类施工企业可以承担_____类工程。

6.《建设工程质量管理条例》第 38 条规定：监理工程师应按照工程监理规范的要求采取_____、巡视、平行检验和_____等方式对建设工程实施监理工作。

7. 项目监理机构的监理人员由总监理工程师、专业监理工程师和_____组成，专业配套、数量满足监理工作需要，必要时可设_____。

8. 招标过程划分成招标准备阶段、_____阶段和_____阶段。

二、简答题

1. 简述监理单位与工程相关方的关系？
2. 简述总监理工程师的工作职责？
3. 简述通信建设工程施工阶段监理工作流程及要求？
4. 监理规划主要包括哪些内容？
5. 简述通信建设项目招标的工作程序？

【目标导航】

1. 了解造价控制、质量控制和进度控制的基本概念。
2. 理解和掌握通信建设工程各阶段的造价控制流程及要求。
3. 掌握通信建设工程概预算文件的编制方法及要求。
4. 理解和掌握通信建设工程项目的质量控制流程及要求。
5. 理解和掌握通信建设工程各阶段的进度控制流程及要求。

【教学建议】

模块内容	学时分配	总学时	重点	难点
3.1 工程造价概述				
3.2 工程造价控制	2			
3.3 通信建设工程设计阶段的造价控制			√	
3.4 通信建设工程施工招标阶段的造价控制	2		√	
3.5 通信建设工程施工实施阶段的造价控制			√	
3.6 通信建设工程概预算编制	2			
3.7 造价控制项目案例及分析	2	20	√	√
4.1 通信建设工程质量控制概述	2			
4.2 通信建设工程项目的质量控制			√	
4.3 质量控制项目案例及分析	4		√	√
5.1 通信建设工程进度控制概述				
5.2 通信建设工程设计阶段的进度控制	2		√	
5.3 通信建设工程施工阶段的进度控制			√	
5.4 进度控制项目案例及分析	4		√	√

【内容解读】

本模块包括通信建设工程造价控制、通信建设工程质量控制和通信建设工程进度控制三个学习单元，即通信建设工程监理中的"三控"。学习单元 3 主要介绍了工程造价、工程造价控制的基本概念，重点阐述了通信建设工程设计阶段、施工投标阶段、施工实施阶段的造价控制流程及具体要求，简要给出了概预算文件编制要求，最后结合实际项目案例进行了分析；学习单元 4 主要介绍了质量控制的基本概念，重点介绍了通信建设工程项目的质量控制流程及具体要求，并结合实际项目案例进行了分析；学习单元 5 主要介绍了进度控制的基本概念，并重点给出了通信建设工程设计阶段、施工阶段的进度控制流程及具体要求，并结合实际项目案例进行了分析。

学习单元 3 通信建设工程造价控制

3.1 工程造价概述

3.1.1 工程造价的含义及作用

一般来说，工程造价是指建设一项通信建设工程预期开支或实际开支的全部固定资产投资费用。从投资者的角度而言，工程造价是工程项目按照确定的建设内容、建设规模、建设标准、功能要求和使用要求等，全部建成并验收合格交付使用所需的全部费用，一般是指一项工程预计开支或实际开支的全部固定资产投资费用，工程造价与建设工程项目固定资产投资在量上是等同的。从市场交易的角度而言，工程造价是指工程价格，即为建成一项工程，预计或实际在土地市场、设备市场、技术劳务市场以及工程承发包市场等交易活动中所形成的建筑安装工程价格和建设工程总价格。

工程造价的主要作用体现在以下几点。

（1）工程造价是项目决策的工具。建设工程投资大、生产和使用周期长等特点决定了项目决策的重要性，工程造价决定着项目的一次性投资费用。在工程项目决策阶段，工程造价作为项目财务分析和经济评价的重要依据之一。

（2）工程造价是制定投资计划和控制投资的有效工具。工程造价是通过多次性预估，最终通过竣工决算确定下来的。每一次预估的过程就是对造价的控制过程。这种控制是在投资者财务能力的限度内，为取得既定的投资效益所必须做的。

（3）工程造价是筹集建设资金的主要依据。投资体制的改革和市场经济的建立，要求工程项目的投资者必须具备很强的筹资能力，从而保证工程建设有充足的资金供应。工程造价基本决定了建设资金的需求量，从而为筹集资金提供了比较准确的依据。同时，金融机构也需要依据工程造价来确定给予投资者的贷款数额。

（4）工程造价是进行利益合理分配和产业结构有效调节的手段。工程造价的高低，涉及国民经济各部门和企业间的利益分配，这些有利于各产业部门按照政府的投资导向加速发展，也有利于按宏观经济的要求调整产业结构。

（5）工程造价是评估投资效果的重要指标之一。建设工程造价的多层次性，使其自身形成了一个指标体系，为评估工程投资效果提供了多种评价指标，并能形成新的价格信息，为以后类似工程的投资提供了参考。

3.1.2 工程造价的构成

工程造价由设备及工器具购置费用、建筑安装工程费用、工程建设其他费用、预备费以及建设期利息组成，如图 3-1 所示。

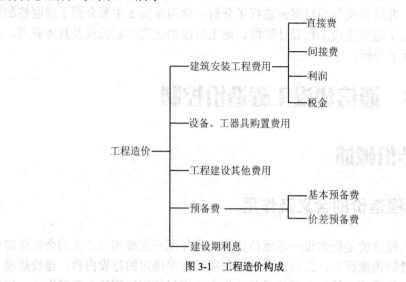

图 3-1　工程造价构成

需要注意的是，不要将工程造价和工程费用两个概念混淆，工程费用是由设备工器具购置费和建筑安装工程费组成，它只是工程造价的一部分。

3.1.3　工程造价的依据

一般而言，在建设工程开始施工之前，应预先对工程造价进行计算和确定。工程造价在不同阶段的具体表现形式为投资估算、设计概算、施工图预算、招标工程标底、投标报价、工程合同价等。工程造价的表现形式和计算方法不同，所需确定的依据也就不同。工程造价确定的依据是指确定工程造价所必需的基础数据和资料，主要包括工程定额、工程量清单、要素市场价格信息、工程技术文件、环境条件与工程建设实施组织和技术方案等。

1．建设工程定额

建设工程定额即额定的消耗量标准，是指按照国家有关的产品标准、设计规范和施工验收规范、质量评定标准，并参考行业、地方标准以及有代表性的工程设计、施工资料确定的工程建设过程中完成规定计量单位产品所消耗的人工、材料、机械等的标准。定额是在正常的施工条件、目前大多数施工企业的技术装备程度、合理的施工工期、施工工艺和劳动组织中的消耗标准，所反映的是一种社会平均消耗水平。

建设工程定额按反映的物质消耗的内容可分为人工消耗定额、材料消耗定额和机械消耗定额；按建设程序可分为预算定额、概算定额、估算指标；按建设工程特点可分为建筑工程定额、安装工程定额、铁路工程定额等；按定额的适用范围可分为国家定额、行业定额、地区定额和企业定额；按构成工程的成本和费用可分为构成工程直接成本的定额、构成间接费用定额及构成工程建设其他费用的定额。

2．工程量清单

工程量清单是依据建设工程设计图纸、工程量计算规则、一定的计量单位、技术标准等

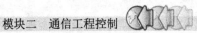

计算所得的构成工程实体各分部分项的、可供编制标底和投标报价的实物工程量的汇总表，是招标文件的组成部分。工程量清单是体现招标人要求投标人完成的工程项目及其相应工程实体数量的列表，反映全部工程内容以及为实现这些内容而进行的其他工作。

为规范工程量清单计价行为，统一建设工程工程量的编制和计价方法，中华人民共和国住房和城乡建设部编写颁发《建设工程工程量清单计价规范》（GB 50500—2013）。工程量清单是指建设工程的分部分项工程项目、措施项目、其他项目、规费项目和税金项目的名称和相应数量等的明细清单。工程量清单应由分部分项工程量清单、措施项目清单、其他项目清单、规费项目清单以及税金项目清单等组成。

工程量清单是在发包方与承包方之间，从工程招标投标开始直至竣工结算，双方进行经济核算、处理经济关系、进行工程管理等活动不可缺少的工程内容及数量依据。工程量清单作为工程付款和结算的依据，也是调整工程量、进行工程索赔的依据，为投标人的投标竞争提供了一个平等的基础。

3．其他依据

工程造价的其他依据主要包括工程技术文件、要素市场价格信息、建设工程环境条件、国家税法规定的相关税费以及企业定额等。

3.1.4 工程造价的计价方法

1．预算定额计价

预算定额计价一般采用工料单价法，按国家统一的预算定额计算工程量，即以分部分项工程的单价为直接工程费单价，以分部分项工程量乘以对应分部分项工程单价后的合计值为单位直接工程费，多个分部分项工程的直接工程费、措施费、间接费、利润、税金之和即为施工图预算造价。

2．工程量清单计价

工程量清单计价一般采用综合单价法，按照《建设工程工程量计价规范》，文件要求，充分考虑风险因素，实行量价分离，依据统一的工程量计算规则，按照施工设计图纸和招标文件的规定，由企业自行编制。建设项目工程量由招标人提供，投标人根据企业自身管理水平和市场行情自主报价。工程量清单计价包括招标控制价、投标报价、合同价款的约定、工程计量与价款支付、索赔与现场签证、工程价款调整和竣工结算等。

3.2 工程造价控制

3.2.1 工程造价控制的含义

工程造价控制是指在投资决策阶段、设计阶段、施工阶段，把工程造价控制在批准的投资限额以内，随时纠正发生的偏差，以保证项目投资目标的实现，以求在建设工程中能合理使用人力、物力、财力，取得较好的投资效益和社会效益。

全过程造价管理的观念就是要求工程造价的计价与控制必须从立项就开始全过程的管理，从前期工作开始抓起，直到工程竣工为止。全过程造价控制是一个逐步深入、逐步细化和逐步接近实际造价的过程，具体流程如图 3-2 所示。

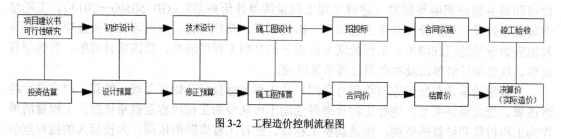

图 3-2　工程造价控制流程图

3.2.2　工程造价控制的过程

1. 控制原理

工程造价控制是动态的，并贯穿于整个项目建设的始终，具体控制过程如图 3-3 所示。在控制过程中，一是要做好对计划目标值的论证和分析；二是要及时收集实际数据，对工程进展做出评估；三是要进行项目计划值与目标值的对比，判断是否存在偏差，如果出现偏差，及时采取相应的控制措施。

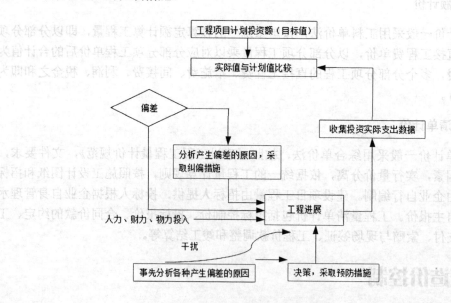

图 3-3　工程造价控制原理

2. 控制重点

工程造价控制贯穿于项目建设的全过程，但必须突出重点。影响项目投资最大的阶段，是约占工程项目建设周期 1/4 的技术设计结束前的工作阶段。在初步设计阶段，影响项目投

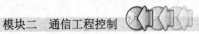

资的可能性为 75%～95%；在技术设计阶段，影响项目投资的可能性为 35%～75%；在施工图设计阶段，影响项目投资的可能性则为 5%～35%。显然，工程造价控制的关键就在于施工以前的投资决策和设计阶段，而项目做出投资决策后，控制的关键就在于设计。

3. 控制措施

对工程造价的有效控制可从组织、技术、经济、合同与信息管理等方面采取措施。组织措施包括明确工程项目组织结构，明确工程项目造价控制人员及任务，明确管理职能分工；技术措施包括重视设计的多方案选择，严格审查监督初步设计、技术设计、施工图设计、施工组织设计，深入技术领域研究节约投资的可能性；经济措施包括动态地比较项目投资实际值和计划值，严格审核各项费用支出，采取节约投资奖励措施等。技术与经济相结合是工程造价控制最有效的手段。

3.2.3 工程造价控制的任务

工程造价控制是建设工程监理的一项主要任务，造价控制贯穿于工程建设的各个阶段，也贯穿于监理工作的各个环节。随着工程建设项目的进展，工程造价控制目标分阶段设置。具体讲，投资估算应是建设工程设计方案选择和进行初步设计的工程造价控制目标；设计概算应是进行技术设计和施工图设计的工程造价控制目标；施工图预算或建筑安装工程承包合同价则是施工阶段造价控制的目标。各个阶段目标有机联系，相互制约，相互补充，前者控制后者，后者补充前者，共同组成建设工程造价控制的目标体系。

1. 设计阶段

监理工程师协助业主提出设计要求，组织设计方案竞赛或设计招标，用技术经济方法组织评选设计方案；协助设计单位开展限额设计工作，编制本阶段资金使用计划，并进行付款控制；进行设计挖潜，用价值工程等方法对设计进行技术经济分析、比较和论证，在保证功能的前提下进一步寻找节约投资的可能性；审查设计概预算，尽量使概算不超估算，预算不超概算。

监理单位在设计阶段造价控制的主要任务是通过收集类似建设工程投资资料和数据，协助业主制定建设工程造价目标规划；开展技术经济分析等活动，协调和配合设计单位力求使设计投资合理化；审核概（预）算，提出改进意见，优化设计，最终满足业主对建设工程造价的经济性要求。

监理工程师在设计阶段造价控制的主要任务包括：对建设工程总投资进行论证，确认其可行性；组织设计方案比选或设计招标，协助业主确定对造价控制有利的设计方案；伴随设计各阶段的成果输出制定建设工程造价目标划分系统。

2. 施工招标阶段

准备并发送招标文件，编制工程量清单和招标工程标底；协助评审投标书，提出评标建议；协助建设单位与承包单位签订承包合同。

3. 施工阶段

依据施工合同有关条款、施工设计图，监理机构对工程项目造价目标进行风险分析，并

制定防范性对策；从造价、项目的功能要求、质量和工期方面审查工程变更的方案并在工程变更实施前与建设单位、承包单位协商确定工程变更的价款；按施工合同约定的工程量计算规则和支付条款进行工程量计算和工程款支付；建立月/周完成工程量统计表，对实际完成量与计划完成量进行比较、分析，制定调整措施；收集、整理有关的施工和监理资料，为处理费用索赔提供依据；按施工合同的有关规定进行竣工结算，对竣工结算的价款总额与建设单位和承包单位进行协商。

3.2.4　组织管理模式的选择

建设工程组织管理的基本模式主要有平行承发包模式、设计或施工总分包模式、项目总承包模式、项目总承包管理模式，不同的组织管理模式有不同的合同体系和管理特点，与工程造价控制有着密切的关系。

1．选择平行承发包模式对造价控制的影响

平行承发包模式是指业主将建设工程的设计、施工以及材料设备采购的任务经过分解分别发包给若干个设计单位、施工单位和材料设备供应单位，并分别与各方签订合同。这种工程组织模式对造价的影响：

（1）合同数量多，总合同价不易确定，影响造价控制的实施。

（2）工程招标任务量大，需控制多项合同价格，增加了造价控制的难度。

（3）在施工过程中设计变更和修改较多，导致投资增加。

2．选择设计或施工总分包模式对造价控制的影响

设计或施工总分包模式是指业主将全部设计或施工任务发包给一个设计单位或一个施工单位作为总包单位，总包单位可以将其部分任务再分包给其他承包单位，形成一个设计总包合同或一个施工总包以及若干个分包合同的结构模式。这种工程组织模式对造价的影响：

（1）总包合同价格可以较早确定，监理单位易于进行造价控制。

（2）总包报价可能较高。对于规模较大的建设工程来说，通常只有大型承建单位才具有总包的资格和能力，竞争相对不甚激烈；另一方面，对于分包出去的工程内容，总包单位都要在分包报价的基础上加收管理费向业主报价，致使总包的报价较高。

3．选择项目总承包模式对造价控制的影响

项目总承包模式是指业主将工程设计、施工、材料和设备采购等工作全部发包给一家承包公司，由其进行实质性设计、施工和采购工作，最后向业主交出一个已达到动用条件的工程。按这种模式发包的工程也称"交钥匙工程"。由于这种组织模式承包范围大、介入项目时间早、工程信息未知数多，承包方承担风险较大，而有此能力的承包单位数量相对较少，这往往导致竞争性降低，合同价格较高。

4．选择项目总承包管理模式对造价控制的影响

项目总承包管理模式是指业主将工程建设任务发包给专门从事项目组织管理的单位，再由它分包给若干设计、施工和材料设备供应单位，并在实施中进行项目管理。这种组织模

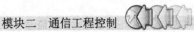

式，监理工程师对分包单位的确认工作十分关键，项目总承包管理单位自身经济实力一般比较弱，而承担的风险相对较大，因此采用这种管理模式应慎重。

3.3 通信建设工程设计阶段的造价控制

工程造价控制贯穿于项目建设全过程，而在设计阶段控制工程造价效果最显著，因此控制工程造价的关键在于设计阶段。设计阶段造价控制工作为本阶段和后续阶段造价控制提供了依据，一是在保障设计质量的前提下，协助设计单位开展限额设计工作；二是编制本阶段资金使用计划，并进行付款控制；三是审查工程概算、预算，在保障建设工程具有安全可靠性、适用性基础上，概算不超估算，预算不超概算；四是进行设计挖潜，节约投资；此外，对设计进行技术经济分析、比较、论证，寻求一次性投资少而全寿命经济性好的设计方案。

3.3.1 设计方案的选择

设计方案优选是提高设计经济合理性的重要途径。设计方案选择就是通过对工程设计方案的技术经济分析，从若干设计方案中选出最佳方案的过程。在设计方案选择时，须综合考虑各方面因素，对方案进行全方位技术经济分析与比较，结合实际条件，选择功能完善、技术先进、经济合理的设计方案。设计方案选择最常用的方法是比较分析法。

3.3.2 设计概算的审查

设计概算是初步设计文件的重要组成部分，是在投资估算的控制下由设计单位按照设计要求概略地计算拟建工程从立项开始到交付使用为止全过程所发生建设费用的文件。设计概算编制工作较为简单，在精度上没有施工图预算准确。

采用两阶段或三阶段设计的建设项目，初步设计阶段必须编制设计概算；采用一阶段设计的施工图预算应反映全部概算的费用。

设计概算是编制建设项目投资计划、确定和控制建设项目投资的依据，一经批准将作为控制建设项目投资的最高限额；设计概算是签订建设工程合同和贷款合同的依据，是控制施工图设计和施工图预算的依据，是衡量设计方案技术经济合理性和选择最佳设计方案的依据，是考核建设项目投资效果的依据。

1. 设计概算的内容

设计概算分为单位工程概算、单项工程综合概算、建设工程总概算三级。各级概算之间的相互关系如图 3-4 所示。

2. 设计概算编制方法

设计概算是从最基本的单位工程概算编制开始逐级汇总而成。

（1）单位工程概算编制方法。

单位工程概算书分为建筑工程概算书和设备及安装工程概算书两类。建筑单位工程概算编制方法一般有扩大单价法、概算指标法两种形式，可根据编制条件、依据和要求的不同适当选取。设备及安装工程概算由设备购置费和安装工程费两部分组成。设备购置费由设备原价和设备运杂费组成。设备安装工程概算的编制方法一般有三种，即预算单价法、扩大单价法、概算指标法。

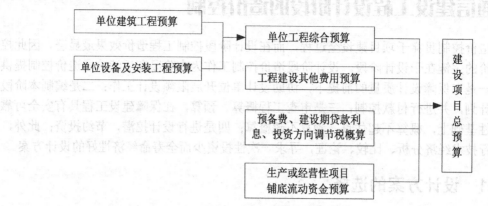

图 3-4　设计概预的三级概算关系图

（2）单项工程综合概算编制。

综合概算是以单项工程为编制对象，由该单项工程内各单位工程概算书汇总而成。

（3）总概算的编制。

总概算是以整个工程项目为对象，由各单项工程综合概算及其他工程和费用概算综合汇编而成。

3．设计概算审查依据

（1）国家有关建设和造价管理的法律、法规和方针政策。

（2）批准的建设项目的设计任务书（或批准的可行性研究文件）和主管部门的有关规定。

（3）初步设计项目一览表。

（4）能满足编制设计概算的各专业的设计图纸、文字说明和主要设备表。

（5）当地和主管部门的现行建筑工程和专业安装工程的概算定额（或预算定额、综合预算定额）、单位估价表、材料及构配件预算价格、工程费用定额和有关费用规定的文件等。

（6）现行的有关设备原价及运杂费率。

（7）现行的有关其他费用定额、指标和价格。

（8）建设场地的自然条件和施工条件。

（9）类似工程的概、预算及技术经济指标。

（10）建设单位提供的有关工程造价的其他资料。

4．设计概算审查内容

（1）审查设计概算编制依据的合法性、时效性和适用范围。

（2）通过审查编制说明、审查概算编制的完整性、审查概算的编制范围，审查概算编制深度。

（3）审查工程概算的内容主要包括：审查建设规模、建设标准、配套工程、设计定员等是否符合原批准的可行性研究报告或立项批文的标准；审查编制方法、计价依据和程序是否符合现行规定；审查工程量是否正确；审查材料用量和价格；审查设备规格、数量和配置是否符合设计要求，是否与设备清单相一致；审查建筑安装工程的各项费用的计取是否符合国家或地方有关部门的现行规定等。

5．设计概算审查方法

采用适当方法审查设计概算，是确保审查质量、提高审查效率的关键。较常用的方法有对比分析法、查询核实法、联合会审法。

3.3.3　施工图预算的审查

施工图预算是施工图设计预算的简称，又称为设计预算。它是由设计单位或造价咨询单位在施工图设计完成后，根据施工图设计图纸、现行预算定额、费用定额以及地区设备、材料、人工、施工机械台班等预算价格编制和确定的建筑安装工程造价文件。施工图预算是招投标的重要基础，既是工程量清单的编制依据，也是标底编制的依据。施工图预算是施工单位在施工前组织材料、机具、设备及劳动力供应的重要参考。

1．施工图预算的内容

施工图预算有单位工程预算、单项工程预算和建设项目总预算。单位工程预算是根据施工图设计文件、现行预算定额、费用定额以及人工、材料、设备、机械台班等预算价格资料，编制单位工程的施工图预算；然后汇总所有各单位工程施工图预算，成为单项工程施工图预算；再汇总所有各单项工程施工图预算，便是一个建设项目建筑安装工程的总预算。单位工程预算包括建筑工程预算和设备安装工程预算。

2．施工图预算编制方法

（1）施工图预算编制流程。

通信建设工程概预算编制时，首先要收集工程相关资料，熟悉图纸，进行工程量的统计；其次要套用预算定额确定主材使用量、选用设备材料价格，依据费用定额计算各项费用费率的计取；再次进行复核检查，无误后撰写预算编制说明；最后经主管领导审核、签字后，进行印刷出版。通信建设工程施工图预算编制程序如图 3-5 所示。

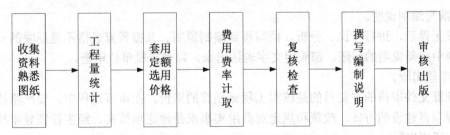

图 3-5　通信建设工程施工图预算编制程序

① 收集资料、熟悉图纸。

在编制概预算文件前，针对本工程的具体情况和所编概预算内容，进行相关资料的收集。具体来说，包括通信建设工程概预算定额、费用定额以及材料、设备价格等。对施工图

进行全面检查的内容包括：检查所给图纸是否完整，尤其是与概预算文件编制紧密相关的信息；检查各部分尺寸是否清楚标注，是否标注有误；检查是否有工程施工说明，重点要明确施工意图；检查有无本次工程的主要工程量列表。

② 工程量统计。

工程量是编制概预算的基本数据，计算得准确与否直接影响到工程造价的准确度。

工程量统计时要注意：一是要先熟悉工程图纸的内容和相互关系，注意有关标注和说明；二是工程量的计量单位必须要与编制概预算时依据的概预算定额单位保持一致；三是工程量统计可依照施工图顺序由上而下、由内而外、由左而右依次进行，也可以依据工程图纸从左上角开始逐一统计，还可以按照概预算定额目录顺序进行统计；四是要防止工程量的误算、漏算和重复计算，最后将同类项加以合并，并编制工程量汇总表。

③ 套用定额，选用价格。

工程量经复核无误方可套用定额。套用定额时，应核对工程内容与定额内容是否一致，以防误套。即实际工程的工作内容与概预算定额所规定的工作内容是否一致；另外要特别注意概预算定额的总说明、册说明、章节说明以及定额项目表下方的注释内容，特殊情况进行相应地调整计取。

正确套用定额后，紧接着就是选用价格，包括机械、仪表台班单价和设备、材料价格两部分。对于工程所涉及的机械、仪表，其单价可以依据《通信建设工程施工机械、仪表台班定额》进行查找；而设备、材料价格是由定额编制管理部门所给定的，但要注意概预算编制所需要的设备、材料价格是指预算价格，如果给定的是原价，要记住计取其运杂费、运输保险费、采购及保管费和采购代理服务费。

④ 费用费率计取。

根据工信部规[2008]75 号文下发的费用定额所规定的计算规则、标准分别计算各项费用，并按通信建设工程概预算表格的填写要求填写表二、表五和表一，在费用填写过程中，要特别注意对于不同工程类型、不同条件下相关费用费率的计取原则。

⑤ 复核检查。

对上述表格内容进行一次全面检查。检查所列项目、工程量、计算结果、套用定额、选用单价、取费标准以及计算数值等是否正确。通信建设工程概预算表格的核查顺序一般为：（表三）甲→（表三）乙→（表三）丙→（表四）甲→（表五）甲→表二→表一→汇总表。

⑥ 撰写编制说明。

复核无误后，进行对比、分析，撰写预算编制说明。凡概预算表格不能反映的一些事项以及编制中必须说明的问题，都应用文字表达出来，以供审批单位审查。

⑦ 审核出版。

概预算文件审核的主要目的是核实工程概预算的造价，在审核过程中，要严格按照国家有关工程项目建设的方针、政策和规定对费用实事求是地逐项核实，经主管领导审核、签字后，进行印刷出版。

（2）施工图预算的编制方法。

施工图预算主要采用工料单价法和综合单价法两种方法进行编制。

① 工料单价法是目前施工图预算普遍采用的方法，是根据建筑安装工程施工图和预算定额，按分部分项的顺序，先算出分项工程量，然后再乘以对应的定额基价，求出分项工程

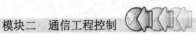

直接工程费。将分项工程直接工程费汇总为单位工程直接工程费，直接工程费汇总后另加措施费、间接费、利润、税金生成施工图预算造价。

②　综合单价法，即分项工程全费用单价；它综合了人工费、材料费、机械费，有关文件规定的调价、利润、税金，现行取费中有关费用、材料价差，以及采用固定价格的工程所测算的风险金等全部费用。

③　综合单价法与工料单价法相比较，主要区别在于：间接费和利润等是用一个综合管理费率分摊到分项工程单价中，从而组成分项工程全费用单价，某分项工程单价乘以工程量即为该分项工程的完全价格。

3．施工图预算审查依据

（1）国家有关工程建设和造价管理的法律、法规和方针政策。

（2）施工图设计项目一览表、各专业施工图设计的图纸和文字说明、工程地质勘察资料。

（3）主管部门颁布的现行建筑工程和安装工程预算定额、材料与构配件预算价格、工程费用定额和有关费用规定等文件。

（4）现行的有关设备原价及运杂费率。

（5）现行的其他费用定额、指标和价格。

（6）建设场地中的自然条件和施工条件。

4．施工图预算审查内容

审查施工图预算的重点，应该放在工程量计算、预算单价套用、设备材料预算价格取定是否准确，各项费用标准是否符合现行规定等方面。主要审查工程量、单价和其他有关费用。

5．施工图预算审查方法

施工图预算的审查方法主要有逐项审查法又称全面审查法、标准预算审查法、分组计算审查法、对比审查法、"筛选"审查法、重点审查法。

3.4　通信建设工程施工招标阶段的造价控制

建设工程施工招标是指招标人就拟建的工程发布公告或邀请，以法定方式吸引施工企业参加竞争，招标人从中选择条件优越者完成工程建设任务的法律行为。实行施工招标投标的项目便于供求双方更好地相互选择，可以使建设单位通过法定程序择优选择施工承包单位，使工程价格更加符合价值基础，进而更好地控制工程造价。

3.4.1　承包合同价格方式的选择

《中华人民共和国招标投标法》（以下简称《招标投标法》）第四十六条规定，招标人和中标人应当自中标通知书发出之日起 30 日内，按照招标文件和投标文件订立书面合同。因此，招标文件中规定的合同价格方式和中标人按此方式所做出的投标报价成为签订施工承包合同的依据。

1．以计价方式划分的建设工程施工合同分类

《建设工程施工合同》通用条款中规定有固定价格合同、可调价格合同、成本加酬金合同三类可选择的计价方式，所签合同采用哪种方式需在专用条款中说明。

建设工程承包合同的计价方式按照国际通行做法，建设工程施工承包合同可分为总价合同、单价合同和成本加酬金合同。具体工程承包的计价方式不一定是单一的方式，可以采用组合计价方式，如图3-6所示。

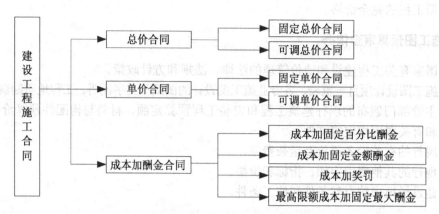

图3-6　以计价方式划分的建设工程施工合同分类

2．承包合同计价方式选择

各类合同计价方式的适用范围、风险情况如表3-1所示。

表3-1　　　　　　　　　　各类合同计价方式适用范围及风险情况

序号	合同计价方式	适用范围	风险情况
1	总价合同	仅适用于工程量不太大且能精确计算、工期较短、技术不太复杂、风险不大的工程项目	承包方承担工程量变化风险
2	单价合同	适用范围比较宽，合同双方对单价和工程计算方法协商解决	风险合理分摊
3	固定价格合同	适用于工期短，图纸要求明确的工程项目	承包方承担资源价格变动的风险
4	可调价格合同	用于工期较长的工程项目	发包方承担资源价格变动的风险
5	成本加酬金合同	主要适用于需要立即开展工作的工程项目；新型的工程项目或工程内容及技术经济指标未确定的工程项目；风险大的工程项目	发包方承担全部风险

工程实践中，采用哪一种合同计价方式，应根据建设工程特点、工程费用、工期、质量要求等综合考虑。影响合同价格方式选择的因素主要包括以下几个方面。

（1）项目复杂程度。

规模大且技术复杂的工程项目，承包风险较大，各项费用不易估算准确，不宜采用固定总价合同，可针对不同部分计价，如有把握的部分采用固定总价合同，估算不准的部分采用

单价合同或成本加酬金合同。

（2）工程设计深度。

工程招标时所依据设计文件的深度，即工程范围的明确程度和预计完成工程量的准确程度，经常是选择合同计价方式时应考虑的重要因素。招标时的设计深度已达到施工图设计要求，工程设计图纸完整齐全，设计文件能够完全详细确定工程任务的情况下，一般可采用总价合同；当设计深度不够或施工图不完整，不能准确计算出工程量的条件下，一般宜采用单价合同。

（3）施工难易程度。

如果施工中有较大部分采用新技术和新工艺，当发包方和承包方都没有经验，且在国家颁布的标准、规范、定额中又没有可作为依据的标准时，不易采用固定总价合同。对这种情况，较为保险的做法是选用成本加酬金合同。

（4）进度要求的紧迫程度。

一些紧急工程，如灾后恢复工程、要求尽快开工且工期较紧的工程等，可能仅有实施方案，还没有施工图纸。对这种情况，宜采用成本加酬金比较合理，可以邀请招标方式选择有信誉、有能力的承包方及早开工。

3.4.2 工程标底的编制

工程标底是指招标人根据招标项目具体情况编制的完成招标项目所需的全部费用。《招标投标法》第二十二条第二款规定："招标人设有标底的，标底必须保密"。标底是我国工程招标中的一个特有概念，是依据国家统一的工程量计算规则、预算定额和计价办法计算出来的工程造价，是招标人对建设工程预算的期望值。标底与合同价没有直接的关系。标底是招标人发包工程的期望值，即招标人对建设工程价格的期望值，也是评定标价的参考值，设有标底的招标工程，在评标时应当参考标底。合同价是确定了中标者后双方签订的合同价格，而中标者的投标报价，即中标价可认为是招投标双方都可接受的价格，是签订合同的价格依据，中标价即为合同价，招标人和中标人不得再行订立背离合同实质性内容的其他协议。

1. 标底编制依据

工程标底的编制主要需要以下基本资料和文件。

（1）国家的有关法律、法规以及国务院和省、自治区、直辖市人民政府建设行政主管部门制定的有关工程造价的文件、规定。

（2）工程招标文件中确定的计价依据和计价办法，招标文件的商务条款，包括合同条件中规定由工程承包方应承担义务而可能发生的费用，以及招标文件的澄清、答疑等补充文件和资料。在标底价格计算时，计算口径和取费内容必须与招标文件中有关取费等要求一致。

（3）工程设计文件、图纸、技术说明及招标时的设计交底，按设计图纸确定的或招标人提供的工程量清单等相关基础资料。

（4）国家、行业、地方的工程建设标准，包括建设工程施工必须执行的建设技术标准、规范和规程。

（5）采用的施工组织设计、施工方案、施工技术措施等。

（6）工程施工现场地质、水文勘探资料，现场环境和条件及反映相应情况的有关资料。

（7）招标时的人工、材料、设备及施工机械台班等的要素市场价格信息，以及国家或地方有关政策性调价文件的规定。

2．标底编制程序

标底文件可由具有编制招标文件能力的招标人自行编制，也可委托具有相应资质和能力的工程造价咨询机构、招标代理机构和监理单位编制。其编制程序如下：

（1）收集编制资料，包括全套施工图纸及地质、水文、地上情况的有关资料、招标文件、其他依据性文件。

（2）参加交底会及现场勘察。

（3）编制标底。

（4）审核标底价格。

3．标底文件的主要内容

标底文件的主要内容包括编制说明、标底价格文件、标底附件、标底价格编制的有关表格。

4．标底价格的编制

目前建设工程施工招标标底的编制主要采用定额计价和工程量清单计价来编制。影响编制标底价格的因素主要包括：

（1）标底价格必须适应目标工期的要求，对提前工期因素有所反映。

（2）标底价格必须适应招标人的质量要求，对高于国家验收规范的质量因素有所反映。

（3）标底价格计算时，必须合理确定间接费、利润等费用的计取，应反映企业和市场的现实情况，尤其是利润，一般应以行业平均水平为基础。

（4）标底价格必须综合考虑招标工程所处的自然地理条件和招标工程的范围等因素。

（5）标底价格应根据招标文件或合同条件的规定，按规定的承发包模式，确定相应的计价方式，考虑相应的风险费用。

3.5 通信建设工程施工实施阶段的造价控制

众所周知，通信建设工程的投资主要发生在施工实施阶段。这一阶段需要投入大量的人力、物力、资金等，虽然此时处于工程项目建设费用消耗最多的时期，但是只要对施工实施阶段的造价控制给予足够的重视，精心组织施工，挖掘各方面潜力，节约资源消耗，仍可以达到节约投资的明显效果。

3.5.1 造价控制的任务和措施

施工实施阶段造价控制的主要任务是通过工程付款控制、工程变更费用控制、预防并处理好费用索赔、挖掘节约投资潜力来努力实现实际发生的费用不超过计划投资。施工实施阶段造价控制仅靠控制工程款的支付是不够的，还应从组织、经济、技术以及合同等方面采取措施，以便控制投资。

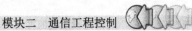

1．组织措施

（1）在项目监理机构中落实造价控制的人员、任务分工和职能分工。

（2）编制本阶段造价控制工作计划和详细的工作流程图。

2．经济措施

（1）审查资金使用计划，确定、分解造价控制目标。

（2）进行工程计量。

（3）复核工程付款账单，签发付款证书。

（4）做好投资支出的分析与预测，经常或定期向建设单位提交投资控制及存在问题的报告。

（5）定期进行投资实际发生值与计划目标值的比较，发现偏差，分析原因，采取措施。

（6）对工程变更的费用做出评估，并就评估情况与承包单位和建设单位进行协调。

（7）审核工程结算。

3．技术措施

（1）对设计变更进行技术经济比较，严格控制设计变更。

（2）继续寻找通过设计挖潜节约投资的可能性。

（3）从造价控制的角度审核承包单位编制的施工组织设计，对主要施工方案进行技术经济分析。

4．合同措施

（1）注意积累工程变更等有关资料和原始记录，为处理可能发生的索赔提供依据。

（2）参与合同修改、补充工作，着重考虑对投资的影响。

3.5.2　造价控制的工作内容

通信建设工程施工实施阶段造价控制的主要工作内容如下。

（1）参与设计图纸会审，提出合理化建议。

（2）从造价控制的角度审查承包方编制的施工组织设计，对主要施工方案进行技术经济分析。

（3）加强工程变更签证的管理，严格控制、审定工程变更，设计变更必须在合同条款的约束下进行，任何变更不能使合同失效。

（4）实事求是、合理地签认各种造价控制文件资料，不得重复或与其他工程资料相矛盾。

（5）建立月完成量和工作量统计表，对实际完成量和计划完成量进行比较、分析，做好进度款的控制。

（6）收集有现场监理工程师签认的工程量报审资料，作为结算审核的依据。

（7）收集经设计单位、施工单位、建设单位和总监理工程师签认的工程变更资料，作为结算审核的依据，防止施工单位在结算审核阶段只提供对施工方有利的资料，造成不应发生的损失。

3.5.3　工程计量

工程计量是投资支出的关键环节,是约束承包商履行合同义务的手段。工程计量一般只对工程量清单中的全部项目、合同文件中规定的项目和工程变更项目进行计量。工程计量的依据一般有质量合格证书,工程量清单前言,技术规范中的"计量支付"条款和设计图纸。对于已完工程,并不是全部进行计量,而只是质量达到合同标准的已完工程,由专业监理工程师签署报验申请表,质量合格才予以计量。未经总监理工程师签认的工程变更,承包单位不得实施,项目监理机构不得予以计量。

3.5.4　价款变更

工程变更发生后,承包人应在工程设计变更确定后提出变更工程价款的报告,经建设单位确认后调整合同价款。如承包人未提出适当的变更价格,则发包人可根据所掌握的资料决定是否调整合同价款和调整的具体数额。收到变更价款报告的一方,予以确认或提出协商意见,否则视为变更工程价款报告已被确认。

变更价款的确定方法如下:

(1)合同中已有适用于变更工程的价格,按合同已有的价格变更合同价款。

(2)合同中只有类似于变更工程的价格,可以参照类似价格变更合同价款。

(3)合同中没有适用或类似于变更工程的价格,由承包人提出适当的变更价格,经建设单位确认后执行。

总监理工程师应就工程变更费用与承包单位和建设单位进行协商。在双方未能达成协议时,项目监理机构可提出一个暂定的价格,作为临时支付工程款的依据。该工程款最终结算时,应以建设单位与承包单位达成的协议为依据。

3.5.5　索赔控制

索赔是工程承包合同履行中,当事人一方因对方不履行或不完全履行既定的义务,或者由于对方的行为使权利人受到损失时,要求对方补偿损失的权利。索赔是双向的,不仅承包人可以向发包人索赔,发包人同样也可以向承包人索赔。只有实际发生了经济损失或权利侵害,一方才能向对方索赔。索赔是一种未经对方确认的单方行为,它的最终实现必须要通过确认后才能实现。

按索赔的目的可以分工期索赔和费用索赔。费用索赔的目的是要求经济补偿;工期索赔形式上是对权利的要求,但最终仍反映在经济收益上。

1. 承包人索赔

索赔事件发生后,承包人通常按以下步骤进行索赔。

(1)承包人提出索赔要求。承包人应在索赔事发生后的 28 天内向监理工程师递交索赔意向通知书,如果超过这个期限,监理工程师和发包人有权拒绝承包人的索赔要求。索赔意向通知提交后 28 天内递交正式的索赔报告,内容包括事件发生的原因、证据资料、索赔依据、要求补偿款项和工期的详细计算等有关资料。如未能按时间规定提出意向通知和索赔报

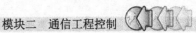

告，承包人则失去就该项事件请求补偿的索赔权利。

（2）监理工程师审核索赔报告。工程在接到承包人的索赔意向通知后，应建立索赔档案，密切关注事件的影响，检查承包人的同期记录，随时就记录内容提出不同意见或希望应增加的记录项目。在接到正式索赔报告后，认真研究承包人报送的索赔资料。首先，在不确认责任归属的情况下，客观分析事件发生的原因，研究索赔证据，检查同期记录；其次，通过对事件的分析，依据合同条款划清责任界，必要时可以要求承包人补充资料；最后审查承包人提出的索赔补偿要求，剔除不合理部分，拟定工程师计算的合理索赔款额和工期顺延天数。

（3）确定合理补偿额。在经过认真分析研究，与承包人、发包人广泛讨论后，监理工程师应该向发包人和承包人提出"索赔处理决定"。通常，监理工程师的处理决定不是终局性的，不具有强制性约束力。

（4）发包人审查索赔处理。索赔报告经发包人同意后，监理工程师即可签发有关证书。

（5）承包人接受最终索赔处理决定，索赔事件处理结束。

2. 发包人索赔

由于承包人不履行或不完全履行约定的义务，或者由于承包人的行为使发包人受到损失时，发包人可向承包人提出索赔。发包人索赔主要有工期延误索赔、质量不满足合同要求索赔等。

3. 索赔费用计算

索赔费用一般包括以下几方面。

（1）人工费：包括增加工作内容的人工费、停工损失费和工作效率降低的损失费等累计，其中增加工作内容的人工费按计日工费计算，而停工损失费和工作效率降低的损失费按窝工费计算，窝工费的标准双方应在合同中约定。

（2）设备费：包括机械台班费、机械折旧费、设备租赁费等几种形式。当工作内容增加时，设备费的标准按照机械台班费计算。因窝工引起的设备费索赔，当施工机械属于施工企业自有时，按照机械折旧费计算。当施工机械是施工企业从外部租赁时，按设备租赁费计算。

（3）材料费。

（4）保函手续费。工程延期时，保函手续费相应增加。

（5）贷款利息。

（6）保险费。

（7）管理费。

（8）利润。

费用索赔的计算方法有实际费用法、修正总费用法等。

4. 索赔的预防和减少

索赔虽然不可能完全避免，但通过努力可以减少发生。

（1）正确理解合同规定。

（2）做好日常监理工作，随时与承包人保持协调。

（3）尽量为承包人提供力所能及的帮助。

（4）建立和维护工程师处理合同事务的威信。

3.5.6 价款结算

工程价款结算是施工企业在承包工程实施过程中，根据已完工程量和承包合同中关于付款的规定，依照程序向建设业主收取工程价款的经济活动。及时结算工程价款可以加速企业资金周转，降低企业内部运营成本，提高资金使用的有效性。工程价款结算有多种方式，重要的是根据企业自身情况与建设业主在协商一致的基础上，明确合同条款内容中的具体方式、结算期及相互承担的责任和义务。

1. 工程价款的结算方式

现行的工程价款结算主要有静态价款结算和动态价款结算两种。

（1）静态价款结算：按现行规定，静态价款结算可以根据不同情况采用多种方式。

① 按月结算。按月结算是指实行旬末或月中预支、月终结算、竣工后清算的办法。跨年度竣工的工程，在年终进行工程盘点，办理年度结算。

② 竣工后一次结算。建设项目或单项工程建设期在 12 个月以内，或者工程承包合同价值在 100 万元以下的，可以实行工程价款每月月中预支，竣工后一次结算的方式。

③ 分段结算。分段结算是指当年开工，当年不能竣工的单项工程或单位工程，按照工程进度，划分不同阶段进行结算。分段结算可以按月预支工程款。分段划分标准，由各部门或省、自治区、直辖市以及计划单列市规定。

（2）动态结算：静态结算并没有反映价格等因数变化的影响，而动态结算就是将各种动态变化的因素渗透到结算过程中，使得结算更好地反映实际消耗。

① 按竣工调价系数结算。甲乙双方采用当时的概预算定额规定的人工、材料、机械台班和仪表台班单价作为合同承包价，在竣工时，依据合理工期和建设造价管理部门规定的各种季度竣工调价系数，对原来工程造价在定额价格基础上，调整因实际人工费、材料费、机械和仪表使用费等费用上涨及工程变更等引起的价差。

② 按实际价格结算。为了更好地降低工程造价，基建主管部门定期发布材料最高限价额，同时合同里应规定建设单位有权要求承包人选用价格较低的供应来源。

③ 国际咨询工程师联合会（FIDIC）合同条件下工程费的结算。这种结算并不是对承包商已完工程的全部支付，而是支付质量合格的部分；一切结算均需符合合同的要求；变更项目须有监理工程师的变更通知；支付金额必须大于临时支付证书规定的最小限额；还有，承包商其他方面的工作未能达到监理工程师的要求，也可以通过任何临时证书对他所签发过的所有证书进行任何修正或更改，有权删去或减少本项工作的价值。

2. 工程预付款

施工企业承包工程一般都实行包工包料，这就需要一定数量的备料周转金。在工程承包合同条款中，一般要明确约定发包人在开工前拨付给承包人一定限额的工程预付款。此预付款构成施工企业为该工程项目储备主要材料、结构件所需的流动资金。

按照《建设工程施工合同（示范文本）》有关预付款做出的约定，预付时间应不迟于约定的开工日期前 7 天。发包人不按约定预付，承包人应在预付时间 7 天后向发包人发出要求预付的通知，发包人收到通知后仍不能按要求预付，承包人可在发出通知 7 天后停止施工，发包人应从约定应付之日起向承包人支付应付款的利息，并承担违约责任。工程预付款仅用于承包人支付施工开始时与本工程有关的动员费用。如承包人滥用此款，发包人有权立即收回。

（1）工程预付款的数额。

包工包料工程的预付款按合同约定拨付，原则上预付比例不低于合同金额的 10%，不高于合同金额的 30%，对重大工程项目，按年度工程计划逐年预付。计价执行《建设工程工程量清单计价规范》（GB 50500—2003）的工程，实体性消耗和非实体性消耗部分应在合同中分别约定预付款比例。对于只包工不包料（一切材料由发包人提供）的工程项目，则可以不预付备料款。

（2）工程预付款的扣回。

预付的工程款必须在合同中约定抵扣方式，并在工程进度款中进行抵扣。扣款方法有两种：第一种由发包人和承包人通过洽商，用合同的形式予以确定，采用等比率或等额扣款的方式。原建设部《招标文件范本》中规定，在承包人完成金额累计达到合同总价的 10%后，由承包人开始向发包人还款，发包人从每次应付给承包人的金额中扣回工程预付款，发包人至少在合同规定的完工期前三个月将工程预付款的总计金额按逐次分摊的办法扣回。第二种从未施工工程尚需的主要材料及构件的价值相当于工程预付款数额时起扣，从每次结算工程价款中，按材料比重扣抵工程价款，竣工前全部扣清。公式如下：

$$T=P-（M/N）$$

上式中，T 为起扣点，即工程预付款开始扣回时的累计完成工作量金额；P 为承包工程价款总额；M 为工程预付款限额；N 为主要材料所占比重。

3. 工程进度款

按照《建设工程施工合同（示范文本）》关于工程款支付做出的约定，在确认计量结果后 14 天内发包人应向承包人支付工程款（进度款）。发包人超过约定的支付时间不支付工程款（进度款），承包人可向发包人发出要求付款的通知，发包人在收到承包人通知后仍不能按要求支付，可与发包人协商签订延期付款协议，经承包人同意后可延期支付。协议应明确延期支付的时间和从计量结果确认后第 15 天起计算应付款的贷款利息。

工程进度款的支付，一般按当月实际完成工程量进行结算，工程竣工后办理竣工结算。以按月结算为例，工程进度款支付步骤如图 3-7 所示。

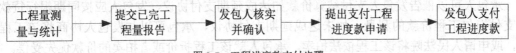

图 3-7 工程进度款支付步骤

在委托监理的项目中，工程进度款的支付，应由承包人提交《工程款支付申请表》并附工程量清单和计算方法；项目监理机构予以审核，由总监理工程师签发《工程款支付证书》；发包人支付工程进度款。

4. 竣工结算

工程竣工结算是指施工企业按照合同规定的内容全部完成所承包的工程，经验收质量合格，并符合合同要求之后，向发包单位进行的最终工程价款结算。

竣工结算由承包人编制，发包人审查；实行总承包的工程，由具体承包人编制，在总包人审查的基础上，发包人审查。发包人可直接进行审查，也可以委托监理单位或具有相应资质的工程造价咨询机构进行审查。

（1）工程竣工结算审查内容。

① 核对合同条款。

② 检查隐蔽验收记录。

③ 落实设计变更签证。

④ 按图核实工程数量。

⑤ 认真核实单价。

⑥ 注意各项费用计取。

⑦ 防止各种计算误差。

（2）工程竣工结算审查期限。

《通信建设工程价款结算暂行办法》【信部规（2005）418 号】规定了工程竣工结算审查期限，发包人应按表 3-2 规定的时限进行核对、审查，并提出审查意见。

表 3-2　　　　　　　　　　　　　　　　工程竣工结算审查期限

工程结算报告金额	审查时间
500 万元以下	从接到竣工结算报告和完整的竣工结算资料之日起 20 天
500 万 ~ 200 万元	从接到竣工结算报告和完整的竣工结算资料之日起 30 天
200 万 ~ 500 万元	从接到竣工结算报告和完整的竣工结算资料之日起 45 天
500 万元以上	从接到竣工结算报告和完整的竣工结算资料之日起 60 天

（3）工程竣工价款结算过程。

建设项目竣工总结算在最后一个单项工程竣工结算审查确认后 15 天内汇总，送达发包人 30 天内审查完成。发包人收到竣工结算报告及完整的结算资料后，按规定时限（合同约定有期限的，从其约定）对结算报告及资料没有提出意见，视同认可。

承包人如未在规定时间内提供完整的工程竣工结算资料，经发包人催促后 14 天内仍未提供或没有明确答复，发包人有权根据已有资料进行审查，责任由承包人自负。

根据确认的竣工结算报告，承包人向发包人申请支付工程竣工结算款。发包人应在收到申请后 15 天内支付结算款，到期没有支付的应承担违约责任。

承包人可以催告发包人支付结算价款如达成延期支付协议，发包人应按同期银行贷款利率支付拖欠工程价款的利息。如未达成延期支付协议，承包可以与发包人协商将该工程折价，或申请人民法院将该工程依法拍卖，承包人就该工程折价或者拍卖的价款优先受偿。

（4）工程竣工价款结算金额计算。

工程竣工价款结算金额计算公式如下：

$$\text{竣工结算工程价款} = \text{合同价款} + \text{施工过程中合同价款调整数额} - \text{预付及已结算工程价款} - \text{保修金}$$

（5）工程价款的动态结算。

工程价款的动态结算就是要把各种动态因素渗透到结算过程中，使结算大体能反映实际的消耗费用。常用动态结算办法包括：

① 按实际价格结算法。

② 按主材计算价差。

③ 主料按抽料计算价差。

④ 竣工调价系数法。

⑤ 调值公式法,又称动态结算公式法。

5. 保修金

工程保修金一般为施工合同价款的 3%,在专用条款中具体规定。发包人在质量保修期后 14 天内,将剩余保修金和利息返还承包商。

6. 偏差分析

为了有效地进行造价控制,监理工程师必须定期进行投资计划值与实际值的比较,当实际值偏离计划值时,分析产生偏差原因,采取适当的纠偏措施,确保造价控制目标的实现。

在造价控制中,把投资的实际值与计划值的差异叫做投资偏差,即:

投资偏差=已完工程实际投资—已完工程计划投资

结果为正,表示投资超支;结果为负,表示投资节约。然而,进度偏差对投资偏差分析有着重要的影响,为了区分进度超前和物价上涨等其他原因产生的投资偏差,引入进度偏差的概念。

进度偏差=拟完工程计划投资—已完工程计划投资

进度偏差为正值,表示工期拖延;结果为负值,表示工期提前。

3.5.7 竣工决算

竣工决算是以实物数量和货币指标为计量单位,综合反映竣工项目从筹建开始到项目竣工交付使用为止的全部建设费用、建设成果和财务情况的总结性文件,是竣工验收报告的重要组成部分,竣工决算是正确核定新增固定资产价值,考核分析投资效果,建立健全经济责任制的依据,是反映建设项目实际造价和投资效果的文件。

1. 竣工决算与竣工结算的区别

竣工结算是承包方将所承包的工程按照合同规定全部完工交付之后,向发包单位进行的最终工程价款结算,由承包方负责编制。竣工决算与竣工结算的区别如表 3-3 所示。

表 3-3　　　　　　　　　　　　工程竣工结算与竣工决算的区别

区别项目	工程竣工结算	工程竣工决算
编制单位及部门	承包方的预算部门	项目业主的财务部门
内容	承包方承包施工的建筑安装工程的全部费用。它最终反映承包方完成的施工产值	建设工程从筹建开始到竣工交付使用为止的全部建设费用,它反映建设工程的投资效益
性质和作用	1. 承包方与业主办理工程价款最终结算的依据 2. 双方签订的建筑安装工程承包合同终结的凭证 3. 业主编制竣工决算的主要资料	1. 业主办理交付、验收、动用新增各类资产的依据 2. 竣工验收报告的重要组成部分

2．竣工决算的编制依据

（1）经批准的可行性研究报告及其投资估算。

（2）经批准的初步设计或扩大初步设计及其概算或修正概算。

（3）经批准的施工图设计及其施工图预算。

（4）设计交底或图纸会审纪要。

（5）招投标的标底、承包合同、工程结算资料。

（6）施工记录或施工签证单，以及其他施工中发生的费用记录。

（7）竣工图及各种竣工验收资料。

（8）历年基建资料、历年财务决算及批复文件。

（9）设备、材料调价文件和调价记录。

（10）有关财务核算制度、办法和其他有关资料、文件等。

3．竣工决算的内容

建设工程竣工决算应包括从筹集到竣工投产全过程的全部实际费用，即包括建筑安装工程费、设备工器具购置费和其他费用等。竣工决算由竣工财务决算报表、竣工财务决算说明书、竣工工程平面示意图、工程造价比较分析四部分组成。前两部分又称建设项目竣工财务决算，是竣工决算的核心内容。

4．竣工决算的编制步骤

（1）收集、整理、分析原始资料。

（2）对照、核实工程变动情况，重新核实各单位工程、单项工程造价。

（3）将审定后待摊投资、设备工器具投资、建筑安装工程投资、工程建设其他投资严格划分和核定后，分别计入相应的建设成本栏目内。

（4）编制竣工财务决算说明书。

（5）填报竣工财务决算报表。

（6）做好工程造价对比分析。

（7）整理、装订好竣工图。

（8）按国家规定上报、审批、存档。

5．竣工决算的审查

竣工决算的审查主要包括两个方面：一方面是建设单位组织有关人员或有关部门进行初审。另一方面是在建设单位自审的基础上，上级主管部门及有关部门进行的审查。审查的内容一般包括：

（1）根据设计概算和基建计划，审查有无计划外工程；工程变更手续是否齐全。

（2）根据财政制度审查各项支出的合规性。

（3）审查结余资金是否真实。

（4）审查文字说明的内容是否符合实际。

（5）审查基建拨款支出是否与金融机构账目数额相符，应收、应付款项是否全部结清等。

3.6　通信建设工程概预算编制

3.6.1　现行通信建设工程定额的构成

目前，通信建设工程有预算定额和费用定额。由于现在还没有概算定额，在编制概算时，暂时用预算定额代替。现行通信建设工程定额主要执行的文件如下。

（1）《通信建设工程预算定额》：主要包括：第一册（通信电源设备安装工程 TSD）、第二册（有线通信设备安装工程 TSY）、第三册（无线通信设备安装工程 TSW）、第四册（通信线路工程 TXL）、第五册（通信管道工程 TGD）。

（2）工业和信息化部[2008]75 号《关于发布<通信建设工程概算、预算编制办法>及相关定额的通知》。

（3）工业和信息化部[2008]75 号《通信建设工程施工机械、仪表台班定额》。

（4）工业和信息化部[2008]75 号《通信建设工程费用定额》。

（5）《工程勘察设计收费标准》：包括计价格[2002]10 号《国家计委、建设部关于发布<工程勘察设计收费管理规定>的通知》。

（6）国家发改委、建设部[2007]670 号文，关于《建设工程监理与相关服务收费管理规定》的通知。

（7）国家计委《招标代理服务费管理暂行办法》计价格[2002]1980 号规定。

（8）《国家计委关于印发〈建设项目前期工作咨询收费暂行规定〉的通知》（计投资[1999]1283 号）的规定。

（9）国家计委、国家环境保护总局《关于规范环境影响咨询收费有关问题的通知》（计价格[2002]125 号）规定。

（10）工信部规[2005]418 号文《通信建设工程价款结算暂行办法》。

3.6.2　费用定额的构成

通信建设工程项目总费用由各单项工程项目总费用构成，而每个单项工程总费用由工程费、工程建设其他费、预备费和建设期利息四个部分组成，如图 3-8 所示。

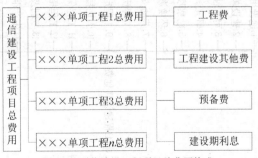

图 3-8　通信建设工程项目总费用构成

将图 3-8 中工程费、工程建设其他费、预备费以及建设期利息四大项费用进一步细化，就给出了整个单项工程的所有费用组成，如图 3-9 所示。

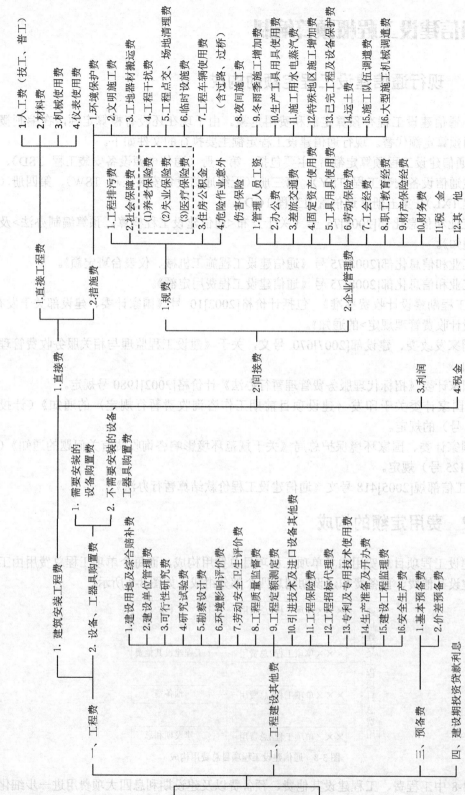

图 3-9 通信建设单项工程概算费用构成（2008 版）

3.6.3 概预算文件的组成

概预算文件由预算编制说明和预算表格组成。

1．预算编制说明

（1）工程概况、概算总价值。说明工程项目的规模、用途、概预算总价值、产品品种、生产能力、公用工程及项目外工程的主要情况等。

（2）编制依据及采用的取费标准和计算方法的说明。主要说明编制时所依据的技术经济文件、各种定额、材料设备价格、地方政府的有关规定和有关主管部门未作统一规定的费用计算依据和说明。

（3）工程技术经济指标分析。主要说明各项投资的比例及与类似工程投资额的比较、分析投资额高低的原因、工程设计的经济合理性、技术的先进性及其适宜性等。工程技术经济指标分析表如表 3-4 所示。

表 3-4 工程技术经济指标分析表

工程项目名称：

序号	项目	单位	经济指标分析	
			数量	指标（%）
1	工程总投资（预算）	元		
2	其中：需要安装的设备	元		
3	建筑安装工程费	元		
4	预备费	元		
5	工程建设其他费	元		
6	光缆总皮长	公里		/
7	折合纤芯公里	纤芯公里		/
8	皮长造价	元/公里		/
9	单位工程造价	元/纤芯公里		/

（4）其他需要说明的问题。如建设项目的特殊条件和特殊问题，需要上级主管部门和有关部门帮助解决的其他有关问题等。

2．预算表格

通信建设工程概预算表格共 6 种 10 张表格，具体如表 3-5 所示。

表 3-5 通信建设工程概预算表格清单

序号	表格编号	表格名称
1	汇总表	建设项目总概预算表
2	表一	工程概预算总表
3	表二	建筑安装工程费用概预算表
4	（表三）甲	建筑安装工程量概预算表
5	（表三）乙	建筑安装工程施工机械使用费概预算表

续表

序号	表格编号	表格名称
6	（表三）丙	建筑安装工程仪器仪表使用费概预算表
7	（表四）甲	国内器材概预算表
8	（表四）乙	引进器材概预算表
9	（表五）甲	工程建设其他费概预算表
10	（表五）乙	引进设备工程建设其他费概预算表

3.6.4 通信工程设计文件的构成

初步设计文件、一阶段设计文件按照单项工程编制，多个单项工程的设计文件应编制总册。单项工程数量较少时，可在主体设计中涵盖总册内容。当多个单项工程设计内容较少时，也可合册编制。工程较小或单项较少的工程经建设单位同意也可不编制总册。

施工图设计可以按照单项工程或单位工程进行编制。按照单位工程编制的设计文件，必要时可编制单项工程总册。

工程设计文件一般由封面、扉页、设计资质证书、设计文件分发表、目次、正文、封底等组成。其中，正文应包括设计说明、概（预）算编制说明、概（预）算表格、工程图纸等内容。必要时也可增加附表部分。

（1）封面标识包括：密级标识、建设项目名称、设计阶段、单项工程名称及编册、设计编号、工程编号（可选）、建设单位名称、设计单位名称、出版年月。具体要求有如下几点：

① 密级标识根据建设单位的要求确定，密级标识标注在封面首页的左上角。

② 建设项目名称应与立项名称一致，尽可能简要明了，一般由时间、归属、地域、通信工程类型四部分属性组成。

③ 设计阶段标识分为初步设计、施工图设计、一阶段设计，各阶段修改册在相应设计阶段后加括号标识。

④ 单项工程名称尽可能简要明了，能反映本单项工程的属性。

⑤ 设计编号是设计单位的项目计划代号。

⑥ 工程编号（可选项）是建设单位给定的项目管理编号。

⑦ 建设单位和设计单位名称应使用全称。

⑧ 设计单位应在设计封面上加盖设计单位公章或设计专用章等。

（2）扉页标识内容包括：建设项目名称、设计阶段、单项工程名称及编册、设计单位的企业法人、技术主管、单位主管（可选）、部门主管（可选）、设计总负责人、单项设计负责人、审核人、设计人、概（预）算编制及审核人员姓名和证书编号。

（3）设计文件分发表应放在扉页之后，出版份数和种类应满足建设单位要求。

（4）目次一般要求录入到正文说明的第三级标题，即部分、章、节，三级的目次均应给出编号、标题和页码。目次应列出概（预）算表名称及表格编号。目次应列出图纸名称及图纸编号。目次应列出附表名称及编号。

（5）初步设计说明主要内容包括工程概述（工程概况、设计依据、设计文件编册、设计范围及分工、建设规模及主要工程量、初步设计与可行性研究报告的变化等）、业务需求、建设方案、设备配置及选型原则、局站建设条件和工艺要求、设备安装基本要求、节能、环

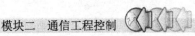

保、劳动保护、安全与防火要求、共建共享、运行维护、培训与仪表配置、工程进度安排等内容。

（6）施工图设计说明主要包括工程概述（工程概况、设计依据、设计文件编册、设计范围及分工、工程建设规模等）、网络资源现状及分析、建设方案、设备、器材配置、工程实施要求、施工注意事项、验收指标及要求、运行维护、培训与仪表配置等内容。

（7）一阶段设计说明包括工程概述（工程概况、设计依据、设计文件组成、设计范围及分工、工程建设规模及主要工作量）、业务需求、建设方案、设备、器材配置及选型原则、局站建设条件及工艺要求、工程安装基本要求、工程实施要求及施工注意事项等内容。

（8）预算编制说明的具体内容及要求。

（9）工程图纸必须按照 YD/T 5015—2007《电信工程制图与图形符号规定》编制。图纸布局合理、清晰美观。编号简单、唯一。通用图纸的编号采用"T-专业代号-图纸序号"。图纸签字范围及要求如下：

① 初步设计和一阶段设计图纸至少应单项设计负责人、审核人、设计总负责人签字。

② 施工图设计图纸至少应设计人、单项负责人、审核人、部门主管签字。

③ 通用图纸应设计人、审核人、部门主管、企业主管签字。

④ 对于多家设计单位共同完成的设计文件，依据设计合同要求对各自承担的设计文件按照各自单位图签进行签署。

3.7　造价控制项目案例及分析

案例 1

（1）背景。

某光缆工程，地面长度 108km，实际开挖光缆沟 104km，顶管过路 4km，敷设光缆 55 盘 110km。

（2）问题。

光缆的工作量如何计算？

（3）分析。

光缆的敷设工作量统计应为 108km。因为工程量以实际安装数量为准，所用盘数长度不能作为安装工程量。

案例 2

（1）背景。

某运营商传输设备工程，工程开工后发生以下情况：

① 甲方由于业务急需，临时增加了几个站点的设备配置。

② 由于设计单位的疏忽，原线缆布放路由发生了变化，从而带来工作量的变化。

③ 工程测试阶段，施工单位仪表数量不足，耽误了一周工期。

（2）问题。

① 临时增加设备配置是否属于设计变更范围？

② 设计疏忽带来工作量变化，监理员可否代表总监签认？

③ 施工单位造成的工期延误能予以承认吗？

（3）分析。

① 设备增加配置属于设计变更范围，在各方同意后可按设计变更处理。

② 监理员不能代替总监对设计变更签字，不能做超出权限范围的工作。

③ 施工单位本身的原因不能计算工时，因此不能追加费用。

学习单元 4　通信建设工程质量控制

4.1　通信建设工程质量控制概述

4.1.1　质量控制的含义

通信工程项目的质量是指工程满足建设单位需要的符合国家及行业技术规范标准、符合设计文件及合同规定的特性综合，如性能、寿命、可靠性、安全性、环境、经济性等。通信工程项目质量的形成过程，贯穿于整个建设项目的决策过程和各个工程项目的设计与施工过程，体现了建设工程项目质量从目标决策、目标细化到目标实现的系统过程。

通信工程项目质量控制是指确定质量方针、目标以及职责，并且在质量体系中通过诸如质量策划、质量控制、质量保证和质量改进等措施，使得质量方针、目标以及职责在工程项目实施的过程中得以实现的全部管理职能的所有活动。

4.1.2　影响工程质量的要素

（1）人员素质。人是生产经营活动的主体，也是工程项目建设的决策者、管理者、操作者、人员的素质，都将直接和间接地对规划、决策、勘察、设计和施工的质量产生影响。因此，建筑行业实行经营资质管理和各类专业从业人员持证上岗制度是保证人员素质的重要管理措施。

（2）工程材料。工程材料选用是否合理，产品是否合格，材质是否经过检验，保管使用是否得当等，都将直接影响建设工程的结构刚度和强度，影响工程外表及观感，影响工程的使用功能，影响工程的使用安全。

（3）机械设备。机械设备可分为两类：一是指组成工程实体及配套的工艺设备和各类机具，它们构成了建筑设备安装工程或工业设备安装工程，形成完整的使用功能；二是指施工过程中使用的各类机具设备，简称施工机具设备，它们是施工生产的手段。机具设备对工程质量也有重要的影响。工程用机具设备其产品质量优劣，直接影响工程使用功能质量。施工机具设备的类型是否符合工程施工特点，性能是否先进稳定，操作是否方便安全等，都将会影响工程项目的质量。

（4）方法。在工程施工中，施工方案是否合理，施工工艺是否先进，施工操作是否正确，都将对工程质量产生重大的影响。大力推进采用新技术、新工艺、新方法，不断提高工艺技术水平，是保证工程质量稳定提高的重要因素。

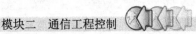

（5）环境条件。指对工程质量特性起重要作用的环境因素，包括工程技术环境、工程作业环境、工程管理环境和周边环境等。环境条件往往对工程质量产生特定的影响。加强环境管理，改进作业条件，把握好技术环境，辅以必要的措施，是控制环境对质量影响的重要保证。

4.1.3　质量控制的基本原则

1. 实行全过程的质量控制

通信工程监理质量控制可分为工程建设的勘察设计阶段、施工准备阶段、施工阶段和保修阶段等过程。根据委托监理合同约定，监理机构可对全过程实施监理，也可对其中某个阶段实施监理。各阶段的过程又可分解为各自不同的子过程，它们之间既有联系，又相互制约，监理人员应对工程建设的全过程实行严格的控制。

2. 注重生产要素的控制

监理人员应对工程项目建设各阶段的人、机、料、法、环等生产要素，实施全方位的质量控制。

（1）人：是工程建设的决策者、组织者、管理者和操作者。与工程项目相关的各单位、各部门、各岗位人员的工作质量，都直接或间接地影响工程质量。为此，监理人员在工程建设中，要以人为核心，重点控制人的素质和人的行为，充分发挥人的积极性和创造性，以人的工作质量保证工程质量。

（2）机：施工用的工具、机械设备、仪表和车辆等。

（3）料：施工安装的通信设备、材料等。

（4）法：是指施工的工艺方法。施工单位编制的施工组织设计，其施工方案、劳动组织、作业方法、安全措施是否先进合理，都将对工程质量产生重大的影响。

（5）环：是指对工程质量起重要作用的环境因素，包括作业环境（机房土建、市电引入、防雷、保护接地，工程沿线地形、地质、气象、障碍等条件）和管理环境（相关批文、合同、协议、管理制度等条件）。把握作业环境、加强环境管理是控制工程质量的重要保证。

3. 坚持主动控制与被动控制相结合

主动控制是指根据质量目标，分析目标偏离的可能性，提前采取各项预防措施，以使目标得以实现的一种控制类型。如事前控制属于主动控制。

被动控制是指在实际工作中对出现的质量偏差产生的原因进行分析，研究制定纠偏措施，以使偏差得以纠正，工程实施恢复到原来的目标状态，或虽然不能恢复到目标状态但可以减少偏差的严重程度的一种控制类型。事中控制和事后控制就属于被动控制。

主动控制与被动控制必须相结合，缺一不可。影响工程质量的因素比较多，只采取主动控制也可能发生偏差，不能实现预期的质量目标；为了保证工程项目顺利建成，当出现不合格工序或单位工程，必须采取被动控制的措施。

（1）主动控制的主要措施。

① 编写监理规划，拟订质量控制目标和措施。

② 审查工程设计文件。

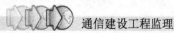

③ 审查施工单位提交的施工组织设计中的质量目标和技术措施。

④ 核查总承包单位的施工资质，审查分包单位的施工资质。

⑤ 审查特殊工种作业操作资格证书等。

⑥ 检查进入现场的施工机具、仪表的状况。

⑦ 检查工程作业环境，审查开工条件。

⑧ 工程设备和材料到达现场后组织相关单位和人员检验，未经监理工程师核验或经核验不合格的设备、材料不准在工程上使用。

（2）被动控制的主要措施。

① 未经监理工程师验收或经验收不合格的工序不予签认，施工单位不准进入下一道工序施工。

② 监理工程师应对单项工程进行预验，对不合格项目必须责令施工单位整修或返工，直至达到合格。

③ 监理工程师应参加建设单位组织的工程竣工验收，并向建设单位提交工程质量的情况及评语。

4．执行严格的质量标准

工程质量应符合合同、设计及规范规定的质量标准要求。通过质量检验并和质量标准对照，符合质量标准的才是合格，不符合质量标准的必须返工处理。

5．以科学为依据实行质量控制

在工程质量控制中，监理人员必须坚持科学，尊重科学，实事求是，以数据资料为依据，客观、公正地处理质量问题。在通信建设工程的不同阶段，质量控制的要求有所不同，下面是对不同阶段的质量控制要求和方法。

4.2　通信建设工程项目的质量控制

4.2.1　勘察设计阶段质量控制

勘察设计阶段一般是从项目可行性研究报告经审批并由投资人做出决策后（简称立项后），直至施工图设计完成并交给建设单位投入使用的阶段。从工程项目管理的角度来讲，勘察设计监理是整个工程项目管理的一部分，核心任务是进行项目质量、进度和造价三大目标的控制。

1．勘察设计阶段监理质量控制流程

勘察设计阶段监理质量控制流程如图 4-1 所示。

2．编制勘察设计阶段监理规划

勘察设计阶段监理规划是指导设计监理工作全过程的文件。其主要内容包括监理组织机构的设立、分阶段监理任务和目标、设计方案选择及设计工作应遵循的基本原则等。勘察设

计监理规划应报建设单位。

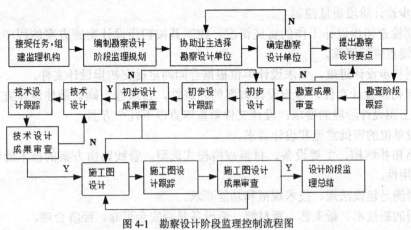

图4-1 勘察设计阶段监理控制流程图

3．协助建设单位选择勘察设计单位

（1）协助建设单位编制勘察设计招标文件、拟定招标邀请函或招标公告，选择投标单位，审查投标申请书、投标单位资质和投标标书，参与开标和评标。

（2）审核勘察设计单位的资质等级，应在许可的范围内承揽工程的勘察设计，对于资质等级范围不符合条件的，应向建设单位提出书面意见。

① 检查勘察设计单位的营业执照，重点是有效期和年检情况。

② 检查勘察设计单位资质证书的类别、等级及所规定的业务范围与拟建工程的类型、规模是否相符；所规定的有效期是否过期，其资质年检结论是否合格。

③ 对参与拟建工程的主要技术人员的执业资格证书进行检查，重点检查其注册证书有效性。

④ 协助建设单位签订勘察、设计合同。

4．勘察设计阶段监理质量控制的主要内容

（1）勘察阶段质量控制

① 协助建设单位搜集勘察设计所需的有关前期资料。

② 审核勘察实施方案，提出审核意见，重点审核其可行性。

③ 定期检查勘察工作的实施，控制其按勘察实施方案的程序和深度，设置关键点，对勘察关键点进行跟踪。

一方面检查现场作业人员是否严格按勘察工作方案及有关操作规程的要求开展工作；原始资料取得的方法、手段及仪器、设备的使用是否正确；表格的填写是否完整并经有关作业人员检查、签字。应设置报验点，必要时，应进行旁站监理；另一方面检查勘察单位收集的有关工程沿线地上、地下管线或建筑物等设施资料，以及地质、气象和水文资料，并保证勘察设计资料的真实、准确与完整。

④ 控制其按合同约定的期限完成。

⑤ 按有关文件的要求审查勘察报告的内容和成果，进行验收。重点检查其是否符合委托合同及有关技术规范标准的要求，验证其真实性和准确性，提出书面验收报告。当工程规

模大且复杂时，监理单位应协助建设单位组织专家对勘察成果进行评审。

（2）初步设计阶段质量控制

① 定期检查初步设计工作的实施情况，控制其按初步设计实施方案的程序进行，并对初步设计关键点进行跟踪。

② 控制初步设计进度，要求设计单位根据合同约定提交初步设计文件。

③ 审查初步设计文件，审查设计方案的先进性、合理性，确认最佳设计方案；其深度应能满足施工图设计阶段的要求；设计文件着重审查以下几个方面：

- 建设单位的审批意见和设计要求。
- 网络拓扑结构、主要设备、材料规格程式选型、管线路由方案的技术经济先进性、合理性和实用性。
- 是否满足建设法规、技术规范和功能要求。
- 采用的新技术、新工艺、新材料、新设备是否安全可靠、经济合理。
- 技术参数先进合理性与环境协调程度，对环境保护要求的满足情况。
- 设计概算的合理性和准确性，并提出书面审核意见。
- 设计文件和图纸应有设计单位和设计人员的正式签字（章）。

④ 协助建设单位组织初步设计会审。

⑤ 依据会审意见，督促设计单位对设计文件修改。

（3）技术设计阶段质量控制

① 定期检查技术设计方案的实施情况，控制其按技术设计实施方案的程序进行，对技术设计关键点进行跟踪。

② 控制技术设计进度，要求设计单位按时提交技术设计文件。

（4）审查技术设计文件，提出书面审查意见，着重审查以下几个方面：

① 技术设计的先进性、合理性、安全可靠性。

② 确定的工程技术经济指标。

③ 设计是否按照法律、法规和工程建设强制性标准进行设计，防止因设计不合理导致生产安全事故的发生。

④ 工程修正概算的合理性和准确性，并提出书面审核意见。

⑤ 协助建设单位组织技术设计会审。

（5）施工图设计阶段的质量控制

① 督促设计单位按初步设计（技术设计）的方案和范围进行施工图设计，并及时检查和控制设计的进度，按委托设计合同约定的日期交付设计文件。

② 督促设计单位完善质量管理体系。

③ 进行设计质量跟踪检查，控制设计图纸的质量，并着重检查设计标准、技术参数应符合设计规范要求和管线、设备、网络使用功能应满足工程总体要求。

④ 审查施工图设计文件，提出审查意见。一是设计的内容和范围应符合初步设计（技术设计）要求；二是对初步设计（技术设计）进行了全面细化、优化，可以指导施工；三是施工图预算编制合理，一般情况下不超出初步设计（技术设计）概算或修正概算。

（6）编写勘察、设计阶段的监理工作总结。

总结报告的主要内容：

① 工程概况。

② 监理组织人员及投入的监理设施。

③ 监理合同履行情况。

④ 监理工作成效。

⑤ 实施过程中出现的问题及其处理情况和建议。

⑥ 工作照片（有需要时）。

（7）整理归档监理资料。

（8）勘察、设计阶段主要质量控制点如表 4-1 所示。

表 4-1　　　　　　　　　　　　勘察设计阶段主要质量控制点

序号	控制点	控制目标（要求）	监理方法
1	勘察设计资质、仪表、工作计划	资质和上岗证，有类似经历和业绩，人数符合要求	审查资质和业绩，检查仪表，详尽审查方案
		仪表品种类型齐全，有检验合格证	
		工作计划内容具体详细、合理、可行，符合合同要求，质量保证措施有效	
2	设计过程跟踪	投入的人员符合要求，严格按工作计划实施，工作记录要求详细、准确	巡视抽查
		勘察设计文件总体要求：勘察成果能够作为初步设计和施工图设计的依据，设计文件能指导施工	以设计规范
3	设计文件	说明部分：工程概况、技术方案措施及总体要求内容详尽	标准和工程合同对照阅
		图纸：符合机房、网络、管线路由的实际，详尽具体，有责任人签字	读检查，现场核对
		概预算：符合相关规定，能作为工程结算的依据	
4	设计会审	会审前应有足够时间让相关参建方阅读审查；设计人员对会审的意见要做出说明，形成会议纪要，应按会议纪要进行修改	参加会议

4.2.2　施工阶段质量控制

施工阶段监理质量控制流程如图 4-2 所示。

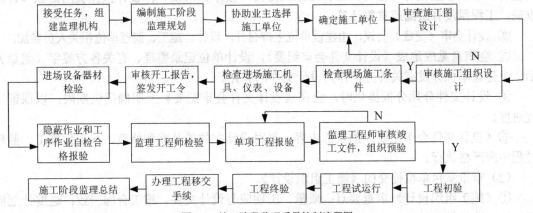

图 4-2　施工阶段监理质量控制流程图

首先按照要求建立项目监理机构，编制施工阶段监理规划，这部分在 1.5 和 1.7 节已经阐述。其他流程说明如下。

1．协助建设单位选择施工单位

（1）协助建设单位编制施工招标文件，拟定招标邀请函或招标公告，审查投标申请书、投标单位资质和投标标书，参与开标和评标。

（2）审核施工单位资质等级，应在许可的范围内承揽工程施工，对于资质等级范围不符合条件的，应向建设单位提出书面意见。

（3）协助建设单位签订施工承包合同。

① 根据相关建设法规定，主要工程量必须由施工承包单位完成；施工承包单位对工程实行分包必须符合投标文件的说明和施工合同的规定，未经建设单位同意不得分包。监理单位发现施工单位存在转包或层层分包等情况，应签发监理工程师通知单予以制止，并报告建设单位。

② 监理工程师接到承包单位《分包单位资格报审表》（表 B.0.4）后，应审查施工承包合同规定的分包的范围和工程部位，分包单位是否具有按工程承包合同规定的条件完成分包工程任务的能力，必要时，应进行现场考察。如果该分包单位具备分包条件，应由总监理工程师予以书面确认。未经总监理工程师的批准，分包单位不得进入施工现场。

③ 总监理工程师对分包单位资格的确认，不解除施工承包单位的责任。在工程实施过程中分包单位的行为，视同施工承包单位的行为。

④ 分包合同签订后，监理机构应向施工承包单位索取《分包合同》副本或复印件一份。

2．施工准备阶段的质量控制

（1）审查施工图设计文件，参加设计会审。设计文件是施工阶段监理工作的最重要的依据。监理工程师应认真参加由建设单位主持的设计会审工作。在设计会审前，总监理工程师应组织监理工程师审查设计文件，形成书面意见，并督促承包单位认真做好现场及图纸核对工作，发现的问题以书面形式汇总提出。对于各方提出的问题，设计单位应以书面形式进行解释或确认。

① 施工图设计审查要点包括：设计深度应能指导施工，图纸齐全、表达准确。当一个工程有 2 个或以上设计单位时，设计图纸应衔接，技术标准统一；设计预算套用定额和计算准确，工程量没有遗漏或重复计算。

② 设计会审（交底）会议，由建设单位主持召开，设计、施工、监理单位相关人员参加。

③ 会审意见应形成《设计文件会审纪要》，设计单位记录整理、有关各方签字（盖章）后，由建设单位分发有关各方，作为设计文件的补充。

④ 设计文件分期分批提供时，应在《设计文件会审纪要》上明确提供期限，以保证工程进度。

⑤《设计文件会审纪要》的全部内容，是对设计文件的补充和修改，在工程施工、监理过程中应严格执行。

（2）审批承包单位提交的《施工组织设计》。

①《施工组织设计》审查要点：质量、工期应与设计文件、施工合同一致；进度计划应保证施工连续性；施工方案、工艺应符合设计要求；施工人员、物资安排应满足进度计划要

求；施工机具、仪表、车辆应满足施工任务的需要；质量、技术管理体系应健全，措施切实可行；安全、环保、消防、文明施工措施应完善并符合规定。

② 施工单位应于开工前一周，填写《表 B.0.1 施工组织设计或（专项）施工方案报审表》，送监理单位；总监理工程师应及时组织监理工程师审查施工组织设计中的施工进度计划，技术保证措施，质量保证措施，安全措施和应急预案等内容，并提出意见，由总监理工程师审定批准后报送建设单位。如需修改，则应退回施工单位重新修改和报批。施工单位应按审定的《施工组织设计》组织施工，如对已批准的施工组织设计进行修改、补充或变更时，应经总监理工程师审核同意后报建设单位。

（3）检查现场施工条件。

通信管线施工条件具体要求如下：

① 相关单位是否办理了路由的审批手续（如市政、城建、土地、环保、公安、消防等）。

② 与相关单位施工协议是否签订（如公路、铁路、水利、电力、煤气、供热、园林等）。

③ 施工单位的施工许可证、道路通行证是否办妥。

④ 设备、材料分屯点是否选定，能否满足施工需要。

通信机房施工条件具体要求如下：

① 机房建筑是否完工并验收合格。

② 预留孔洞、地槽、预埋件是否符合设计要求。

③ 空调设备是否安装完毕。

④ 机房工作、保护接地系统的接地电阻是否符合设计要求。

⑤ 机房防火是否符合有关规定，严禁存放易燃易爆物品。

⑥ 市电是否引入机房，照明系统能否正常使用。

（4）检验进场施工机具、仪表和设备。

① 进入现场的施工机具、仪表和设备，施工单位应填写《进场设备和仪表报验申请表》，并附有关法定检测部门的年检证明，报项目监理机构审核。

② 检查进场施工机具、仪表和设备的技术状况，审检合格后签认《表 B.0.6 工程材料、构配件或设备报审表》。

③ 施工过程中，应经常检查机具、仪表和设备的技术状况。

（5）审核开工报告，签发开工申报表。

开工前，施工单位应填写《表 B.0.2 工程开工报审表》送监理单位和建设单位审批。《工程开工报审表》中应注明开工准备情况和存在问题，以及提前或延期开工的原因。

① 开工报告审查要点。

- 设计是否通过会审。
- 合同是否签订。
- 建设资金是否到位。
- 设备、材料能否满足开工需要。
- 开工相关证件或协议是否办妥。
- 作业环境是否具备开工条件。
- 人员、机具、仪表、车辆是否已按要求进场。

② 开工前，施工单位应填写《工程开工报审表》送监理单位和建设单位审批。

③《工程开工报审表》中应注明开工准备情况和存在问题，以及提前或延期开工的原因。

④ 如开工条件已基本具备，总监理工程师应征得建设单位同意后签发《工程开工申报表》，如某项条件还不具备，则应协调相关单位，促使尽快开工。

3．施工实施阶段质量控制

（1）检测进场设备、材料。

① 当设备、材料进场后，承包单位应填写《表 B.0.6 工程材料、构配件或设备报审表》，送监理人员审核签认。

② 监理人员收到《工程材料、构配件或设备报审表》后，应及时组织建设、供货、施工单位的相关人员依据设备、材料清单对设备、材料进行清点检测，应符合设计及订货合同要求。

③ 对进口设备、材料，供货单位应报送进口商检证明文件，并由建设、施工、供货、监理各方进行联合检查。

④ 对检验不合格的设备、材料，应分开存放，限期退出现场，不准在工程中使用。同时，监理机构应及时签发监理工程师通知单，并报建设单位和通知供货商到现场复验确认。

（2）工序报验、随工检查与隐蔽工程签证。

① 设备安装时，监理工程师应对工程设计文件的相关内容熟悉和了解网络组织及传输条件，对房屋面积、荷载、设备排列、走线、供电、接地等应进行核查。

② 设备安装时承包单位必须履行工序报验手续。机房走线架（槽道）位置、水平、垂直度和工艺安装不符合要求时，不得进行设备安装；机架安装位置、固定方式、水平、垂直度不符合要求时，不得布放缆线；缆线布放路由和整齐度不符合要求时，不得做成端；机架布线和焊接端子未经监理工程师检查，不得加电测试。

③ 各种通信设备在安装完毕后，应在监理工程师的旁站监督下进行加电和本机测试。加电应按说明书上的操作规程进行，并测量电源电压，确认正常后，方可进行下一级通电。

④ 管道、线路路由未经复测，不准画线开挖。

⑤ 光（电）缆未经单盘检测，不准配盘，未经配盘，不准敷缆。

⑥ 通信管道土方开挖的高程、埋深未达标，不准铺管、敷缆。

⑦ 未经监理工程师检验的隐蔽工序不得隐蔽；否则，监理工程师有权责令剥露检查。

⑧ 管道管孔未经试通、清刷，不准穿管、敷缆。

（3）施工质量的监督管理。

① 检查施工单位的施工质量，对全过程进行严格的控制。

② 根据施工合同中约定的质量标准进行控制和检查，如果双方对工程质量标准有争议时，可由设计单位做出解释，或参照国家和行业相关的工程验收规范进行检验。

③ 对施工中出现的质量缺陷，监理工程师应及时下达监理工程师通知单，要求施工单位整改，并检查整改结果，发现质量达不到要求时，要求施工单位返工整改，并检查整改结果。

4.2.3 工程验收质量控制

通信建设工程验收一般可以划分为随工检查、初验、试运行和终验四个环节。

1．随工检查

监理人员对通信管道建筑、光（电）缆布放、杆路架设、设备安装、铁塔基础及其隐蔽

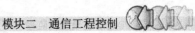

工程部分进行施工现场检验，对合格部分予以签认。随工检验已签认的工程质量，在工程初验时一般不再进行检验，仅对可疑部分予以抽检。

2. 初验

（1）建设单位接到由总监理工程师确认的《表 B.0.10 单位工程竣工验收报审表》和工程质量评价报告后，应根据有关文件精神组织验收小组对工程进行初验。监理单位、施工单位、供货厂家应相互配合。

（2）在初验过程中发现不合格的项目，应由责任单位及时整治或返修，直至合格，再进行补验。

（3）承包单位应根据设备附件清单和设计图纸规定，将设备、附件、材料如数清点、移交。损坏、丢失应补齐。

（4）验收小组应根据初验情况写出初验报告和工程结论，抄送相关单位。

3. 试运行

通信工程经过初验后，应进行不少于三个月的试运行。试运行时，应投入设备容量的20%以上运行。在试运行期间，设备的主要技术性能和指标均应达到要求。如果主要指标达不到要求，应进行整治合格后重新试运行三个月。试运行结束后，由运行维护单位编制试运行测试和试运行情况的报告。

4. 终验

当试运行结束后，建设单位在收到维护单位编写的试运行报告；承包单位编写的初验遗留问题整改、返修报告；项目监理机构编写的关于工程质量评定意见和监理资料等后，应及时组织终验工作，并书面通知相关单位。如不能及时组织终验，应说明原因及推迟的时间等。

（1）终验由上级工程主管部门或建设单位组织和主持，施工、监理、设计、器材供应部门、质检部门、审计、财务、管理、维护、档案等单位相关人员参加。终验方案由终验小组确定。

（2）工程终验应对工程质量、安全、档案、结算等作出书面综合评价；终验通过后签发验收证书。

（3）竣工验收报告由建设单位编制，报上级主管部门审批。

4.2.4 保修阶段质量控制

（1）保修期自工程终验完毕之日起算，保修期一般为一年。

（2）监理工程师应依据委托监理合同约定的时间、范围和内容开展保修阶段的工作。

在保修期内，监理工程师应对工程质量出现的问题督促相关单位及时派员到现场进行修复，并对修复完毕的工程质量进行检查，合格后予以确认。

（3）监理工程师应对出现的缺陷原因进行调查分析，按照工程合同的约定，确认责任。

（4）监理单位对由质量问题引起的经济、争议理赔进行处理。

（5）根据工程合同对其保修期工作内容的完成时限及质量进行确认。在工程的试运行和

保修期间，监理单位应经常检查、督促相关单位作好试运行和保修工作。对于试运行和保修期间中出现的问题，应会同相关单位研究解决办法。定期向建设单位通报工程试运行和保修情况。

（6）在通信工程建设的施工阶段，对于不同的专业，质量控制点亦有所不同。下面各节对不同专业的通信工程的质量控制要求做一综述。

4.2.5　竣工文件编制

工程按设计和合同约定完工后，承包单位应在工程自检合格的基础上填写《表 B.0.10 单位工程竣工验收报审表》编制竣工文件，报送项目监理机构，申请竣工验收。监理机构收到《表 B.0.10 单位工程竣工验收报审表》后，应组织专业监理工程师和承包单位相关人员对工程进行检查和预验。对在检查中发现的问题应由监理机构通知承包单位整改合格，监理机构应派员确认合格。监理机构应对工程编写工程质量评价报告，并由总监理工程师应签发由承包单位提交的表《B.0.10 单位工程竣工验收报审表》，报建设单位，申请工程验收。

竣工文件中的资料和工程图纸应齐全，数据准确，计量单位应符合国家标准，图文标记详细，文字清楚，竣工资料装订整齐，规格形式一致，符合归档要求。竣工文件一般由竣工技术文件、测试资料、竣工图纸三部分组成。

1. 竣工技术文件

竣工技术文件的主要内容包括如下几点。

（1）工程说明：应说明工程概况、性质、规模、工程施工情况和变更情况。

（2）开工报告：应填写实际开工日期和计划完工日期，工程前期的准备情况。

（3）交工报告：工程竣工后向建设单位提交验收报告。

（4）建筑安装工程量总表：工程中实际完成工程总量。

（5）已安装设备明细表：工程中实际安装的设备数量、规格、型号等。

（6）停（复）工通知：由于自然或人为原因，不能正常施工或恢复施工时填写该表。

（7）随工验收、隐蔽工程检查签证记录：应按工程、工序填写，由监理人员或建设单位工地代表签字确认。

（8）工程变更单（表 C.0.2）：在工程实施过程中，由于情况发生变化而不能按工程设计要求正常施工时填写此单，必须要有建设单位、设计单位、监理单位签字认可。

（9）工程重大质量事故报告单：在施工中，因人为原因而造成的重大质量事故应填写此单，报告实际造成的重大质量事故情况。

（10）工程交接书：由施工方填写完成的项目、设备、材料数量。工程的备、附件应向接收单位移交并双方签字。

（11）验收证书：由验收小组填写。验收评语一般可分"优良"和"合格"。不合格"的工程不能交工。评语等级应按有关规定办理。

（12）洽商记录。

2. 测试资料

测试记录应清晰、完整，数据正确；测试项目齐全，计量单位必须符合国家规定，技术

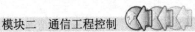

指标达到设计或规范验收标准。

3. 竣工图纸

（1）一般情况下，竣工图纸可用设计图纸代替。个别有变更时，可用碳素墨水笔或黑墨水笔在原工程设计图纸上扛（划）改。局部可以圈出更改部位，在原图空白处重新绘制。引出线不交叉、不遮盖其他线条。如改动较大，超过 1/3 以上时，则应重新绘制。

（2）当无法在图纸上表达清楚时，应在图纸标题的上方或左边用文字说明。有关说明应与图框平行。

（3）用工程设计图纸代替竣工图时，可在原图空白处应加盖红色印油的竣工图章。一般工程，图纸可以在施工图上修改，并加盖竣工图章并签字作为竣工图；但对修改较多，字迹模糊的应重新绘制；跨省长途干线光缆路由图，要求重新绘制。对于跨省长途干线光缆路由图，竣工图纸应重新绘制，不得用设计图纸代替。

（4）竣工图应按《技术用图复制折叠方法》统一折叠成 297mm×210mm（A4）图幅，内拆式，外翻图标。

4. 竣工文件装订要求

（1）资料装订时应整齐，卷面清洁，不得用金属和塑料等材料制成的钉子装订。卷内的封面、目录、备考表用 70g 以上的白色书写纸制作。资料装订后，应编写页码。单面书写的文件资料、图纸页码编写位置在右上角。双面书写的文件资料正面在右上角，背面在左上角。页码应用号码机统一打印。

（2）设备随机说明书或技术资料已装订，并有利于长期保存的，可保持原样，不须重新装订。

5. 竣工文件审查要求

（1）竣工技术文件格中的每张表格都要附上，表格每一栏都要填写不得空缺，没有发生的事项应填写"无"。

（2）管道建筑工程竣工图审核要点：人孔规格、型号，编号、数量，管孔断面、管道段长等，要求标注清楚，图与实际相符、图与图衔接。

（3）通信线路工程竣工图审核要点：线缆规格程式、长度，标石、电杆位置编号，接头点、路由参照物、特殊地段（江、河、路、桥、轨、电力线等）等，要求标注清楚，图与实际相符、图与图衔接。

（4）通信设备安装工程竣工图审核要点：通路组织图、布线系统图、平面布置图、面板布置图等，要求标注清楚，图与实际相符、图与图衔接。

6. 监理文件要求

监理文件是工程档案的一个重要组成部分，按工程档案的相关规定，工程结束后交与建设单位。监理文件的内容主要包括：监理合同、监理规划、监理指令、监理日志（包括工程中的图片等）、监理报表、会议纪要、监理在工程施工中审核签认的文件（包括承包单位报来的施工组织设计等各种文件和报表）、工程质量认证文件、工程款支付文件、工程验收纪录、工程质量事故调查及处理报告、监理工作总结等。

4.3 质量控制项目案例及分析

案例 1

（1）背景。

某长途管道气吹光缆工程，施工单位误将单盘测试时光纤衰减超标的光缆吹入硅芯管道。监理员发现后，要求施工单位将有问题的光缆吹出来，同时报告工程总监；总监核实后通知了业主，业主要求供货商更换光缆。但供货厂家认为光缆已吹入管道，问题不属于厂家。

（2）问题。

供货厂家的意见是否正确？

（3）分析。

供货厂家的意见不正确，因为光缆在吹入硅芯管道前单盘检验时就已经发现有问题，光纤衰减超标有记录，所以供货厂家应当按照合同约定更换不合格的光缆。

案例 2

（1）背景。

某架空光缆工程，水泥杆由业主指定供应商供货，施工单位在紧吊线时，水泥杆子折断，造成人员受伤。经查，原因是水泥杆内部两头有钢筋，中间一段没有钢筋。

（2）问题。

①这一事故的责任是否由于施工及监理员对到场材料检验把关不严造成？

②监理员是否有责任？

（3）分析。

水泥杆的到货现场检验，应该属于成品检验，不能打开水泥杆检查内部，如果外表检查没有问题，不属于现场材料把关不严。此问题属于生产厂家弄虚作假，因此监理员和施工人员均没有责任。

案例 3

（1）背景。

某长途直埋光缆工程，试运行期间遭到雷击，造成系统中断。查原因被击光缆地段没有敷设防雷排流线。施工图设计没有要求该段敷设排流线，施工人员按照设计要求施工，监理员按设计监理。

（2）问题。

① 监理和施工单位有没有责任？

② 设计单位是否有责任？

（3）分析。

① 施工单位按设计施工，施工和监理单位均不承担责任。

② 在事后的调查中，根据设计规范中排流线设定标准，该段土壤导电率及年平均雷暴日均没有达到需要增设排流线的标准，理论上可以不设排流线。因此，设计单位也没有责任。本次直埋光缆遭到雷击，属于偶然事件。

案例 4

（1）背景。

某光缆工程，施工单位和监理员在路由复测时，发现现场情况已发生了变化，按原设计路由已不可能，两家协商一致后，将 500m 以下路由做了合理变更，并经业主同意。

（2）问题。

两家协商一致后就进行了变更的做法是否妥当？

（3）分析。

光缆线路工程处在野外，往往会受到外界的影响。工程从设计勘察开始到正式开工的时间段内，原定设计路由可能有许多变化。因此，如果要求不论大小变化都必须履行工程变更的手续是不切实际的。为此验收规范中规定 500m 以下的路由变更，现场施工、监理人员可以做出路由改动的决定，并经业主同意，所以两家协商一致后并经业主确认，就进行了路由变更的做法，是妥当的。

案例 5

（1）背景。

某长途直埋光缆工程，光缆沟开挖后，发现某段有大量白蚁存在，施工单位认为设计在本段未要求采取防白蚁措施，可以不考虑防护，现场监理人员表示同意。

（2）问题。

① 发现大量的白蚁存在，施工单位继续按设计施工的行为是否正确？

② 监理员应如何正确处理？

（3）分析。

① 白蚁在地下活动，对光缆和接头盒都有造成损坏的可能，设计人员在设计过程中没有掌握有白蚁存在的情况，施工中已发现有白蚁还不采取相应措施是不对的。

② 监理员应及时报告监理工程师或工程总监，由监理工程师或工程总监通知建设单位，由建设单位要求设计单位提出有效防治措施。

案例 6

（1）背景。

施工单位在进行光缆配盘时，忽略了出局管道光缆与直埋光缆的接头点不可以放在直埋地段一侧，监理工程师也没有发现此问题。施工时，被监理员发现，予以制止。

（2）问题。

监理员不允许放在直埋光缆一侧是否正确？

（3）分析。

监理员的意见是正确的。因为管道光缆的防护层达不到直埋光缆防护层的强度，因此只能用于管道中，不能用于直埋地段。所以，出局管道光缆与直埋光缆的接头点只应放在管道一侧的人（手）孔中。

案例 7

（1）背景。

某长途光缆工程，施工单位为赶工期，同时安排多组人员进行光纤接续，监理员暂无法实现全部旁站，但巡视中发现由于 OTDR 仪表数量不足，接头时施工人员只看熔接机的接头参数，未用 OTDR 监测。

（2）问题。

① 可否督促施工单位抓紧时间熔接，同时要求尽快解决仪表？

② 可否督促施工单位抓紧时间熔接，接头盒临时封盖，待中继段测试时，再对超标的纤芯接头重新熔接，达标后正式封盖？

③ 是否应要求立即停止接续？

（3）分析。

① 接头时不用 OTDR 仪表监测不符合规范，监理员应要求施工单位配备足够的仪器仪表，以满足工期要求。

② 临时封盖虽然看起来没有浪费接头盒封装粘胶带或胶条，但重新熔接不排除伤及其他光纤，因此不可行。

③ 监理员应要求施工人员停止接续，待施工单位能够严格按光纤接续操作程序施工后，方能继续光纤接续。

案例 8

（1）背景。

某长途管道修建工程，监理员检查到某地段（普通土）时，发现挖深不够，口头通知施工单位整改。但监理员走后，施工单位并未按监理员的意见办，直接将塑料管填埋，被监理员返回后发现。

（2）问题。

① 施工单位提出在埋深不够的地方加水泥盖板保护处理，监理员是否可以允许？

② 塑料管已经填埋，监理员对此事先记录在案，待工程初步验收时作为遗留问题一并处理？

③ 报监理工程师发监理通知，立即返工？

（3）分析。

① 监理员不应同意施工单位的意见。没有特殊情况，直埋光缆的埋深应达到设计要求的深度，不应通过塑料管上面加盖板保护的方式解决。

② 工程施工中已经发现的问题一般情况下应及时解决，不可等待工程初步验收时作为遗留问题一并处理。

③ 由监理工程师发监理通知单要求施工单位立即返工是正确的做法。

案例 9

（1）背景。

某市市区管道修建工程，施工单位开挖时，将其他地下管线挖断。经查路由符合设计，但施工图纸没有标明下边有其他管线，原因是规划部门批准的路由原始资料也没有注明。

（2）问题。

① 可否要求施工单位立即停工，尽快报告监理工程师或总监，由监理工程师尽快通知管线受损单位以便采取措施？

② 可否直接要求施工单位予以修复，记录在案？

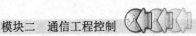

③ 可否直接将情况报建设单位,以便建设单位尽快通知设计单位到达现场。

④ 由于路由需要变更,施工单位提出追加费用,现场监理员经测量核实工程量后,可否在施工单位的索赔申请书上签署同意的意见,报由总监批准。

(3)分析。

① 已发现挖断其他管线,为避免造成更大的危害,应要求施工人员立即停工,并尽快报告监理工程师或工程总监,因为继续施工可能造成更大的危害。

② 不可要求施工单位直接修复。当被挖断的管线产权不属于该施工单位时,该施工单位无权直接修复,但应采取防止事故扩大的措施。

③ 不宜直接报建设单位,应首先报告监理工程师或总监。

④ 监理员对由于路由变更引起的工程量应准确核实,在工程量清单上注明实际工程量,无权在施工单位的索赔申请书上签署意见。追加是否成立,由总监签署意见。

案例 10

(1)背景。

某通信管道工程,光缆接头盒及尾纤由建设单位提供,施工合同规定其他材料由施工单位采购。合同签订后建设单位项目负责人竭力向施工单位推荐某厂塑料管,施工单位按推荐意见进行了采购订货。

塑料管运到工地现场,监理员检查了产品出厂合格证,并与施工单位和供货厂家按发货单的数量对照设计要求的规格、品种对到货塑料管质量进行检查,认为合格并接收了该批塑料管。但此后,监理员对再次运到现场的管子进行检验,发现部分管子管壁厚度不够,误差超过了标准。

(2)问题。

① 监理员应采取何种措施?

② 建设单位项目负责人的推荐意见是否妥当?

③ 该厂家生产的塑料管是否应全部退货?

(3)分析。

① 监理员应要求施工单位将不合格塑料管单独存放,并报告监理工程师,监理工程师应到达现场做进一步确认。

② 如果以往工程采用过该厂的产品质量是合格的,建设单位项目负责人的推荐意见没有不妥之处。关键是合同规定由施工单位采购订货,施工单位有责任派人到生产厂家,对其生产流程、质量标准、生产能力进行仔细调研和考察。认真检查塑料管生产出场检验试验过程,是否符合国家或行业规定的标准。

③ 是否全部退货,要根据产品采购合同规定的抽查比例确定。当随机抽查不合格的比例超出合同规定值时,应加大抽查比例,再不合格方可确定按全部退货处理。

案例 11

(1)背景。

某施工单位项目部在河北省某地承接了 80km 的架空光缆线路工程,12 月初开工,元月底完成施工。施工过程中,监理员对施工中各道工序进行了检查,并确认符合要求予以签字。工程于 4 月份开始初验,各方到场发现近 20%的电杆有不同程度的倾斜现象。

（2）问题。

① 电杆倾斜质量问题施工单位是否有责任？

② 电杆倾斜质量问题监理员是否有责任？

（3）分析。

① 电杆倾斜的原因主要是杆洞及拉线坑用冻土回填；且回填过程中没有将冻土捣碎，夯实不够造成，因此施工单位有责任。

② 现场监理员虽然进行了检查，但对施工单位冻土回填的质量没有控制好，因此有责任。

案例 12

（1）背景。

某通信管道工程，设计工程量为敷设 12 孔波纹塑料管 8km。波纹管由建设单位采购提供。工程开工后，生产厂家把波纹塑料管送达工地，监理员检查发现管壁强度明显不够，于是向监理工程师做了汇报，监理工程师到达现场，发现确有问题，要求抽样送检。建设单位现场代表认为设计没有列此费用，同时，产品出厂有合格证且经过出场检验，不必送检。监理工程师和施工单位同意了建设单位现场代表的意见。该工程完工后，对管道进行试通，结果部分地段管孔不通，经开挖发现系回土后波纹管变形所致。

（2）问题。

① 质量问题主要责任应由谁负责？

② 监理员是否有责任？

③ 监理工程师是否有责任？

（3）分析。

① 现场设备、材料检验发现有问题，应当提出送检要求，不能将设计没有列此费用作为理由，所以质量问题主要由建设单位承担。

② 监理员没有责任。

③ 因为监理工程师到达现场后，发现质量确有问题，但没有坚持送检，同意了建设单位现场代表的意见，所以监理工程师有责任。

案例 13

（1）背景。

某光缆通信线路工程，施工人员放缆前要求监理员检查沟深是否合格，监理员测量后知道已经够深但未做记录。当天的监理日志记录如下：某日，某地段沟深合格。

（2）问题。

① 沟深检查是否应做记录？

② 日志填写记录为沟深合格符合监理的通常做法吗？

（3）分析。

① 沟深检查应做记录。

② 日志不应直接填写沟深合格，而应记录实际深度，特别是在隐蔽工程签证记录上，应签署沟的实际深度，工程的合格与否应在验收时与设计要求比对才能做出是否合格的结论。

案例 14

（1）背景。

我国东南地区某气吹光缆工程，光缆沟已全线开挖。根据天气预报，台风将在一周之内登陆，为了赶在台风到来之前，施工单位项目负责人在没有通知监理员的情况下，要求全线尽快把 HDPE 塑料管敷设到已开挖的光缆沟中。现场监理员发现此问题，要求施工人员暂停放管，沟深需要检验，合格一段才能布放一段。施工单位项目负责人不同意，认为台风带来的暴雨将可能造成缆沟的塌方，逐段验沟已来不及，坚持把 HDPE 塑料管敷设入沟，同时要求立即回土。监理员表示将拒绝为沟深质量在隐蔽工程签证记录上签字。

（2）问题。

① 根据工地的实际情况，施工单位项目负责人的做法是否合理？

② 监理员的做法是否正确？

（3）分析。

① 台风到来，必然带来大到暴雨，施工单位为减少台风的灾害决定加快完成 HDPE 塑料管的布放想法没有错，但应事先通知现场监理员。

② 现场监理员在这种情况下应报告监理工程师或总监，监理工程师应及时增加现场监理员数量进行沟深检验。由于监理员不能及时验沟而拒绝在隐蔽工程签证记录上签字的做法不妥。

案例 15

（1）背景。

某通信电源设备安装工程，合同规定电缆由施工单位采购。施工单位布放电缆时，发现电缆某处有一小鼓包，现场监理员立即要求施工单位暂时停止施工，同时报告监理工程师并要求查明原因。施工单位随即将情况通知制造商，制造商承认在电缆制造时，其中有一根长不够，因此增加了一个接头，并表示保证接头良好，可以出具书面使用证明。

（2）问题。

① 施工单位认为，电缆制造商已经表示确保接头良好，并提供该电缆可以使用的证明，将来由此产生的后果由他们负责。此种意见是否妥当？

② 根据通信行业相关强制性条款，监理工程师强调应更换该条电缆，是否正确？

③ 施工单位提出，由于更换电缆时间比较长，因此要求延长工期，是否成立？

④ 总监理工程师同意延期，要求施工单位提交延期申请报告，是否正确？

（3）分析。

① 根据通信行业相关强制性条款，电力电缆不允许有接头，因此电缆制造商不能违反强制性条款的规定。

② 严格执行强制性条款，监理工程师的意见是正确的。

③ 工期不能延长，因为合同规定电缆由施工单位采购，其责任由采购方负责，不能成为延期的理由。

④ 总监不应同意延期。

案例 16

（1）背景。

某通信设备搬迁工程，机房处在烈度等级 7 级以上的地区。旧机房的部分设备（在机架

内的）只是简单摆放未采取加固措施。设备搬入新机房后，设计方案没有提及机架内设备需要加固。

（2）问题。

你认为监理员应采取何种正确方法？

（3）分析。

根据通信行业强制性条款，设备安装抗震加固，是必须执行的。因此尽管原来的设备在旧机房的机架内，没有加固，设计没有提及机架内设备需要加固，搬入新机房也同样应执行现在的强制性条款。监理员应将此事报告给监理工程师或总监。监理工程师应向建设单位提出建议，请设计单位提供补充加固方案。

案例 17

（1）背景。

某通信设备安装工程，设备拆箱后，施工单位将包装材料临时堆放在机房的角落空地上。出于安全考虑，监理员口头通知该施工单位现场负责人，要求当天下班前把包装材料清除出机房，该负责人承诺马上处理。第二天，监理人员又巡视到该机房，发现这些包装材料尚未清除。问起原因，施工负责人说人手少没来得及清除，短时间内一定清除，保证不会发生火灾。

（2）问题。

监理员以下采取的做法是否正确？

① 再次口头通知，以观其行。

② 将此事记录在监理日志上，直到清除为止。

③ 报告监理工程师立即发监理通知。

（3）分析。

① 再次口头通知，以观其行的做法不正确，因为事故的隐患已经明摆着，随时有发生火灾的可能，应要求立即采取措施，消除隐患。

② 将此事记录在监理日志上，并不能立即解决问题，直到清除为止想法是错误的。

③ 报告监理工程师立即发监理通知是正确的。

案例 18

（1）背景。

我国北方某移动基站设备安装工程，设备安装在春季，监理员对机房条件进行检查，发现房顶有漏水痕迹，及时向监理工程师作了书面汇报。监理工程师将此事向建设单位做了报告并同意施工单位继续安装设备，建设单位项目负责人表示马上派人对屋顶做防水处理。后来，由于工作忙，给机房做防水的事情没有及时进行。事隔 3 个月，幸亏维护人员发现及时，采取了措施才避免了设备浸水。

（2）问题。

① 同意继续安装设备工作是否正确？

② 如果维护不及时，由于漏雨设备造成损坏，监理是否有责任？

（3）分析。

① 我国北方春季没有大雨，机房顶有漏雨暂不会对设备构成损坏，所以可以继续进行

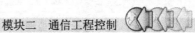

设备安装。

② 到夏季，大雨随时到来，由于此前已报告建设单位，因此监理方没有责任。

案例 19

（1）背景。

某移动基站设备安装工程，施工阶段建设单位没请监理，但在工程初验后请监理单位进行竣工验收。监理人员到达现场后，发现增高架的拉线数量、距高比及固定点的牢靠程度都存在一定问题，出于安全的考虑，提出了整改意见（增高架的拉线数量、距高比及固定没有规范，也没有设计要求）。

（2）问题。

① 没有规范和设计的情况下，监理人员是否可以提出整改要求。

② 施工单位向监理工程师要整改依据是否应该提供？

（3）分析。

① 工程中的实际问题，规范和设计不能面面俱到，发现问题，监理人员有责任要求施工人员进行整改。

② 如果要求施工人员进行整改，监理人员必须要有整改的理由。

案例 20

（1）背景。

某移动基站设备安装扩容工程，机房为租用的某小区宿舍，该机房地面、墙面在汶川地震中有明显的 3～5mm 裂缝。监理员将情况向监理工程师做了汇报，监理工程师向建设单位工程管理人员做了反映，建设单位工程管理人员希望监理工程师提出建议。

（2）问题。

① 你会提哪些建议？

② 是否可以提出具体加固措施？

（3）分析。

① 监理人员可以提出更换（基站）机房的建议，以避免可能发生危险。

② 是否采取何种加固措施应由设计单位提出，通信专业监理人员不宜对房屋土建提出具体加固方案。

案例 21

（1）背景。

某施工人员在基站安装设备时，将各机架接地端子用裸铜线互相之间复连后，从某点引到接地汇集排上。

（2）问题。

施工人员这种做法是否正确？

（3）分析。

施工人员这种做法是错误的。根据相关验收要求所有通信设备的保护地线不能采用串接方式，各机架应分别就近接入接地汇流排。接地线一般使用多股绝缘铜芯线，不能使用裸导线作为保护地线。

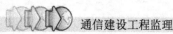

案例 22

（1）背景。

某基站的馈线从 30m 高的铁塔到机房，馈线在过桥走线架过长超 20m，施工人员在天线馈线接口下方 1.5m 接地一次，然后在机房前将馈线又接地一次便进入机房内。

（2）问题。

施工人员这种做法是否正确？

（3）分析。

施工人员这种做法不符合验收规范要求，是不对的。按规范要求，馈线在过桥走线架过渡长超 20m 时，馈线接地点应不少于三处；如馈线小于 20m 时，允许两点接地。

案例 23

（1）背景。

某施工队在传输机房加装光端机时，由于上线槽上的布放缆线过多，从光端机 ODF 架之间的尾纤布放，由走线槽上的电缆缝隙之间通过。

（2）问题。

施工队这种做法是否正确？监理员应如何正确处理？

（3）分析。

① 施工队这种做法是错误的。根据规范要求，尾纤在槽道内布放必须加套管或采用专用线槽保护。

② 监理员应要求施工队停止施工，并报监理工程师或总监发监理通知单，以监理通知单要求施工队立即返工。

学习单元 5　通信建设工程进度控制

5.1　通信建设工程进度控制概述

5.1.1　进度控制的含义

通信建设工程进度控制是指在通信建设工程项目的实施过程中，通信建设监理工程师依据国家、通信行业相关法规、规定及合同文件中赋予监理单位的权力，运用各种监理手段和方法，督促承包单位采用先进合理的施工方案和组织形式、制定进度计划、管理措施，并在实施过程中经常检查实际进度是否与计划进度符合，分析出现偏差的原因，采取补救措施，并调整、修改原计划，在保证工程质量、投资的前提下，实现项目进度计划。

建设工程进度控制的最终目的是确保建设项目按预定的时间动用或提前交付使用，建设工程进度控制的总目标是建设工期。进度控制和质量控制、造价控制是监理工作的三大目标，简称为"三控"，这三项控制之间是互相依赖、互相制约的。进度加快，可以使工程项目早日投产，早日收回投资；但进度的加快可能需要增加造价，也可能会影响工程质量；反

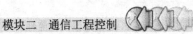

之，质量控制严格可能会影响工程进度，但如果工程质量控制得好，避免返工，又可以加快进度。因此，监理工程师在工作中要对这三大控制系统全面地考虑，正确处理好进度、质量、造价之间的关系。

5.1.2　进度控制的影响因素

影响建设工程进度的不利因素有很多，如人为因素，技术因素，设备、材料及构配件因素，机具因素，资金因素，水文、地质与气象因素，以及其他自然与社会环境等方面的因素。其中，人为因素是最大的干扰因素。从产生的根源看，有的来源于建设单位及其上级主管部门；有的来源于勘察设计、施工及材料、设备供应单位；有的来源于政府、建设主管部门、有关协作单位和社会；有的来源于各种自然条件；也有的来源于建设监理单位本身。在工程建设过程中，常见的影响因素主要包括如下几点。

（1）业主因素。如业主使用要求改变而进行设计变更；应提供的施工场地条件不能及时提供或所提供的场地不能满足工程正常需要；不能及时向施工承包单位或材料供应商付款等。

（2）勘察设计因素。如勘察工作不到位，收集的资料及数据不准确，特别是地质资料错误或遗漏；设计内容不完善，规范应用不恰当，设计有缺陷或错误；设计对施工的可能性未考虑或考虑不周；施工图纸供应不及时、不配套，或出现重大差错等。

（3）施工技术因素。如施工工艺错误；不合理的施工方案；施工安全措施不当；不可靠技术的应用等。

（4）自然环境因素。如复杂的工程地质条件；不明的水文气象条件；地下埋藏文物的保护、处理；洪水、地震、台风等不可抗力等。

（5）社会环境因素。如外单位临近工程施工干扰；节假日交通、市容整顿的限制；临时停水、停电、断路；以及在国外常见的法律及制度变化，经济制裁，战争、骚乱、罢工、企业倒闭等。

（6）组织管理因素。如向有关部门提出各种申请审批手续的延误；合同签订时遗漏条款、表达失当；计划安排不周密，组织协调不力，导致停工待料、相关作业脱节；领导不力，指挥失当，使参加工程建设的各个单位、各个专业、各个施工过程之间交接、配合上发生矛盾等。

（7）材料、设备因素。如材料、构配件、机具、设备供应环节的差错，品种、规格、质量、数量、时间不能满足工程的需要；特殊材料及新材料的不合理使用；施工设备不配套，选型失当，安装失误，有故障等。

（8）资金因素。如有关方拖欠资金，资金不到位，资金短缺，汇率浮动和通货膨胀等。

5.1.3　进度控制的原则

（1）动态控制原则。

实际进度按计划进行时，计划的实现就有保证，否则将会产生偏差，此时应对产生的偏差采取相应的措施，尽可能使工程项目按调整后的计划继续进行。但在新的因素干扰下，又有可能产生新的偏差，仍需继续控制，形成动态循环控制的有效机制。进度控制就是采用这种动态循环的控制方法。

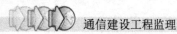

（2）系统原则。

为实现工程项目的进度控制，首先应编制工程项目的各种计划，包括进度和资源计划等。计划的对象由大到小，计划的内容从粗到细，形成工程项目的计划系统。工程项目涉及各个相关主体、各类不同人员，需要建立组织体系，形成一个完整的工程项目实施组织系统。为了保证工程项目进度，自上而下都应设有专门的职能部门或人员负责工程项目的检查、统计、分析及调整等工作。当然，不同的人员负有不同的进度控制责任，分工协作，形成一个纵横相连的工程项目进度控制系统。所以无论是控制对象，还是控制主体，无论是进度计划，还是控制活动，都是一个完整的系统。进度控制实际上就是用系统的理论和方法解决系统问题。

（3）封闭循环原则。

工程项目进度控制的全过程是一种循环性的例行活动，其中包括编制计划、实施计划、检查、比较与分析、确定调整措施和修改计划，从而形成了一个封闭的循环系统。进度控制过程就是这种封闭循环中不断运行的过程。

（4）信息原则。

信息是工程项目进度控制的依据，工程项目的进度计划信息从上到下传递到工程项目实施相关人员，以使计划得以贯彻落实；工程项目的实际进度信息则自下而上反馈到各有关部门和人员，以供分析并做出决策和调整，以使进度计划仍能符合预定工期目标。为此需要建立信息系统，以便不断地迅速传递和反馈信息，所以工程项目进度控制的过程也是一个信息传递和反馈的过程。

（5）弹性原则。

工程项目一般工期长且影响因素多，这就要求计划编制人员能根据经验估计各种因素的影响程度和出现的可能性，并在确定进度目标时分析目标的风险，从而使进度计划留有余地。在控制工程项目进度时，可以利用这些弹性因素缩短工作的持续时间，或改变工作之间的搭接关系，以使工程项目最终能实现工期目标。

（6）网络计划技术原则。

网络计划技术不仅可以用于编制进度计划，而且可以用于计划的优化、管理和控制。网络计划技术是一种科学且有效的进度管理方法，是工程项目进度控制，特别是复杂工程项目进度控制的完整计划管理和分析计算的理论基础。

5.1.4　进度控制的任务

为有效控制建设工程进度，监理工程师要在勘察设计阶段向建设单位提供有关工期的信息，协助建设单位确定工期总目标，并进行环境及施工现场条件的调查和分析。在设计阶段和施工阶段，监理工程师不仅要审查设计单位和施工单位提交的进度计划，更要编制监理进度计划，以确保进度控制目标的实现。

1．勘察设计阶段进度控制的任务

收集有关工期的信息，进行工期目标和进度控制决策；审核工程项目总进度计划控制方案；审核勘察设计阶段详细工作计划，并控制其执行；进行环境及施工现场条件的调查和分析。

监理工程师要在勘察设计阶段向建设单位提供有关工期的信息，协助建设单位确定工期总目标，并进行环境及施工现场条件的调查和分析。

2．施工阶段进度控制的任务

审核施工总进度计划，并控制其执行；审核单位工程施工进度计划，并控制其执行；审核工程年、季、月实施计划，并控制其执行。项目监理机构应审查施工单位报审的施工总进度计划和阶段性施工进度计划，提出审查意见，并应由总监理工程师审核后报建设单位。施工进度计划审查应包括下列基本内容。

① 施工进度计划应符合施工合同中工期的约定。

② 施工进度计划中主要工程项目无遗漏，应满足分批投入试运、分批动用的需要，阶段性施工进度计划应满足总进度控制目标的要求。

③ 施工顺序的安排应符合施工工艺要求。

④ 施工人员、工程材料、施工机械等资源供应计划应计划应满足施工进度计划的需要。

⑤ 施工进度计划应符合建设单位提供的资金、施工图纸、施工场地、物资等施工条件。

专业监理工程师在检查进度计划实施情况时应做好记录，如发现实际进度与计划进度不符时，应签发监理通知，要求施工单位采取调整措施，确保进度计划的实施。由于施工单位原因导致实际进度严重滞后于计划进度时，总监理工程师应签发监理通知，要求施工单位采取补救措施，调整进度计划，并向建设单位报告工期延误风险。

5.1.5　进度控制的方法和措施

1．进度控制的方法

进度控制的目标就是要确保通信工程项目按既定工期目标实现。进度控制方法主要包括：

（1）经济方法。进度控制的经济方法是指有关部门和单位用经济手段，对进度控制进行影响和制约，如建设单位通过招标的进度优惠条件鼓励施工单位加快进度。在承包合同中写进有关工期和进度的条款，通过工期提前奖励和延期罚款实施进度控制。

（2）管理方法。进度控制的管理技术方法主要是监理工程师采用科学的管理手段对工程实施进度控制，按进度控制的内容，可以分为规划、控制、协调等手段。

① 规划。监理工程师根据工程项目的特点，结合参加工程建设各方的实力和素质，考虑工程的实际情况，对工程项目总进度计划控制目标、重点工程进度计划控制目标以及年度进度控制目标等实施规划。

② 控制。以控制循环理论为指导，充分发挥建设单位、设计单位、工程施工单位等参与工程项目建设的各方面人员的主观能动性及积极性，对工程实施过程进行监控，通过比较计划进度和实际进度，发现偏差后及时查找原因，采取有效纠偏措施，予以修改和调整计划进度，确保工程的按期建成。

③ 协调。在计划实施过程中，由于实际进度会受到多方面影响，有时可能产生一些不协调的活动，为此，监理工程师应积极发挥公正的作用，及时处理和协调参与工程各方以及与当地各相关部门的关系，使进度计划顺利进行。

（3）技术方法。

采用进度表控制工程进度。工程进度图控制法是利用横道图进行控制，把计划绘制成横道图，且在计划实施过程中，在横道图上记录实际进度计划的进展情况，并与原计划进行对比、分析、找出偏差，及时分析原因采取对策，纠正偏差。

采用网络计划控制工程进度。网络计划技术控制法是以编制的网络计划为基础，通过在图上记录计划的实际进度情况，以及有关的计算、定量和定性分析，确定对计划完成的影响程度，预测进度计划出现偏差的发展趋势，从而达到控制的目的。网络图由箭线和节点组成，用来表示工作流程的有向、有序网状图形。网络图有双代号网络图和单代号网络图两种。双代号网络图又称箭线式网络图，它是以箭线及其两端节点的编号表示工作；同时，节点表示工作的开始或结束以及工作之间的连接状态。单代号网络图又称节点式网络图，它是以节点及其编号表示工作，箭线表示工作之间的逻辑关系。网络图表示方法如图 5-1 所示。

（a）双代号网络图中工作的表示方法　　　（b）单代号网络图中工作的表示方法

图 5-1　单双代号网络图

网络图中从起点节点开始，沿箭头方向顺序通过一系列箭线与节点，最后到达终点节点的通路称为线路。线路上所有工作的持续时间总和称为线路的总持续时间。总持续时间最长的线路称为关键线路，关键线路的长度就是网络计划的总工期。关键线路上的工作称为关键工作，在网络计划的实施过程中，关键工作的实际进度提前或拖后，均会对总工期产生影响。因此，关键线路的实际进度是建设工程进度控制工作中的重点。用网络法制定施工计划和控制工程进度，可以使工序安排紧凑，便于抓住关键，保证施工机械、人力、财力、时间均获得合理的分配和利用。

采用工程曲线控制工程进度。进度曲线控制法是用横坐标表示时间进程，纵坐标表示工程计划累计完成的工作量或工程量而绘出的曲线。在计划执行的过程中，在图上标注出工程实际的进展曲线，比较后即可发现偏差，再分析原因，拟订对策，纠正偏差。

2．进度控制的措施

（1）组织措施。落实进度控制部门的人员，具体控制任务和管理职能分工；进行工程项目分解；确定进度协调工作制度，定期、定人员举行协调会；对影响进度的各种因素进行分析。

（2）技术措施。设计的审查修改、施工方法的确定、施工机械的合理选择，在保证工程质量的前提下加快施工进度。

（3）经济措施。业主应及时支付预付款；及时签署月进度支付凭证；对已获准的延长工期所涉及的费用数额需增加到合同价格上；及时处理索赔。

（4）合同措施。在合同文件中，明确合同工期及各阶段的进度目标；分标工程项目的合同工期应与总进度计划的工期相协调；按期向承包商发放施工图纸，确保施工顺利进行；对隐蔽工程及阶段性工程应组织及时验收。

（5）信息管理措施。通过收集工程项目实施过程中有关实际进度的数据，与计划进度中目标数据进行比较，定期向业主提供比较报告。

5.2 通信建设工程设计阶段的进度控制

5.2.1 事前控制

1. 设计阶段进度事前控制要点

监理工程师必须在工程设计前，详细拟订设计准备工作的监理计划，对每项工作提出具体的要求和目标，指定实施负责人和各项工作的检查人，并制订具体的措施，以保证计划的落实。

为有效地控制工程项目的设计进度，把各阶段设计进度目标具体化，将它们分解为多个分目标，主要包括：

（1）设计准备工作时间目标。

① 确定规划设计条件。督促向城市规划管理部门申请确定拟建工程项目的规划设计条件。

② 提供设计基础资料。建设单位需按时向设计单位提供完整、可靠的设计基础资料，它是设计单位进行工程设计的主要依据。

③ 选定设计单位、商签设计合同。设计单位的选定可以采用直接指定、设计招标等方式。为了优选设计单位，保证工程设计质量，降低设计费用，缩短设计周期，应当通过设计招标选定设计单位。当选定设计单位之后，建设单位和设计单位应就设计费用及委托设计合同中的一些细节进行谈判、磋商，双方取得一致意见后即可签订建设工程设计合同。

（2）初步设计、技术设计工作时间目标。

为了确保工程建设进度总目标的实现，并保证工程设计质量，应根据工程项目的具体情况，确定出合理的初步设计和技术设计周期。该时间目标中，除了要考虑设计工作本身及进行设计分析和评审所花的时间外，还应考虑设计文件的报批时间。

（3）施工图设计工作时间目标。

施工图设计是工程设计的最后一个阶段，其工作进度将直接影响工程项目的施工进度，进而影响建设工程进度总目标的实现。因此，必须确定合理的施工图设计交付时间，确保建设工程设计进度总目标的实现，从而为工程施工的正常进行创造良好的条件。

2. 设计阶段进度事前控制方法

（1）协助建设单位确定合理设计工期目标。

在设计阶段，监理工程师进度控制的主要任务是根据工程项目总工期要求，协助业主确定合理的设计工期目标。设计工期目标包括初步设计、技术设计工期目标；施工图设计工期目标；设计进度控制分目标。

（2）编制设计阶段进度控制监理工作细则。

设计进度控制监理工作细则是在工程项目监理规划的指导下，由负责进度控制的监理工程师编制，要具有可操作性，应包括进度控制的主要工作内容、人员分工、控制的方法及具体措施等。

（3）审核设计单位进度计划。

合同中应明确设计进度，进度计划应包括设计总进度控制计划、阶段性设计进度计划。

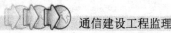

监理工程师应认真审查各种设计进度计划以及设计单位进度控制体系和措施，并根据设计合同规定进行监督。

5.2.2 事中控制

1. 设计阶段进度事中控制要点

（1）监督实施。根据监理工程师批准的进度计划，监督设计单位组织实施。

（2）检查进度。分析偏差设计单位在进度计划执行过程中，监理工程师随时按照进度计划检查实际工程进展情况，并通过计划进度目标与实际进度完成目标值的比较，找出偏差及其原因。

（3）处理措施。监理工程师根据分析偏差的原因，指令设计单位采取措施调整纠正，从而实现对工程项目进度的控制。

2. 设计阶段进度事中控制方法

（1）进度控制任务。

监理工程师在设计阶段进度控制的根本任务是根据工程项目总体进度的安排，审查设计单位主要设计进度的计划开始时间、计划结束时间，核查各专业设计进度安排的合理性、可行性，满足设计总进度情况。

（2）分析影响设计进度的因素。

① 建设意图及要求改变的影响。

建设工程设计是根据建设单位的建设意图和要求而进行的，所有的工程设计必然是建设单位意图的体现。因此，在设计过程中，如果建设单位改变其建设意图和要求，就会引起设计单位的设计变更，必然会对设计进度造成影响。

② 设计审批时间的影响。

建设工程设计是分阶段进行的，如果前一阶段（如初步设计）的设计文件不能顺利得到批准，必然会影响到下一阶段（如施工图设计）的设计进度。因此，设计审批时间的长短，在一定条件下将影响到设计进度。

③ 设计各专业之间协调配合的影响。

建设工程设计是一个多专业、多方面协调合作的复杂过程，如果建设单位、设计单位、监理单位等各单位之间，以及土建、电气、通信等各专业之间没有良好的协作关系，必然会影响建设工程设计工作的顺利实施。

④ 工程变更影响。

当建设工程采用 CM 法实行分段设计、分段施工时，在已施工的部分发现一些问题而必须进行工程变更的情况下，也会影响设计工作进度。CM 法，即建筑工程管理（Construction Management）方法，是近年来在国外推行的一种系统工程管理方法，其特点是将工程设计分阶段进行，每阶段设计好之后就进行招标施工，在全部工程竣工前，可将已完部分工程交付使用。

（3）定期检查设计进度计划完成情况。

监理工程师在各设计阶段，应要求设计单位安排各专业设计的进度要具体，要检查实际

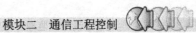

进度情况。如果进度滞后，要分析其原因，并在后续工作中，采取有效措施将进度赶上去。

（4）做好协调工作。

监理工程师应协调各设计单位的工作，使他们能一体化地开展工作，保证设计能按进度计划要求进行。监理工程师还应与外部有关部门协调相关事宜，保障设计工作顺利进行。

（5）及时调整设计进度。

监理工程师在各阶段设计过程中，检查设计进度完成的情况，及时调整计划，确保设计整体进度；在各阶段设计完成时，监理工程师要与设计单位共同检查本阶段设计进度实际完成情况，对照原计划分析、比较，商量制定对策，并调整下一阶段设计的进度。

（6）及时报告设计进度。

监理工程师应及时向建设单位汇报阶段设计进度情况。

5.2.3　事后控制

1. 设计阶段进度事后控制要点

事后进度控制是指完成整个设计任务后进行的进度控制工作，其控制要点是根据实际进度，修改和调整监理工作计划，以保证下一阶段工作的顺利展开。

2. 设计阶段进度事后控制方法

（1）协助建设单位组织设计会审。协助建设单位按计划完成设计会审工作，保证下一阶段工作的顺利展开。

（2）整理工程进度资料。工程进度资料的收集、归类、编目和建档，作为其他工程项目进度控制的参考。

5.3　通信建设工程施工阶段的进度控制

5.3.1　事前控制

1. 施工阶段进度事前控制要点

通信建设工程施工阶段进度事前控制的要点主要是计划。施工阶段是工程实体的形成阶段，对其进度进行控制是整个工程项目建设进度控制的重点。使施工进度计划与工程项目建设总目标一致，并跟踪检查施工进度计划的执行情况，必要时对施工进度计划进行调整，对于工程项目建设总目标的实现具有重要意义。监理工程师在施工阶段进度事前控制中的任务就是在满足工程项目建设总进度目标要求的基础上，根据工程特点，确定计划目标，明确各阶段计划控制的任务。

为保证工程项目能按期完成工程进度预期目标，需要对施工进度总目标从不同角度层层分解，形成施工进度控制目标体系，从而作为实施进度控制的依据。

（1）按工程项目组成分解，确定各单项工程开工和完工日期。

各单项工程的进度目标在工程项目建设总进度计划及建设工程年度计划中都有体现。在施工阶段应进一步明确各单项工程的开工和完工日期，以确保施工总进度目标的实现。

（2）按施工单位分解，明确分工条件和承包责任。

在一个单项工程中有多个施工单位参加施工时，应按施工单位将单项工程的进度目标分解，确定出各分包单位的进度目标，列入分包合同，以便落实分包责任，并根据各专业工程交叉施工方案和前后衔接条件，明确不同施工单位工作面交接的条件和时间。

（3）按施工阶段分解，划定进度控制分界点。

根据工程项目的特点，应将施工分成几个阶段，每一阶段的起止时间都要有明确的标志。特别是不同单位承包的不同施工段之间，更要明确划定时间分界点，以此作为形象进度的控制标志，从而使单项工程完工目标具体化。

（4）按计划期分解，组织综合施工。

将工程项目的施工进度控制目标按年度、季度、月（旬）进行分解，并用实物工程量或形象进度表示，将更有利于监理工程师明确对施工单位的进度要求。同时，还可以据此监督实施，检查完成情况。计划期越短，进度目标越细，进度跟踪就愈及时，发生进度偏差时也就越能有效采取措施予以纠正。这样，就形成一个有计划有步骤协调施工、长期目标对短期目标自上而下逐级控制、短期目标对长期目标自下而上逐级保证、逐步趋近进度总目标的局面，最终达到工程项目按期竣工交付使用的目的。

2．施工阶段进度事前控制方法

（1）编制施工阶段进度控制监理工作细则。

施工进度控制监理工作细则是在工程项目监理规划的指导下，由该工程项目监理机构中负责进度控制的监理工程师编制的具有实施性和操作性的监理业务文件，作为实施进度控制的具体指导文件。其主要内容包括：

① 施工进度目标分解图。

② 施工进度控制的主要工作内容和深度。

③ 进度控制人员的职责分工。

④ 与进度控制有关各项工作的时间安排及工作流程。

⑤ 进度控制的方法（包括进度检查日期、数据收集方式、进度报表格式、统计分析方法等）。

⑥ 进度控制的具体措施（包括组织措施、技术措施、经济措施及合同措施等）。

⑦ 施工进度控制目标实现的风险分析。

⑧ 尚待解决的有关问题。

（2）审核施工进度计划。

监理工程师应对施工单位提交的施工进度计划进行审核，施工进度计划的种类分为以下几种。

① 按计划期限划分。

A．中长期计划：对工程项目建设各阶段的工作进程，做出纲要性的安排，适用于建设期限较长（3年以上）的计划编制。

B．短期计划：对工程项目建设的某一阶段，做出较为细致的安排，适用于建设期限较短（1～3年）的计划编制。

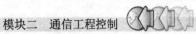

C．年度计划：按建设年度编制的进度计划，应按中长期和短期计划确定的进度目标安排。

D．季度计划：按照年度计划确定的进度目标，结合季度具体条件进行计划安排。

E．月、旬计划：是年、季计划的具体化，是组织日常生产活动的依据。

F．周计划：通信工程一般工期较短，必要时可制订周计划。

② 按工程项目的建设阶段划分。

A．施工阶段进度计划：根据施工合同提出的进度目标，编制施工阶段的进度计划，明确建设工程项目、单项工程、单位工程等的施工期限竣工时间等，由施工单位编制，监理工程师批准。

B．保修阶段工作计划：根据合同约定的保修期，提出具体的实施性工作计划，由施工单位编制，监理工程师批准。

C．试运行阶段工作计划：对于通信设备安装工程可依据合同约定的试运行阶段，施工单位提出工作计划，监理工程师批准。

③ 按工程项目编制的范围划分。

A．工程项目总体控制计划：根据合同约定的整个建设工程项目进度计划目标，提出的具体实施性方案。

B．单项或单位工程进度计划：根据总体进度计划目标，对某一单项工程或单位工程进行进度计划的安排。

④ 按进度计划的表现形式划分。

A．横道图：一般用横坐标表示时间，纵坐标表示工程项目或工序，进度线为水平线条。适用于编制总体性的控制计划、年度计划、月度计划等。

B．垂直图（斜线图）：用横坐标表示时间，纵坐标表示作业区段，进度线为不同斜率的斜线。适用于编制线型工程的进度计划。

C．网络图：以网络形式来表示计划中各工序，持续时间、相互逻辑关系等的计划图表。适用于编制实施性和控制性的进度计划。

⑤ 施工进度审核的主要内容。

A．总目标的设置是否满足合同规定要求，各项分目标是否与总目标保持协调一致，开工日期、竣工日期是否符合合同要求。

B．施工顺序安排是否符合施工程序的要求。

C．编制施工总进度计划时，有无漏项，是否能保证施工质量和安全的需要。

D．劳动力、原材料、配构件、机械设备的供应计划是否与施工进度计划相协调，且建设资源使用是否均衡。

E．建设单位的资金供应是否满足施工进度的要求。

F．施工进度计划与设计图纸的供应计划是否一致。

G．施工进度计划与业主供应的材料和设备，特别是进口设备到货是否衔接。

H．各专业施工计划相互是否协调。

I．实施进度计划的风险是否分析清楚，是否有相应的防范对策和应变预案。

J．各项保证进度计划实现的措施设计得是否周到、可行、有效。

（3）发布开工令。

总监理工程师在检查施工单位各项施工准备工作、确认建设单位的开工条件已齐备后，发布工程开工令。工程开工令的发布时机，要尽可能及时，因为从发布工程开工令之日起计

算，加上合同工期后即为工程竣工日期，如果开工令发布拖延，等于推迟竣工时间，如果是建设单位原因导致，可能会引起施工单位的索赔。

为了检查双方的准备情况，在一般情况下，工程项目监理机构可在建设单位组织并主持召开的第一次工地会议上，由工程项目总监理工程师对各方面的准备情况进行检查。

5.3.2 事中控制

1. 施工阶段进度事中控制要点

（1）监督实施。根据监理工程师批准的进度计划，监督施工单位组织实施。

（2）检查进度。施工单位在进度计划执行过程中，监理工程师随时按照进度计划检查实际工程进展情况。

（3）分析偏差。监理工程师将实际进度与原有进度计划进行比较，分析实际进度与计划进度两者出现偏离的原因。

（4）处理措施。监理工程师针对分析出的原因，研究纠偏的对策和措施，并督促施工单位实施。

2. 施工阶段进度事中控制方法

（1）协助承建单位实施进度计划。

监理工程师要随时了解施工进度计划实施中存在的问题，并帮助施工单位予以解决，特别是解决施工单位无力解决的内外关系协调问题。

（2）进度计划实施过程跟踪。

这是施工期间进度控制的经常性工作，要及时检查承建单位报送的进度报表和分析资料。同时还要派进度管理人员实地检查，对所报送的已完工程项目及工程量进行核实，杜绝虚报现象。

（3）进度偏差的调整。

在对工程实际进度资料进行整理的基础上，监理工程师应将其与计划进度相比较，以判断实际进度是否出现偏差。如果出现进度偏差，监理工程师应进一步分析此偏差对进度控制目标的影响程度及其产生的原因，以便研究对策，提出纠偏措施。必要时还应对后期工程进度计划做适当的调整。

① 分析进度偏差产生的原因。

A．各相关单位合作协调环节的影响。影响建设工程施工进度的单位不只是施工单位，其他与工程建设有关的单位（如政府部门、业主、设计单位、物资供应单位等）也会对工程进度产生影响。

B．物资供应的影响。主要分析施工过程中需要的材料、构配件、机械和设备等是否能按期运抵施工现场，其质量是否符合有关标准的要求。

C．资金影响分析。主要分析施工单位的资金使用情况，是否合理地使用了工程预付款和工程进度款；建设单位是否按时足额支付工程进度款；工人收入如何，报酬支出是否合理，各种资金的支出比例是否符合比例；施工单位是否挪用资金等。

D．劳动力情况分析。主要分析劳动力数量与计划劳动力数量的关系，直接生产工作人员与管理工作人员的比例；劳动组织与生产效率是否达到要求，工程变更与事故率是否正常等。

E．施工方法分析。主要分析施工方法是否合理，工作顺序、工作流程是否合理。

F．施工环节分析。主要分析施工环节是否衔接得合理，是否存在不合理工序导致返工率的提高。

G．其他情况影响分析。主要分析影响工程进度的其他因素，如天气是否正常，是否有当地有关部门的原因，是否有工程量的增加；是否有建设单位、监理单位的原因，如文件未及时批复、未及时检查验收等。

② 分析进度偏差对后续工作及总工期的影响。

在分析了偏差原因后，要分析偏差对后续工作和总工期的影响，确定是否应当调整。

③ 确定后续工作和总工期限制条件。

当需要采取一定的进度调整措施时，应当首先确定进度可调整的范围，主要指关键节点、后续工作的限制条件以及总工期允许变化的范围。它往往与签订的合同有关，要认真分析，尽量防止后续分包单位提出索赔。

④ 采取措施调整进度计划。

应以关键控制点以及总工期允许变化的范围作为限制条件，并对原进度进行调整，以保证最终进度目标的实现。

⑤ 实施调整后进度计划。

在后期的工程项目实施过程中将继续执行经过调整而形成的新的进度计划，在新的计划里一些工作的时间会发生变化，因此，监理工程师要做好协调，并采取相应的经济措施、组织措施与合同措施。

（4）组织协调工作。

监理工程师应组织不同层次的进度协调会，以解决工程施工中影响工程进度的问题，如各施工单位之间的协调，工程的重大变更，前期工程进度完成情况，本期以及预计影响工期的问题，下期工程进度计划等。

进度协调会召开的时间可根据工程具体情况而定，一般每周一次，如有施工单位较多、交叉作业频繁以及工期紧迫时可增加召开次数。如有突发事件，监理工程师还可通过发布监理通知解决紧急情况。

（5）签发进度款付款凭证。

对施工单位申报的已完分项工程量进度核实，在质量管理工程师通过检查验收后，总监理工程师签发进度款付款凭证。

（6）审批进度拖延。

施工单位提出工程延期要求符合施工合同约定的，项目监理机构应予以受理。当影响工期事件具有持续性时，项目监理机构应对施工单位提交的阶段性工程临时延期报审表进行审查，签署工程临时延期审核意见后报建设单位。当影响工期事件结束后，项目监理机构应对施工单位提交的工程最终延期报审表进行审查，签署工程最终延期审核意见后报建设单位。项目监理机构在作出工程临时延期批准和工程最终延期批准之前，均应与建设单位和施工单位协商。

造成工程进度拖延的原因有两个方面：一是由于施工单位自身的原因；二是由于施工单位以外的原因。前者所造成的进度拖延，称为工期延误；而后者所造成的进度拖延称为

工程延期。

① 工期延误。

当出现工期延误时，监理工程师有权要求施工单位采取有效措施加快施工进度。如果经过一段时间后，实际进度没有明显改进，仍然拖后于计划进度，而且显然将影响工期按期竣工时，监理工程师应要求施工单位修改进度计划，并提交监理工程师重新确认。

监理工程师对修改后的施工进度计划的确认，并不是对工期延误的批准，只是要求施工单位在合理的状态下施工。因此，监理工程师对进度计划的确认，并不能解除施工单位应负的一切责任，施工单位需要承担赶工的全部额外开支和误期损失赔偿。

② 工程延期。

当由于非施工单位原因造成施工进度滞后，且施工进度滞后影响到施工合同约定的工期，施工单位有权在施工合同约定的期限内提出延长工期的申请。监理工程师应根据合同的规定，审批工程延期时间。经监理工程师核实批准的工程延期时间，应纳入合同工期，作为合同工期的一部分。即新的合同工期应等于原定的合同工期加上监理工程师批准的工程延期时间。

监理工程师对于施工进度的拖延是否批准为工程延期，对施工单位和建设单位都十分重要。如果施工单位得到监理工程师批准的工程延期，不仅可以不赔偿由于工期延误而支付的误期损失费，而且还可以得到费用索赔，监理工程师应按照合同有关规定，公正地区分工程延误和工程延期，并合理地批准工程延期的时间。

（7）向建设单位提供进度报告表。

监理工程师应随时整理进度资料，做好工程记录，定期向建设单位提交工程进度报告表，为建设单位了解工程实际进度提供依据。

5.3.3 事后控制

1．施工阶段进度事后控制要点

事后进度控制是指完成整个施工任务后进行的进度控制工作，其控制要点是根据实际施工进度，及时修改和调整监理工作计划，以保证下一阶段工作的顺利展开。

2．施工阶段进度事后控制方法

（1）督促施工单位整理技术资料。监理工程师要根据工程进展情况，督促施工单位及时整理有关技术资料。

（2）协助建设单位组织竣工初验收。审批施工单位在工程竣工后自行预检基础上提交的初验申请报告，协助建设单位组织设计单位和施工单位进行竣工初步验收，并提出竣工验收报告。

（3）整理工程进度资料。工程进度资料的收集、归类、编目和建档，以为其他工程项目进度控制的参考。

（4）工程移交。监理工程师督促施工单位办理工程移交手续。

5.4 进度控制项目案例及分析

案例 1

（1）背景。

某长途直埋光缆工程，光缆敷设前，施工单位通知监理员验沟，在约定时间内监理员未到达现场进行检验，施工单位决定放缆。

（2）问题。

施工单位是否可以做出放缆决定？

（3）分析。

监理员如有特殊情况不能按时到达现场，应及时通知监理项目部派其他监理人员赶赴现场验沟。如果监理项目部未能安排其他监理人员按时到达现场时，监理员应通知施工单位，在天气条件允许的情况下（不下大雨造成缆沟塌方），可以暂时缓放。在该监理员不通知施工单位，也不采取其他措施的情况下，施工单位在保证质量的前提下，可以做出放缆的决定。

案例 2

（1）背景。

某通信管道工程在施工过程中发生以下几种情况：

① 总包单位于 2016 年 6 月 6 日进场，进行开工前的准备工作。原计划 6 月 15 日开工，因业主办理通信管道报建手续而延误至 6 月 20 日才开工，总包单位要求工期顺延 5 天。

② 分包单位在管道开挖中遇到地下有文物，因此停工并采取了必要的保护措施，为此总包单位请分包单位向业主要求顺延工期。

（2）问题。

① 总包单位要求是否合理？依据是什么？

② 总包单位请分包单位向业主顺延工期的请求是否合理？原因是什么？

（3）分析。

① 总包单位的要求是合理的。原因在于通信管道报建手续是由业主负责的，而业主却没有在规定的时间内完成上述手续造成工期延期开工，这种情况是业主的责任，因此业主应该同意延长工期。

② 不合理。原因在于分包单位与业主无合同关系。分包单位应该将该情况以书面形式向总包单位和监理单位反映，经监理单位核实后，上报业主，要求顺延工期。

案例 3

（1）背景。

某长途光缆工程项目，施工单位进行光缆（24 芯）单盘测试，其中一盘有 3 芯 1200nm 衰耗达到 0.36dB/km 严重超标，施工单位与监理人员共同签认该盘光缆测试记录，为了赶工期，施工单位于次日凌晨开始工作，错将该盘光缆运到现场。当监理人员按正常工作时间达到工地时，施工单位已将该盘质量不合格的光缆吹进了管道。为此监理人员要求施工单位将该盘光缆吹出来，同时要求施工单位给业主打报告，更换光缆（光缆由业主负责采购），而施工单位要求为此增加工期。

（2）问题。

① 监理人员是否需要负监理不到位的责任？

② 施工单位要求为此增加工期是否合理？

（3）分析。

① 监理人员不需要负监理不到位的责任。这涉及"见证点"的问题，在规定的关键工序（控制点）施工前，施工单位应该提前通知监理人员在约定的时间内到现场进行见证和对其施工实施监督，若监理人员未能在约定的时间内到现场见证和监督，则应该负有监理不到位的责任。

② 施工单位为此要求增加工期是不合理的。原因在于施工单位未提前通知监理人员施工单位于次日凌晨开始工作（不在正常工作时间内），并错将该盘质量不合格的光缆吹进管道，自己承担全部责任。

案例 4

（1）背景。

某紧急数据通信设备安装工程项目，施工进场手续已全部办理完毕，施工人员没有检查，直接携带施工的工器具进入现场进行了施工，设备机架安装到位，设备固定膨胀螺栓位置已标记好，施工人员使用电动冲击钻对楼面进行钻孔，安装固定膨胀螺。此时发现，用于防烟尘的吸尘器不能有效吸尘防护，造成机房内烟雾袅绕，现场监理工程师立即制止，指令暂停施工。由于施工工地距离施工单位住址较远，紧急调用吸尘器到施工现场，也不可行，施工因此停工一天。

（2）问题。

① 施工队使用工器具时出现上述现象的原因是什么？

② 如何避免出现上述问题？

（3）分析。

① 原因在于施工单位没有定期对施工的工器具进行性能检查，监理单位没有提醒施工单位对携带至现场的工器具进行开工前的性能确认，导致防烟尘的吸尘器不能有效吸尘防护，造成工程延误，施工单位和监理单位均有责任。

② 监理人员在新的工程开工前，要提醒施工单位要对工程项目准备使用的工器具、仪表进行性能检查。现场开工时，监理人员应该对施工单位的工器具性能情况进行再次确认，从而避免出现上述类似问题。

案例 5

（1）背景。

某无线基站工程含无线、前期配套、传输（传输设备、管道、光缆）等多个专业。在工程进行到一个半月时发现还有 10 个机房土建及铁塔未开工，机房土建及铁塔已完工的 6 个站管道未开工。

（2）问题。

对于上述情况，监理人员应该如何处理？

（3）分析。

对于上述情况，监理人员应该召开相关专业负责人召开工程协调会，重新调整各专业的工程进度计划，增加各专业的施工力量，建地面铁塔、机房土建、铁塔、管道施工等可以同步进行，从而确保工程进度。

【知识归纳】

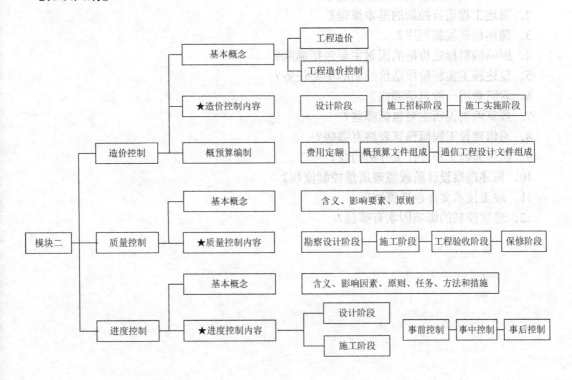

【自我测试】

一、填空题

1. 工程造价的计价方法包括预算定额计价和_____。

2. 工程造价控制的关键就在于施工以前的投资决策和设计阶段，而项目做出投资决策后，控制的关键就在于_____。

3. 建设工程组织管理的基本模式主要有_____模式、设计或施工总分包模式、_____模式、项目总承包管理模式，不同的组织管理模式有不同的合同体系和管理特点。

4. 设计概算分为单位工程概算、_____、建设工程总概算三级。

5. 标底文件主要包括编制说明、_____、_____、标底价格编制的有关表格。

6. 按索赔的目的可以分_____和费用索赔。费用索赔的目的是要求经济补偿；工期索赔形式上是对权利的要求，但最终仍反映在经济收益上。

7. 现行的工程价款结算主要有_____结算和_____结算两种。

8. 通信建设工程项目总费用由各单项工程项目总费用构成，而每个单项工程总费用由_____、工程建设其他费、_____和建设期利息四个部分组成。

9．一般可以通过进度表、_____和工程曲线等技术方法控制工程进度。

二、简答题

1．简述工程造价控制的任务及要求？

2．简述工程造价控制的基本原理？

3．简述标底编制程序？

4．影响编制标底价格的因素主要包括哪些？

5．简述施工实施阶段造价控制的主要任务？

6．索赔费用一般包括哪些？

7．预算编制说明主要包括哪些？

8．通信建设工程概预算表格有哪些？

9．简述通信工程设计文件的构成？

10．简述勘察设计阶段监理质量控制流程？

11．竣工技术文件包括哪些？

12．进度控制的影响因素有哪些？

模块三
通信工程管理与协调

【目标导航】

1. 了解合同管理、信息管理、安全管理以及组织协调的基本概念。
2. 理解和掌握合同管理的工作内容及要求。
3. 掌握通信建设工程施工索赔管理流程及要求。
4. 了解合同争议和合同解除的具体要求。
5. 掌握监理文件资料管理的工作内容及要求。
6. 理解和掌握常用监理表格及填写方法。
7. 掌握安全事故的处理流程及法律责任。
8. 掌握安全管理的工作内容及要求。
9. 掌握组织协调的工作内容及方法。

【教学建议】

模块内容	学时分配	总学时	重点	难点
6.1 合同管理概述				
6.2 合同管理的主要内容			√	
6.3 通信建设工程施工索赔管理	2		√	
6.4 合同争议和解除				
7.1 信息管理概述				
7.2 监理文件资料管理	4		√	
7.3 常用监理表格及填写方法		12	√	√
8.1 安全生产概述			√	
8.2 安全事故及处理	2		√	
8.3 安全管理			√	
8.4 安全管理项目案例及分析	2		√	√
9.1 组织协调概述				
9.2 组织协调的主要内容	2		√	
9.3 组织协调方法			√	

【内容解读】

本模块包括通信工程合同管理、通信工程信息管理、通信工程安全管理以及通信工程组织协调四个学习单元，即通信建设工程监理中"三管一协调"。学习单元 6 主要介绍了合同管理的基本概念、工作内容，阐述了通信建设工程施工索赔管理工作流程及要求，介绍合同争议和合同解除的具体要求；学习单元 7 主要介绍了信息管理的基本概念，阐述监理文件资料的管理工作流程，重点给出了常用的监理表格及填写方法；学习单元 8 主要介绍了安全生产、安全事故的基本概念，阐述了安全事故的处理流程及法律责任，重点阐述了安全管理工作流程以及工作过程中监理单位、监理人员的安全职责，并给出了实际项目案例；学习单元 9 主要介绍了组织协调的基本概念，阐述了组织协调的主要内容及组织协调方法。

学习单元6 通信工程合同管理

6.1 合同管理概述

6.1.1 合同的含义和分类

1. 合同的含义

合同是平等主体的自然人、法人、其他组织之间设立、变更、终止民事权利、义务关系的协议。

通信工程建设合同，是通信工程建设单位和施工单位为了完成其所商定的工程建设目标以及与工程建设目标相关的具体内容，明确双方相互权利、义务关系的协议。

2. 合同的分类

根据合同的计价方式，可将建设工程合同分为固定价格合同、可调价格合同和成本加酬金合同等类型。

（1）固定价格合同，是指在约定的风险范围内价款不再调整的合同。这种合同的价款并不是绝对不可调整，而是约定范围内的风险由施工单位承担。工程承包中采用的总价合同和单价合同均属于此类合同。

（2）可调价格合同，是针对固定价格而言，通常适用于工期较长的施工合同。如工期在18 个月以上的合同，建设单位和施工单位在招投标阶段和签订合同时不可能合理预见到一年半以后物价浮动和后续法规变化对合同价款的影响，为了合理分担外界因素影响的风险，多采用可调价格合同。

（3）成本加酬金合同，是指建设单位负担全部工程成本，对施工单位完成的工作支付相应酬金的计价方式。这类工程通常适用于紧急工程施工，如灾后修复工程；或采用新技术新工艺施工，双方对施工成本均心中无底，为了合理分担风险而采用此种方式。

6.1.2 合同管理的含义

合同管理是指各级工商行政管理机关、建设行政主管部门依据法律法规、规章制度、行政手段，对合同当事人进行组织、指导、协调及监督，保护合同当事人的合法权益，处理合同纠纷，防止和制裁违法行为，保证合同贯彻实施的一系列活动。

各级工商行政管理机关、建设行政主管部门对合同进行的管理侧重于宏观管理，主要包括：相关法律法规规程规定的制定，合同主体行为规范的制定，合同示范文本的制定等。

建设单位、设计单位、监理单位、施工单位等对合同进行的管理着重于微观管理，主要包括合同的签订管理和合同的实施管理。

6.1.3 FIDIC 施工合同

1. FIDIC 合同条件

FIDIC 是指国际咨询工程师联合会，它是由该联合会的法文名称字头组成的缩写词。1913 年，欧洲四个国家的咨询工程师协会组成了 FIDIC。中国工程咨询协会代表我国于1996 年 10 月加入该组织。FIDIC 合同条件在世界上应用很广，不仅为 FIDIC 成员国采用，世界银行、亚洲开发银行等国际金融机构的招标采购样本也常常采用。FIDIC 编制了多个合同条件，其中以施工合同条件影响最大、应用最广。

2. FIDIC 合同条件的构成

FIDIC 合同条件由通用合同条件和专用合同条件两部分构成，且附有合同协议书、投标函和争端仲裁协议书。FIDIC 通用合同条件是固定不变的，适用于所有房屋建筑或者工程的施工。共分 20 个方面的问题，包括：一般规定，业主，工程师，承包商，指定分包商，职员和劳工，工程设备、材料和工艺，开工、误期和暂停竣工检验，业主的接收，缺陷责任，测量和估价，变更和调整，合同价格和支付，业主提出终止，承包商提出暂停和终止，风险和责任，保险，不可抗力，索赔、争端和仲裁。FIDIC 专用合同条件是通用合同条件的补充。

3. FIDIC 合同条件的具体应用

FIDIC 合同条件在应用时对工程类别、合同性质、前提条件等都有一定的要求。

（1）FIDIC 合同条件适用的工程类别。

FIDIC 合同条件适用于房屋建筑工程和各种工程，其中包括工业与民用建筑、疏浚工程、土壤改善工程、道桥工程、水利工程、港口工程等。

（2）FIDIC 合同条件适用的合同性质。

FIDIC 合同条件在传统上主要适用于国际工程施工，但对 FIDIC 合同条件适当修改后，同样适用于国内合同。

（3）应用 FIDIC 合同条件的前提。

FIDIC 合同条件注重业主、承包商、工程师三方的关系协调，强调工程师 （在我国指监理单位委派的总监理工程师或建设单位指定的履行本合同的代表）在项目管理中的作用。在土木工程施工中应用 FIDIC 合同条件应具备以下前提：

通过竞争性招标确定承包商；委托工程师对工程施工进行监理；按照单价合同方式编制招标文件（指在合同规定的施工条件下，单价固定不变。若发生施工条件变化，或在工程变更、额外工程、加速施工等条件下，将重新议定单价，进行合理地索赔补偿）。

（4）FIDIC 合同条件中的相关各方。

FIDIC 合同条件中涉及的相关各方，包括业主、工程师和承包商。业主是合同的当事人，在合同的履行过程中享有大量的权利并承担相应的义务。工程师是指监理单位委派的总监理工程师或建设单位指定的履行本合同的代表，负责对工程的质量、进度和费用进行控制和监督，以保证工程项目的建设能满足合同的要求。承包商是指其标书已被业主接受的当事人，以及取得该当事人资格的合法继承人。承包商是合同的当事人，负责工程的施工。

6.2 合同管理的主要内容

就通信建设工程而言，从项目的勘察设计、建设施工、材料、设备的采购等各项环节，合同管理都要求监理工程师从投资、进度、质量目标控制的角度出发，依据有关规定，认真处理好合同的签订、分析及工程项目实施过程中出现的违约、变更、索赔、延期、分包、纠纷调解和仲裁等问题。监理工程师合同管理的内容主要包括勘察、设计、施工、物资采购、监理等合同管理。

6.2.1 勘察合同管理

1. 勘察合同示范文本

建设工程勘察合同是指根据建设工程的要求，查明、分析、评价建设站址的地质地理环境、通信机房环境、管线路由、岩土工程条件等，编制建设工程勘察文件的协议。为了保证勘察合同的内容完备、责任明确、风险责任分担合理，原建设部和国家工商行政管理局在2000 年颁布了建设工程勘察合同示范文本。

按照委托勘察任务的不同分为两个版本：GF—2000—0203 适用于为设计提供勘察工作的委托任务；GF—2000—0204 仅涉及岩土工程。在委托监理时，监理工程师应在前期工作中建议委托人采用示范文本与勘察人签订勘察合同，并就双方约定的具体内容进行补充。

2. 勘察合同履行管理

监理工程师应依据委托人和勘察人在合同中约定的权利、义务开展勘察合同履行的管理工作。

（1）发包人（监理的委托人）责任。

发包人委托任务时，必须以书面形式向勘察人明确勘察任务及技术要求，并提供下列文件资料：

① 本工程批准文件（复印件），以及用地（附红线范围）、施工、勘察许可等批件（复印件）。

② 工程勘察任务委托书、技术要求和工作范围的地形图、建筑总平面布置图。

③ 勘察工作范围已有的技术资料及工程所需的坐标与标高资料。

④ 勘察工作范围地下已有埋藏物的资料（如电力、电讯电缆、各种管道、人防设施、洞室等）及具体位置分布图。

发包人不能提供上述文件资料，由勘察人收集的，发包人需向勘察人支付相应费用。

发包人（监理的委托人）具体责任如下。

① 在勘察现场范围内，不属于委托勘察任务而又没有资料、图纸的地区（段），发包人应负责查清地下埋藏物。若因未提供上述资料、图纸，或提供的资料图纸不可靠、地下埋藏物不清，致使勘察人在勘察工作过程中发生人身伤害或造成经济损失时，由发包人承担民事责任。

② 若勘察现场需要看守，特别是在有毒、有害等危险现场作业时，发包人应派人负责安全保卫工作，按国家有关规定，对从事危险作业的现场人员进行保健防护，并承担费用。

③ 工程勘察前，属于发包人负责提供的材料，应根据勘察人提出的工程用料计划，按时提供各种材料及其产品合格证明，并承担费用和运到现场，派人与勘察人的人员一起验收。

④ 勘察过程中的任何变更，经办理正式变更手续后，发包人应按实际发生的工作量支付勘察费。

⑤ 为勘察人的工作人员提供必要的生产、生活条件，并承担费用；如不能提供时，应一次性付给勘察人临时设施费。

⑥ 发包人若要求在合同规定时间内提前完工（或提交勘察成果资料）时，发包人应按每提前一天向勘察人支付计算的加班费。

⑦ 发包人应保护勘察人的投标书、勘察方案、报告书、文件、资料图纸、数据、特殊工艺（方法）、专利技术和合理化建议。未经勘察人同意，发包人不得复制、泄露、擅自修改、传送或向第三人转让或用于本合同外的项目。如发生上述情况，发包人应负法律责任，勘察人有权索赔。

（2）勘察人的责任。

① 勘察人应按国家技术规范、标准、规程和发包人的任务委托书及技术要求进行工程勘察，按合同规定的时间提交质量合格的勘察成果资料，并对其负责。

② 由于勘察人提供的勘察成果资料质量不合格，勘察人应负责无偿给予补充完善使其达到质量合格。若勘察人无力补充完善，需另委托其他单位时，勘察人应承担全部勘察费用。因勘察质量造成重大经济损失或工程事故时，勘察人除应负法律责任和免收直接受损失部分的勘察费外，并根据损失程度向发包人支付赔偿金。赔偿金由发包人、勘察人在合同内约定。

③ 在工程勘察前，提出勘察纲要或勘察组织设计，派人与发包人的人员一起验收发包人提供的材料。

④ 勘察过程中，根据工程的岩土工程条件（或工作现场地形地貌、地质和水文地质条件）及技术规范要求，向发包人提出增减工作量或修改勘察工作的意见，并办理正式变更手续。

⑤ 在现场工作的勘察人的人员，应遵守发包人的安全保卫及其他有关规章制度，承担其有关资料保密义务。

（3）勘察合同工期。

勘察人应在合同约定的时间内提交勘察成果资料，勘察工作有效期限以发包人下达的开工通知书或合同规定的时间为准。如遇设计变更、工作量变化、不可抗力影响、非勘察人原因造成的停、窝工等特殊情况时，可以相应延长合同工期。

（4）勘察费用支付。

勘察合同中应约定一种费用的计价方式，如按国家规定的现行收费标准取费、预算包干、中标价加签证、实际完成工作量结算等。

合同签订后 3 天内，发包人应向勘察人支付预算勘察费的 20%作为定金；勘察规模大、工期长的大型勘察工程，合同双方还应约定发包人按实际完成进度向勘察人支付工程进度款的百分比；勘察工作作业结束后，发包人向勘察人支付约定勘察费的某一百分比；提交勘察成果资料后 10 天内，发包人应一次付清全部勘察费用。

（5）违约责任。

由于发包人未给勘察人提供必要的工作生活条件而造成停、窝工或来回进出场地，发包人应承担责任。合同履行期间，由于工程停建而终止合同或发包人要求解除合同时，勘察人未进行勘察工作的，不退还发包人已付定金；已进行勘察工作的，完成的工作量在 50%以内时，发包人应向勘察人支付预算额 50%的勘察费；完成的工作量超过 50%时，则应向勘察人支付预算额 100%的勘察费。

发包人未按合同规定时间（日期）拨付勘察费，每超过 1 日，应按未支付勘察费的 1‰偿付逾期违约金。发包人不履行合同时，无权要求返还定金。

由于勘察人原因造成勘察成果资料质量不合格，不能满足技术要求时，其返工勘察费用由勘察人承担。交付的报告、成果、文件达不到合同约定条件的部分，发包人可要求承包人返工，承包人按发包人要求的时间返工，直到符合约定条件。返工后仍不能达到约定条件，承包人应承担违约责任，并根据因此造成的损失程度向发包人支付赔偿金，赔偿金额最高不超过返工项目的收费。

由于勘察人原因未按合同规定时间（日期）提交勘察成果资料，每超过 1 日，应减收勘察费的 1‰。勘察人不履行合同时，应双倍返还定金。

6.2.2 设计合同管理

1. 设计合同示范文本

建设工程设计合同是指根据建设工程的要求，对建设工程所需的技术、经济、资源、环境等条件进行综合分析、论证，编制建设工程设计文件的协议。为了保证设计合同的内容完备、责任明确、风险责任分担合理，原建设部和国家工商行政管理局在 2000 年颁布了建设工程设计合同示范文本。

设计合同分为两个版本：GF—2000—0209 适用于民用建设工程设计的合同；GF—2000—0210 适用于委托专业工程的设计。在委托监理时，监理工程师应在前期工作中建议委托人采用示范文本与设计人签订设计合同，并就双方约定的具体内容进行补充。

2. 设计合同履行管理

设计合同采用定金（合同总价的 20%）担保，经双方当事人签字盖章并在发包人向设计人支付定金后生效。发包人应在合同签字后的 3 日内支付该笔款项，设计人收到定金为设计开工的标志。如果发包人未能按时支付，设计人有权推迟开工时间，且交付设计文件的时间相应顺延。设计期限包括合同约定的交付设计文件的时间，还可能包括由于非设计人应承担责任和风险的原因，经过双方补充协议确定应顺延的时间之和，是判定设计人是否按期履行合同义务的标准。在合同正常履行的情况下，工程施工完成竣工验收工作，或委托专业建设工程设计完成施工安装验收，设计人为合同项目的服务结束。监理工程师应依据委托人和设计人在合同中约定的权利、义务开展设计合同履行的管理工作。

（1）发包人（监理的委托人）责任。

① 提供设计依据资料。

一方面，按时提供设计依据文件和基础资料。发包人应当按照合同约定时间，一次性或陆续向设计人提交设计的依据文件和相关资料，以保证设计工作的顺利进行。如果发包人提交上述资料及文件超过规定期限 15 天以内，设计人规定的交付设计文件的时间相应顺延；交付上述资料及文件超过规定期限 15 天以上时，设计人有权重新确定提交设计文件的时间。进行专业工程设计时，如果设计文件中需选用国家标准图、部标准图及地方标准图，应由发包人负责解决。

另一方面，对资料的正确性负责。尽管提供的某些资料不是发包人自己完成的，如作为设计依据的勘察资料和数据等，但就设计合同的当事人而言，发包人仍需对所提交基础资料及文件的完整性、正确性及时限负责。

② 提供必要的现场工作条件。

由于设计人完成设计工作的主要地点不是施工现场，因此，发包人有义务为设计人在现场工作期间提供必要的工作、生活等方便条件。发包人为设计人派驻现场的工作人员提供的方便条件可能涉及工作、生活、交通等方面的便利条件，以及必要的劳动保护装备。

③ 外部协调工作。

设计的阶段成果（初步设计、技术设计、施工图设计）完成后，应由发包人组织鉴定和验收，并负责向发包人的上级或有管理资质的设计审批部门完成报批手续。施工图设计完成后，发包人应将施工图报送建设行政主管部门，由建设行政主管部门委托的审查机构进行结构安全和强制性标准、规范执行情况等内容的审查。发包人和设计人必须共同保证施工图设计满足：一是建筑物（包括地基基础、主体结构体系）的设计稳定、安全、可靠；二是设计符合消防、节能、环保、抗震、卫生、人防等有关强制性标准、规范；三是设计的施工图达到规定的设计深度；四是不存在有可能损害公共利益的其他影响。

④ 保护设计人的知识产权。

发包人应保护设计人的投标书、设计方案、文件、资料图纸、数据、计算软件和专利技术。未经设计人同意，发包人对设计人交付的设计资料及文件不得擅自修改、复制或向第三人转让或用于本合同外的项目。如发生以上情况，发包人应负法律责任，设计人有权向发包人提出索赔。

⑤ 遵循合理设计周期的规律。

如果发包人从施工进度的需要或其他方面的考虑，要求设计人比合同规定时间提前交付设计文件时，须征得设计人同意。设计的质量是工程发挥预期效益的基本保障，发包人不应严重背离合理设计周期的规律，强迫设计人不合理地缩短设计周期的时间。双方经过协商达成一致并签订提前交付设计文件的协议后，发包人应支付相应的赶工费。

⑥ 其他相关工作。

发包人委托设计配合引进项目的设计任务，从询价、对外谈判、国内外技术考察直至建成投产的各个阶段，应吸收承担有关设计任务的设计人参加。出国费用，除制装费外，其他费用由发包人支付。发包人委托设计人承担合同约定委托范围之外的服务工作，需另行支付费用。

（2）设计人责任。

① 保证设计质量。

设计人应依据批准的可行性研究报告、勘察资料，在满足国家规定的设计规范、规程、技术标准的基础上，按合同规定的标准完成各阶段的设计任务，并对提交的设计文件质量负责。

负责设计的建（构）筑物需注明设计的合理使用年限。设计文件中选用的材料、构配件、设备等，应当注明规格、型号、性能等技术指标，其质量要求必须符合国家规定的标准。

对于各设计阶段设计文件审查会提出的修改意见，设计人应负责修正和完善。设计人交付设计资料及文件后，需按规定参加有关的设计审查，并根据审查结论负责对不超出原定范围的内容做必要的调整补充。

《建设工程质量管理条例》规定，设计单位未根据勘察成果文件进行工程设计，设计单位指定建筑材料、建筑构配件的生产厂、供应商，设计单位未按照工程建设强制性标准进行设计的，均属于违反法律和法规的行为，要追究设计人的责任。

② 各设计阶段的工作任务。

A．初步设计阶段：总体设计（大型工程）、方案设计、编制初步设计文件。

B．技术设计阶段：提出技术设计计划，编制技术设计文件，参加初步审查，并做必要修正。

C．施工图设计阶段：建筑设计、结构设计、设备设计、专业设计的协调、编制施工图设计文件。

③ 对外商的设计资料进行审查。

委托设计的工程中，如果有部分属于外商提供的设计，如大型设备采用外商供应的设备，则需使用外商提供的制造图纸，设计人应负责对外商的设计资料进行审查，并负责该合同项目的设计联络工作。

④ 配合施工的义务。

A．进行设计交底。

B．解决施工中出现的设计问题。

C．参加工程验收。

⑤ 保护发包人的知识产权。

设计人应保护发包人的知识产权，不得向第三人泄露、转让发包人提交的产品图纸等技术经济资料。如发生以上情况并给发包人造成经济损失，发包人有权向设计人索赔。

（3）设计费用支付。

设计合同由于采用定金担保，因此合同内没有预付款。发包人应在合同签订后 3 天内，支付设计费总额的 20%作为定金。在合同履行过程中的中期支付中，定金不参与结算，双方的合同义务全部完成进行合同结算时，定金可以抵作设计费或收回。

建设工程设计发包人与设计人签订合同时，双方商定合同的设计费，收费依据和计算方法按国家和地方有关规定执行。国家和地方没有规定的，由双方协商确定。如果合同约定的费用为估算设计费，则双方在初步设计审批后，需按批准的初步设计概算核算设计费。工程建设期间如遇概算调整，则设计费也应做相应调整。

① 设计费支付管理原则。

A．设计人按合同约定提交相应报告、成果或阶段的设计文件后，发包人应及时支付约定的各阶段设计费。

B．设计人提交最后一部分施工图的同时，发包人应结清全部设计费，不留尾款。

C．实际设计费按初步设计概算核定，多退少补。实际设计费与估算设计费出现差额时，双方需另行签订补充协议。

D．发包人委托设计人承担本合同内容之外的工作服务，另行支付费用。

② 按设计阶段支付费用的百分比。

A．合同签订后 3 天内，发包人支付设计费总额的 20%作为定金。此笔费用支付后，设计人可以自主使用。

B．设计人提交初步设计文件后 3 天内，发包人应支付设计费总额的 30%。

C．施工图阶段，当设计人按合同约定提交阶段性设计成果后，发包人应依据约定的支付条件、所完成的施工图工作量比例和时间，分期分批向设计人支付剩余总设计费的 50%。施工图完成后，发包人结清设计费，不留尾款。

（4）设计工作内容变更。

设计合同的变更，通常指设计人承接工作范围和内容的改变。按照发生原因的不同，一般可能涉及以下几个方面。

① 设计人的工作。设计人交付设计资料及文件后，按规定参加有关的设计审查，并根据审查结论负责对不超出原定范围的内容做必要的调整补充。

② 委托任务范围内的设计变更。为了维护设计文件的严肃性，经过批准的设计文件不应随意变更。发包人、施工承包人、监理人均不得修改建设工程勘察、设计文件。如果发包人根据工程的实际需要确需修改建设工程勘察、设计文件时，应当首先报经原审批机关批准，然后由原建设工程勘察、设计单位修改。经过修改的设计文件仍需按设计管理程序经有关部门审批后使用。

③ 委托其他设计单位完成的变更。在某些特殊情况下，发包人需要委托其他设计单位完成设计变更工作，如变更增加的设计内容专业性特点较强；超过了设计人资质条件允许承接的工作范围；施工期间发生的设计变更，设计人由于资源能力所限，不能在要求的时间内完成等原因。在此情况下，发包人经原建设工程设计人书面同意后，也可以委托其他具有相应资质的建设工程勘察、设计单位修改。修改单位对修改的勘察、设计文件承担相应责任，原设计人不再对修改的部分负责。

④发包人原因的重大设计变更。发包人变更委托设计项目、规模、条件或因提交的资料错误，或所提交资料作较大修改，以致造成设计人设计需返工时，双方除需另行协商签订补充协议（或另订合同）、重新明确有关条款外，发包人应按设计人所耗工作量向设计人增付设计费。

在未签合同前发包人已同意，设计人为发包人所做的各项设计工作，应按收费标准，相应支付设计费。

（5）违约责任。

① 发包人的违约责任。

A．发包人延误支付。发包人应按合同规定的金额和时间向设计人支付设计费，每逾期支付 1 天，应承担应支付金额 2%的逾期违约金，且设计人提交设计文件的时间顺延。逾期 30 天以上时，设计人有权暂停履行下阶段工作，并书面通知发包人。

B．审批工作的延误。发包人的上级或设计审批部门对设计文件不审批或合同项目停缓建，均视为发包人应承担的风险。设计人提交合同约定的设计文件和相关资料后，按照设计人已完成全部设计任务对待，发包人应按合同规定结清全部设计费。

C．因发包人原因要求解除合同。在合同履行期间，发包人要求终止或解除合同，设计

人未开始设计工作的，不退还发包人已付的定金；已开始设计工作的，发包人应根据设计人已进行的实际工作量，不足一半时，按该阶段设计费的一半支付；超过一半时，按该阶段设计费的全部支付。

② 设计人的违约责任。

A．设计错误。作为设计人的基本义务，应对设计资料及文件中出现的遗漏或错误负责修改或补充。由于设计人员错误造成工程质量事故损失，设计人除负责采取补救措施外，应免收直接受损失部分的设计费。损失严重的，还应根据损失的程度和设计人责任大小向发包人支付赔偿金。范本中要求设计人的赔偿责任按工程实际损失的百分比计算；当事人双方订立合同时，需在相关条款内具体约定百分比的数额。

B．设计人延误完成设计任务。由于设计人自身原因，延误了按合同规定交付的设计资料及设计文件的时间，每延误1天，应减收该项目应收设计费的2‰。

C．因设计人原因要求解除合同。合同生效后，设计人要求终止或解除合同，设计人应双倍返还定金。

③ 不可抗力事件的影响。

由于不可抗力因素致使合同无法履行时，双方应及时协商解决。

6.2.3　施工合同管理

1．施工合同示范文本

建设工程施工合同是发包人与承包人就完成具体工程项目的建筑施工、设备安装、设备调试、工程保修等工作内容，确定双方权利和义务的协议。原建设部和国家工商行政管理局于2013年7月1日颁发了《建设工程施工合同（示范文本）GF—2013—0201。

施工合同示范文本由《合同协议书》《通用合同条款》和《专用合同条款》三部分组成，并附有三个附件。条款内容不仅涉及各种情况下双方的合同责任和规范化的履行管理程序，还涵盖了变更、索赔、不可抗力、合同被迫终止、争议解决等方面的处理原则。

施工合同示范文本中条款属推荐使用，监理工程师可建议委托人采用示范文本，并结合具体的工程特点加以取舍、补充，从而使发承包人双方签订责任明确、操作性强的施工合同。

2．施工合同履行管理

在合同履行中，监理工程师应监督承包单位严格按照施工合同的规定，履行应尽的义务。施工合同内规定应由建设单位负责的工作，是合同履行的基础，是为承包单位开工、施工的先决条件，监理工程师亦应督促发包方严格履行。

在施工合同履行中，项目监理机构总监理工程师任命一名监理工程师为专职或兼职的合同管理员，负责本工程项目的合同管理工作；总监理工程师应组织项目监理机构监理人员对施工合同进行分析，主要了解和熟悉工程概况、工期目标、质量目标、施工合同价、工程质量标准、双方权利义务、违约责任、争议处理等与监理工作有关的合同内容；将施工合同分析结果书面报告建设单位；同时收集施工合同执行信息并进行分析、对比，发现合同执行情况不正常时，项目监理机构应采取纠正措施，并通知建设单位和承包单位共同研究后执行。

监理工程师在进行施工合同管理时，还应根据施工各阶段的具体情况，重点关注下列内容。

（1）准备阶段合同管理内容。

① 施工图纸。发包人应在合同约定的日期前，免费按专用条款约定的份数供应承包人图纸，以保证承包人及时编制施工进度计划和组织施工。承包人要求增加图纸套数时，发包人应代为复制，但复制费用由承包人承担。若是承包人负责设计的图纸或部分由承包人负责设计的图纸，则应在合同约定的时间内完成设计文件的审批。建设单位代表及监理工程师对承包人设计的认可，不能解除承包人的设计责任。

② 施工进度计划。承包人应当在专用条款约定的日期，将施工组织设计和施工进度计划提交发包人代表及监理工程师。监理工程师接到承包人提交的进度计划后，应当予以确认或者提出修改意见。如果发包人代表或监理工程师逾期不确认也不提出书面意见，则视为已经同意。发包人代表及监理工程师对进度计划和对承包人施工进度的认可，不免除承包人对施工组织设计和工程进度计划本身的缺陷所应承担的责任。

③ 施工前相关准备工作。开工前，发包人还应组织图纸会审和设计交底，并按照专用条款的规定使施工现场具备施工条件、开通施工现场公共道路等；承包人应当做好施工人员和设备的调配工作等。

④ 开工。承包人应在专用条款约定的时间按时开工，以便保证在合理工期内及时竣工。但在特殊情况下，工程的准备工作不具备开工条件，则应按合同的约定区分延期开工的责任。

如果是承包人要求的延期开工，则监理工程师有权批准是否同意延期开工。承包人不能按时开工，应在不迟于协议书约定的开工日期前 7 天，以书面形式向监理工程师提出延期开工的理由和要求。监理工程师在接到延期开工申请后的 48 小时内未予答复，视为同意承包人的要求，工期相应顺延。如果监理工程师不同意延期要求，工期不予顺延。如果承包人未在规定时间内提出延期开工要求，工期也不予顺延。

因发包人的原因施工现场尚不具备施工的条件，影响了承包人不能按照协议书约定的日期开工时，发包人应以书面形式通知承包人推迟开工日期。发包人应当赔偿承包人因此造成的损失，相应顺延工期。

⑤ 工程的分包。施工合同范本的通用条件规定，未经发包人同意，承包人不得将承包工程的任何部分分包；工程分包不能解除承包人的任何责任和义务。发包人控制工程分包的基本原则是：主体工程的施工任务不允许分包，主要工程量必须由承包人完成。经过发包人同意的分包工程，承包人选择的分包人需要提请监理工程师同意。监理工程师主要审查分包人是否具备实施分包工程的资质和能力，未经审查同意的分包人不得进入现场参与施工。

⑥ 支付工程预付款。合同约定有工程预付款的，发包人应按规定的时间和数额支付预付款。为了保证承包人如期进行施工前的准备工作和开始施工，预付时间应不迟于约定的开工日期前 7 天。

发包人不按约定预付，承包人在约定预付时间 7 天后向发包人发出要求预付的通知，发包人收到通知后仍不能按要求预付，承包人可在发出通知后 7 天停止施工，发包人应从约定应付之日起向承包人支付应付款的贷款利息，并承担违约责任。

（2）施工过程合同管理内容。

① 对材料和设备的质量控制。

为了保证工程项目达到建设工程的预期目的，确保工程质量至关重要。对工程质量进行严格控制，应从使用的材料质量控制开始。

A．材料设备的到货检验。

工程项目使用的材料和设备按照专用条款约定的采购供应责任，可以由承包人负责，也可以由发包人提供全部或部分材料和设备。

当发包人供应材料设备时，具体要求如下。

（a）发包人应按照专用条款的材料设备供应一览表，按时、按质、按量将采购的材料和设备运抵施工现场，向承包人提供其供应材料设备的产品合格证明，并对这些材料设备的质量负责。

（b）发包人在其所供应的材料设备到货前 24 小时，应以书面形式通知承包人，由承包人派人与发包人共同进行到货清点。清点工作主要包括外观质量检查，对照发货单证进行数量清点（检斤、检尺），大宗材料进行必要的抽样检验（物理、化学试验）等。材料设备接收后移交承包人保管，发包人支付相应的保管费用。因承包人的原因发生损坏丢失，由承包人负责赔偿。发包人不按规定通知承包人验收，发生的损坏丢失由发包人负责。

（c）发包人供应的材料设备与约定不符时，应当由发包人承担有关责任。视具体情况不同，按照以下原则处理。

• 材料设备单价与合同约定不符时，由发包人承担所有差价。

• 材料设备种类、规格、型号、数量、质量等级与合同约定不符时，承包人可以拒绝接收保管，由发包人运出施工场地并重新采购。

• 发包人供应材料的规格、型号与合同约定不符时，承包人可以代为调剂更换，发包方承担相应的费用。

• 到货地点与合同约定不符时，发包人负责运至合同约定的地点。

• 供应数量少于合同约定的数量时，发包人将数量补齐；多于合同约定的数量时，发包人负责将多出部分运出施工场地。

• 到货时间早于合同约定时间，发包人承担因此发生的保管费用；到货时间迟于合同约定的供应时间，由发包人承担相应的追加合同价款。发生延误，相应顺延工期，发包人赔偿由此给承包人造成的损失。

当承包人采购材料设备时，具体要求如下：

（a）承包人负责采购材料设备的，应按照合同专用条款约定及设计要求和有关标准采购，并提供产品合格证明，对材料设备质量负责。

（b）承包人在材料设备到货前24小时应通知监理人员共同进行到货清点。承包人采购的材料设备与设计或标准要求不符时，承包人应在监理人员要求的时间内运出施工现场，重新采购符合要求的产品，承担由此发生的费用，延误的工期不予顺延。

B．材料和设备的使用前检验。

为了防止材料和设备在现场储存时间过长或保管不善而导致质量降低，应在用于永久工程施工前进行必要的检查试验。

发包人供应材料设备。发包人供应的材料设备进入施工现场后需要在使用前检验或者试验的，由承包人负责检查试验，费用由发包人负责。按照合同对质量责任的约定，此次检查试验通过后，仍不能解除发包人供应材料设备存在的质量缺陷责任，即承包人检验通过之后，如果又发现材料设备有质量问题时，发包人仍应承担重新采购及拆除重建的追加合同价款，并相应顺延由此延误的工期。

承包人负责采购的材料和设备。采购的材料设备在使用前，承包人应按监理工程师的要求进行检验或试验，不合格的不得使用，检验或试验费用由承包人承担。监理工程师发现承包人采购并使用不符合设计或标准要求的材料设备时，应要求承包人修复、拆除或重新采购，并承担费用，由此延误的工期不予顺延。由承包人采购的材料设备，发包人不得指定生产厂或供应商。

② 对施工质量的监督管理。

监理人员在施工过程中应采用巡视、旁站、平行检验等方式监督检查承包人的施工工艺和产品质量，对施工过程进行严格控制。

A．工程质量标准。

承包人施工的工程质量应当达到合同约定的标准。发包人对部分或者全部工程质量有特殊要求的，应支付由此增加的追加合同价款，对工期有影响的应给予相应顺延。监理工程师依据合同约定的质量标准对承包人的工程质量进行检查，达到或超过约定标准的，给予质量认可；达不到要求时，则予拒收。

监理工程师发现施工质量达不到约定标准的工程部分，应要求承包人返工。承包人应当按要求返工，直到符合约定标准。因承包人的原因达不到约定标准，由承包人承担返工费用，工期不予顺延。因发包人的原因达不到约定标准，由发包人承担返工的追加合同价款，工期相应顺延。因双方原因达不到约定标准，责任由双方分别承担。

B．施工过程中的检查和返工。

承包人应认真按照标准、规范和设计要求以及监理工程师依据合同发出的指令施工，随时接受检查检验，并为检查检验提供便利条件。工程质量达不到约定标准的部分，承包人应拆除和重新施工，承担由于自身原因导致拆除和重新施工的费用，工期不予顺延。经过监理工程师检查检验合格后，又发现因承包人原因出现的质量问题，仍由承包人承担责任，赔偿发包人的直接损失，工期不应顺延。

监理工程师的检查检验原则上不应影响施工正常进行。如果实际影响了施工的正常进行，其后果责任由检验结果的质量是否合格来区分合同责任。检查检验不合格时，影响正常施工的费用由承包人承担。除此之外，影响正常施工的追加合同价款由发包人承担，相应顺延工期。

因监理工程师指令失误和其他非承包人原因发生的追加合同价款，由发包人承担，发包人可依据委托监理合同追究监理人责任。

C．使用专利技术及特殊工艺施工。

如果发包人要求承包人使用专利技术或特殊工艺施工，应负责办理相应的申报手续，承担申报、试验、使用等费用。

③ 隐蔽工程与重新检验。

由于隐蔽工程在施工中一旦完成隐蔽，将很难再对其进行质量检查（这种检查往往成本很大），因此必须在隐蔽前进行检查验收。对于中间验收，应在专用条款中约定，对需要进行中间验收的单项工程和部位及时进行检查、试验，不应影响后续工程的施工。发包人应为检验和试验提供便利条件。

检验程序主要有承包人自检、监理工程师随工检验，检验合格后予以签认，不合格的进行整改并复检。

一般情况下，隐蔽工程经监理工程师随工检验合格后，初验时不再进行重复检验，但当建设单位对某部分的工程质量有怀疑，监理工程师可要求承包人对已经隐蔽的工程进行重新

检验。承包人接到通知后，应按要求进行剥离或开孔，并在检验后重新覆盖或修复。重新检验表明质量合格，发包人承担由此发生的全部追加合同价款，赔偿承包人损失，并相应顺延工期；检验不合格，承包人承担发生的全部费用，工期不予顺延。

④ 施工进度管理。

工程开工后，合同履行即进入施工阶段，直至工程竣工。这一阶段监理工程师进行进度管理的主要任务是控制施工工作按进度计划执行，确保施工任务在规定的合同工期内完成。

A. 按计划施工。

开工后，承包人应按照监理工程师确认的进度计划组织施工，接受监理工程师对进度的检查、监督。监理工程师应进行必要的现场实地检查。

B. 承包人修改进度计划。

实际施工过程中，由于受到外界环境条件、人为条件、现场情况等的限制，经常出现与承包人开工前编制施工进度计划时预计的施工条件有出入的情况，导致实际施工进度与计划进度不符。不管实际进度是超前还是滞后于计划进度，只要与计划进度不符时，监理工程师都有权通知承包人修改进度计划，以便更好地进行后续施工的协调管理。承包人应当按照监理工程师的要求修改进度计划并提出相应措施，经监理工程师确认后执行。

因承包人自身的原因造成工程实际进度滞后于计划进度，所有的后果都应由承包人自行承担。监理工程师不对确认后的改进措施效果负责，这种确认并不是监理工程师对工程延期的批准，而仅仅是要求承包人在合理的状态下施工。因此，如果修改后的进度计划不能按期完工，承包人仍应承担相应的违约责任。

C. 暂停施工。

（a）总监理工程师指令暂停施工。

在施工过程中，有些情况会导致暂停施工。虽然暂停施工会影响工程进度，但在总监理工程师认为确有必要时，可以根据现场的实际情况发布暂停施工的指令。发出暂停施工指令的原因之一是外界条件的变化，如法规政策的变化导致工程停、缓建，地方法规要求在某一时段内不允许施工等。二是由于发包人的责任，如发包人未能按时完成后续施工的现场或通道的移交工作，发包人订购的设备不能按时到货，施工中遇到了有考古价值的文物或古迹需要进行现场保护等。三是协调管理的原因，如同时在现场的几个独立承包人之间出现施工交叉干扰，此时监理工程师需要进行必要的协调。四是承包人的原因，如施工质量不合格、施工作业方法可能危及现场或毗邻地区建筑物或人身安全等。

不论发生上述何种情况，总监理工程师应当以书面形式通知承包人暂停施工，并在发出暂停施工通知后的 48 小时内提出书面处理意见。承包人应当按照总监理工程师的要求停止施工，并妥善保护已完工工程。

承包人实施总监理工程师做出的处理意见后，可提出书面复工要求。总监理工程师应当在收到复工通知后的 48 小时内给予相应的答复。如果总监理工程师未能在规定的时间内提出处理意见，或收到承包人复工要求后 48 小时内未予答复，承包人可以自行复工。

（b）由于发包人不能按时支付的暂停施工。

施工合同范本通用条款中对以下两种情况，给予了承包人暂时停工的权利：一是延误支付预付款，发包人不按时支付预付款，承包人在约定时间 7 天后向发包人发出预付通知，发包人收到通知后仍不能按要求预付，承包人可在发出通知后 7 天停止施工，发包人应从约定应付之日起，向承包人支付应付款的贷款利息。二是拖欠工程进度款，发包人不按合同规定及时向承包人支付工程进度款且双方又未达成延期付款协议时，导致施工无法进行。承包人可以停止施工，由发包人承担违约责任。

D．工期顺延。

施工过程中，由于社会条件、人为条件、自然条件和管理水平等因素的影响，可能导致工期延误不能按时竣工。监理工程师应依据合同责任来判定是否给承包人合理延长工期。

（a）可以顺延工期的条件。按照施工合同范本通用条件的规定，以下原因造成的工期延误，经监理工程师确认后工期相应顺延：发包人不能按专用条款的约定提供开工条件；发包人不能按约定日期支付工程预付款、进度款，致使工程不能正常进行；监理工程师未按约定提供所需指令、批准等，致使施工不能正常进行；设计变更和工程量增加；一周内非承包人原因停水、停电、停气造成停工累计超过 8 小时；不可抗力；专用条款中约定或监理工程师同意工期顺延的其他情况。工期可以顺延的根本原因在于这些情况属于发包人违约或者是应当由发包人承担的风险。反之，如果造成工期延误的原因是承包人的违约或者应当由承包人承担的风险，则工期不能顺延。

（b）工期顺延的确认程序。承包人在工期可以顺延的情况发生后 14 天内，应将延误的工期向监理工程师提出书面报告。监理工程师在收到报告后 14 天内予以确认答复，逾期不予答复，视为报告要求已经被确认。监理工程师确认工期是否应予顺延，应当首先考察事件实际造成的延误时间，然后依据合同、施工进度计划、工期定额等进行判定。经监理工程师确认顺延的工期应纳入合同工期，作为合同工期的一部分。如果承包人不同意监理工程师的确认结果，则按合同规定的争议解决方式处理。

E．发包人要求提前竣工。

施工中如果发包人出于某种考虑要求提前竣工，应与承包人协商。双方达成一致后签订提前竣工协议，作为合同文件的组成部分。提前竣工协议应包括以下方面的内容：提前竣工的时间；发包人为赶工应提供的方便条件；承包人在保证工程质量和安全的前提下，可能采取的赶工措施；提前竣工所需的追加合同价款等。承包人按照协议修订进度计划和制定相应的措施，监理工程师同意后执行。发包方为赶工提供必要的方便条件。

⑤ 工程变更处理流程。

总监理工程师组织专业监理工程师审查施工单位提出的工程变更申请，提出审查意见。对涉及工程设计文件修改的工程变更，应由建设单位转交原设计单位修改工程设计文件。必要时，项目监理机构应组织建设、设计、施工等单位召开专题会议，论证工程设计文件的修改方案。

总监理工程师根据实际情况、工程变更文件和其他有关资料，在专业监理工程师对下列内容进行分析的基础上，对工程变更费用及工期影响作出评估：

● 工程变更引起的增减工程量。

● 工程变更引起的费用变化。

● 工程变更对工期的影响。

项目监理机构根据批准的工程变更文件监督施工单位实施工程变更。总监理工程师组织建设单位、施工单位等共同协商确定工程变更费用及工期变化，会签工程变更单。

⑥ 设计变更管理。

施工合同范本中将工程变更分为工程设计变更和其他变更两类。其他变更是指合同履行中发包人要求变更工程质量标准及其他实质性变更。发生这类情况后，由当事人双方协商解

决。工程施工中经常发生设计变更，对此通用条款作出了较详细的规定。监理工程师在合同履行管理中应严格控制变更，施工中承包人未得到监理工程师的同意也不允许对工程设计随意变更。如果由于承包人擅自变更设计，发生的费用和因此而导致的发包人的直接损失，应由承包人承担，延误的工期不予顺延。

A. 设计变更程序。

（a）发包人要求的设计变更。施工中发包人需对原工程设计进行变更，应提前 14 天以书面形式向承包人发出变更通知。变更超过原设计标准或批准的建设规模时，发包人应报规划管理部门和其他有关部门重新审查批准，并由原设计单位提供变更的相应图纸和说明。因设计变更导致合同价款的增减及造成的承包人损失由发包人承担，延误的工期相应顺延。

（b）承包人要求的设计变更。施工中承包人不得因施工方便而要求对原工程设计进行变更。承包人在施工中提出的合理化建议经设计同意并被发包人采纳，若建议涉及对设计图纸或施工组织设计的变更及对材料、设备的换用，则须经总监理工程师同意。未经总监理工程师同意承包人擅自更改或换用，承包人应承担由此发生的费用，并赔偿发包人的有关损失，延误的工期不予顺延。发包人同意采用承包人的合理化建议，所发生的费用和获得收益的分担或分享，由发包人和承包人另行约定。

B. 变更价款的确定。

（a）确定变更价款的程序。

承包人在工程变更确定后 14 天内，可提出变更涉及的追加合同价款要求的报告，经总监理工程师确认后相应调整合同价款。如果承包人在双方确定变更后的 14 天内，未向总监理工程师提出变更工程价款的报告，视为该项变更不涉及合同价款的调整。

总监理工程师应在收到承包人的变更合同价款报告后 14 天内，对承包人的要求予以确认或作出其他答复。总监理工程师无正当理由不确认或答复时，自承包人的报告送达之日起14 天后，视为变更价款报告已被确认。

总监理工程师确认增加的工程变更价款作为追加合同价款，与工程进度款同期支付。因承包人自身原因导致的工程变更，承包人无权要求追加合同价款。

（b）确定变更价款的原则。

合同中已有适用于变更工程的价格，按合同已有的价格变更合同价款；合同中只有类似于变更工程的价格，可以参照类似价格变更合同价款；合同中没有适用或类似于变更工程的价格，由承包人提出适当的变更价格，经总监理工程师确认后执行。

⑦ 工程量的确认。

由于签订合同时在工程量清单内开列的工程量是估计工程量，实际施工可能与其有差异，因此发包人支付工程进度款前，应由监理工程师对承包人完成的实际工程量予以确认或核实，按照承包人实际完成的工程量进行支付。

A. 承包人提交工程量报告。承包人应按专用条款约定的时间，向监理工程师提交本阶段已完工程量的报告，说明本期完成的各项工作内容和工程量。

B. 工程量计量。监理工程师接到承包人的报告后，按设计图纸核实已完工程量，并在现场实际计量前 24 小时通知承包人共同参加。承包人为计量提供便利条件并派人参加。如果承包人收到通知后不参加计量，监理工程师自行计量的结果有效，作为工程价款支付的依据。若监理工程师不按约定时间通知承包人，致使承包人未能参加计量，监理工程师单方计量的结果无效。

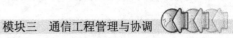

C．工程量的计量原则。监理工程师对照设计图纸，只对承包人完成的合格工程量进行计量。因此，属于承包人超出设计图纸范围的工程量不予计量；因承包人原因造成返工的工程量不予计量。

⑧ 支付管理。

A．允许调整合同价款的情况。

采用可调价合同，施工中如果遇到以下情况，可以对合同价款进行相应的调整。

（a）法律、行政法规和国家有关政策变化影响到合同价款。如施工过程中地方税的某项税费发生变化，按实际发生与订立合同时的差异进行增加或减少合同价款的调整。

（b）工程造价部门公布的价格调整。当市场价格浮动变化时，按照专用条款约定的方法对合同价款进行调整。

（c）双方约定的其他因素。

发生上述事件后，承包人应当在情况发生后的 14 天内，将调整的原因、金额以书面形式通知监理工程师。总监理工程师确认调整金额后作为追加合同价款。总监理工程师收到承包人通知后 14 天内不予确认也不提出修改意见，视为已经同意该项调整。

B．工程进度款的支付。

工程进度款的计算。计算本期应支付承包人的工程进度款的款项计算内容包括：经过确认核实的完成工程量对应工程量清单或报价单的相应价格计算应支付的工程款；设计变更应调整的合同价款；本期应扣回的工程预付款；根据合同允许调整合同价款原因应补偿承包人的款项和应扣减的款项；经过总监理工程师批准的承包人索赔款等。

发包人的支付责任。发包人应在双方计量确认后 14 天内向承包人支付工程进度款。发包人超过约定的支付时间不支付工程进度款，承包人可向发包人发出要求付款的通知。发包人在收到承包人通知后仍不能按要求支付，可与承包人协商签订延期付款协议，经承包人同意后可以延期支付。发包人不按合同约定支付工程款 （进度款），双方又未达成延期付款协议，导致施工无法进行，承包人可停止施工，由发包人承担违约责任。

⑨ 不可抗力。

不可抗力，是指合同当事人不能预见、不能避免并且不能克服的客观情况，建设工程施工中的不可抗力包括因战争、动乱、空中飞行物坠落或其他非发包人和承包人责任造成的爆炸、火灾以及专用条款约定的风、雨、雪、洪水、地震等自然灾害。

不可抗力事件发生后，对施工合同的履行会造成较大的影响。监理工程师应当有较强的风险意识，包括及时识别可能发生不可抗力风险的因素；督促当事人转移或分散风险（如投保等）；监督承包人采取有效的防范措施（如减少发生爆炸、火灾等隐患）；不可抗力事件发生后能 够采取有效手段尽量 减少损失等。

合同约定工期内发生的不可抗力事件导致的费用及延误的工期由双方按以下方法分别承担：

- 工程本身的损害、因工程损害导致第三方人员伤亡和财产损失以及运至施工场地用于施工的材料和待安装的设备的损害，由发包人承担。
- 承发包双方人员的伤亡损失，分别由各自负责。
- 承包人机械设备损坏及停工损失，由承包人承担。
- 停工期间，承包人应建设单位要求留在施工场地的必要的管理人员及保卫人员的费用由发包人承担。
- 工程所需清理、修复费用，由发包人承担。

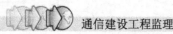
- 延误的工期相应顺延。

⑩ 施工环境和安全管理。

监理工程师应监督现场的正常施工工作符合行政法规和合同的要求，做到文明施工。遵守法规对环境的要求，保持现场的整洁，重视施工安全。施工安全由承包人负责，其安全生产费用由发包人按相关规定承担。

（3）竣工阶段合同管理内容。

① 工程试运行。

包括设备安装工程的施工合同，设备安装工作完成后，要对设备运行的性能进行检验。试运行期间发生问题时，监理工程师督促相关责任单位进行处理。

② 竣工验收。

工程验收是合同履行中的一个重要工作阶段，工程未经竣工验收或竣工验收未通过的，发包人不得使用。发包人强行使用时，由此发生的质量问题及其他问题，由发包人承担责任。

工程竣工验收通过，承包人送交竣工验收报告的日期为实际竣工日期。工程按发包人要求修改后通过竣工验收的，实际竣工日期为承包人修改后提请发包人验收的日期。这个日期的重要作用是用于计算承包人的实际施工期限，与合同约定的工期比较是提前竣工还是延误竣工。

合同约定的工期指协议书中写明的时间与施工过程中遇到合同约定可以顺延工期条件情况后，经过总监理工程师确认应给予承包人顺延工期之和。

承包人的实际施工期限，从开工日起到上述确认为竣工日期之间的日历天数。开工日正常情况下为专用条款内约定的日期，也可能是由于发包人或承包人要求延期开工，经总监理工程师确认的日期。

③ 工程保修。

承包人应当在工程竣工验收之前，与发包人签订质量保修书，作为合同附件。质量保修书的主要内容包括工程质量保修范围和内容，质量保修期，质量保修责任，保修费用和其他约定 5 部分。保修期从竣工验收合格之日起计算。属于保修范围、内容的项目，承包人应在接到发包人的保修通知起 7 天内派人保修。承包人不在约定期限内派人保修，发包人可以委托其他人修理。发生紧急抢修事故时，承包人接到通知后应当立即到达事故现场抢修。质量保修完成后，由发包人组织验收。

④ 竣工结算。

A．竣工结算程序。

承包人递交竣工结算报告。工程竣工验收报告经发包人认可后，承发包双方应当按协议书约定的合同价款及专用条款约定的合同价款调整方式，进行工程竣工结算。工程竣工验收报告经发包人认可后 28 天，承包人向发包人递交竣工结算报告及完整的结算资料。

发包人的核实和支付。发包人自收到竣工结算报告及结算资料后 28 天内进行核实，给予确认或提出修改意见。发包人认可竣工结算报告后，及时办理竣工结算价款的支付手续。

移交工程。承包人收到竣工结算价款后 14 天内将竣工工程交付发包人，施工合同即告终止。

B．竣工结算的违约责任。

（a）发包人的违约责任。

发包人收到竣工结算报告及结算资料后 28 天内无正当理由不支付工程竣工结算价款，

从第 29 天起按承包人同期向银行贷款利率支付拖欠工程价款的利息，并承担违约责任。

发包人收到竣工结算报告及结算资料后 28 天内不支付工程竣工结算价款，承包人可以催告发包人支付结算价款。发包人在收到竣工结算报告及结算资料后 56 天内仍不支付，承包人可以与发包人协议将该工程折价，也可以由承包人申请人民法院将该工程依法拍卖，承包人就该工程折价或者拍卖的价款优先受偿。

（b）承包人的违约责任。

工程竣工验收报告经发包人认可后 28 天内，承包人未能向发包人递交竣工结算报告及完整的结算资料，造成工程竣工结算不能正常进行或工程竣工结算价款不能及时支付时，如果发包人要求交付工程，承包人应当交付；发包人不要求交付工程，承包人仍应承担保管责任。

6.2.4 物资采购合同管理

建设工程物资采购合同是指平等主体的自然人、法人、其他组织之间，为实现建设工程物资买卖，设立、变更、终止相互权利义务关系的协议。

1. 材料采购合同管理内容

（1）材料采购合同的主要内容。

按照《合同法》的分类，材料采购合同属于买卖合同。国内物资购销合同的示范文本规定，合同条款应包括以下几方面内容：

产品名称、商标、型号、生产厂家、订购数量、合同金额、供货时间及每次供应数量；质量要求的技术标准、供货方对质量负责的条件和期限；交（提）货地点、方式；运输方式及到站、港和费用的负担责任；合理损耗及计算方法；包装标准、包装物的供应与回收；验收标准、方法及提出异议的期限；随机备品、配件工具数量及供应办法；结算方式及期限；如需提供担保，另立合同担保书作为合同附件；违约责任；解决合同争议的方法；其他约定事项。

（2）合同的变更或解除。

合同履行过程中，如需 变更合同内容或解除合同，都必须依据《合同法》的有关规定执行。一方当事人要求变更或解除合同时，在未达成新的协议前，原合同仍然有效。要求变更或解除合同一方应及时将自己的意图通知对方，对方也应在接到书面通知后的 15 天或合同约定的时间内予以答复，逾期不答复的视为默认。

物资采购合同变更的内容可能涉及订购数量的增减、包装物标准的改变、交货时间和地点的变更等方面。采购方对合同内约定的订购数量不得少要或不要，否则承担中途退货的责任。只有当供货方不能按期交付货物，或交付的货物存在严重质量问题而影响工程使用时，采购方认为继续履行合同已成为不必要，才可以拒收货物，甚至解除合同关系。如果采购方要求变更到货地点或接货人，应在合同规定的交货期限届满前 40 天通知供货方，以便供货方修改发运计划和组织运输工具。迟于上述规定期限，双方应当立即协商处理。如果已不可能变更或变更后会发生额外费用支出，其后果均应由采购方负责。

（3）违约责任。

① 违约金的规定。当事人任何一方不能正确履行合同义务时，均应以违约金的形式承担违约赔偿责任。双方应通过协商，将具体采用的比例数写在合同条款内。

② 供货方的违约责任。

A．未能按合同约定交付货物。这类违约行为可能包括不能供货和不能按期供货两种情况，由于这两种错误行为给对方造成的损失不同，因此承担违约责任的形式也不完全一样。

B．产品的质量缺陷。交付货物的品种、型号、规格、质量不符合合同规定，如果采购方同意利用，应当按质论价；当采购方不同意使用时，由供货方负责包换或包修。不能修理或调换的产品，按供货方不能交货对待。

C．供货方的运输责任。主要分为包装责任和发运责任。凡因包装不符合规定而造成货物运输过程中的损坏或灭失，均由供货方负责赔偿。供货方如果将货物错发到货地点或接货人时，除应负责运交合同规定的到货地点或接货人外，还应承担对方因此多支付的一切实际费用和逾期交货的违约金。供货方应按合同约定的路线和运输工具发运货物，如果未经对方同意私自变更运输工具或路线，要承担由此增加的费用。

③ 采购方的违约责任。

A．不按合同约定接受货物。

合同签订以后或履行过程中，采购方要求中途退货，应向供货方支付按退货部分货款总额计算的违约金。对于实行供货方送货或代运的物资，采购方违反合同规定拒绝接货，要承担由此造成的货物损失和运输部门的罚款。约定为自提的产品，采购方不能按期提货，除需支付按逾期提货部分货款总值计算延期付款的违约金之外，还应承担逾期提货时间内供货方实际发生的代为保管、保养费用。逾期提货，可能是未按合同约定的日期提货；也可能是已同意供货方逾期交付货物，而接到提货通知后未在合同规定的时限内去提货两种情况。

B．逾期付款。

采购方逾期付款，应按照合同内约定的计算办法，支付逾期付款利息。按照中国人民银行有关延期付款的规定，延期付款利率一般按每天万分之五计算。

C．货物交接地点错误的责任。

不论是由于采购方在合同内错填到货地点或接货人，还是未在合同约定的时限内及时将变更的到货地点或接货人通知对方，导致供货方送货或代运过程中不能顺利交接货物，所产生的后果均由采购方承担。责任范围包括，自行运到所需地点或承担供货方及运输部门按采购方要求改变交货地点的一切额外支出。

2．大型设备采购合同管理内容

（1）设备采购合同的主要内容。

大型设备采购合同指采购方（业主或承包人）与供货方（生产厂家或供货商）为提供工程项目所需的大型复杂设备而签订的合同。大型设备采购合同的标的物可能是非标准产品，需要专门加工制作，也可能虽为标准产品，但技术复杂而市场需求量较小，一般没有现货供应，待双方签订合同后由供货方专门进行加工制作，因此属于承揽合同的范畴。一个较为完备的大型设备采购合同，通常由合同条款和附件组成。

合同条款的主要内容如下。

当事人双方在合同内根据具体订购设备的特点和要求，约定以下几方面的内容：合同中的词语定义；合同标的；供货范围；合同价格；付款；交货和运输；包装与标记；技术服务；质量监造与检验；安装、调试、时运和验收；保证与索赔；保险；税费；分包与外购；合同的变更、修改、中止和终止；不可抗力；合同争议的解决；其他。

（2）承包的工作范围。

大型复杂设备的采购在合同内约定的供货方承包范围可能包括：按照采购方的要求对生产厂家定型设计图纸的局部修改；设备制造；提供配套的辅助设备；设备运输；设备安装（或指导安装）；设备调试和检验；提供备品、备件；对采购方运行的管理和操作人员的技术培训等。

（3）设备监理的主要工作内容。

设备制造监理也称设备监造，指采购方委托有资质的监造单位对供货方提供合同设备的制造、施工和过程进行监督和协调。但质量监造不解除供货方对合同设备质量应负的责任。

（4）合同价格与支付。

① 合同价格。设备采购合同通常采用固定总价合同，在合同交货期内为不变价格。合同价内包括合同设备（含备品备件、专用工具）、技术资料、技术服务等费用，还包括合同设备的税费、运杂费、保险费等与合同有关的其他费用。

② 付款。支付的条件、支付的时间和费用内容应在合同内具体约定。

（5）违约责任。

为了保证合同双方的合法权益，虽然在前述条款中已说明责任的划分，如修理、置换、补足短少部件等规定，但还应在合同内约定承担违约责任的条件、违约金的计算办法和违约金的最高赔偿限额。违约金通常包括以下几方面内容。

① 供货方的违约责任。

延误责任的违约金在下列情形发生后支付：

A．设备延误到货。

B．未能按合同规定时间交付严重影响施工的关键技术资料。

C．因技术服务的延误、疏忽或错误导致工程延误。

经过两次性能试验后，一项或多项性能指标仍达不到保证指标时，支付质量责任违约金。如果供货方委托采购方施工人员进行加工、修理、更换设备，或由于供货方设计图纸错误以及因供货方技术服务人员的指导错误造成返工，供货方应承担因此所发生合理费用的责任。合同履行过程中，如果因供货方原因不能交货，按不能交货部分设备约定价格的某一百分比计算违约金。

② 采购方的违约责任。

应明确延期付款违约金、延期付款利息等计算方法，如果采购方中途要求退货，按退货部分设备约定价格的某一百分比计算违约金。在违约责任条款内还应分别列明任何一方严重违约时，对方可以单方面终止合同的条件、终止程序和后果责任。

6.2.5　监理合同管理

建设工程委托监理合同简称监理合同，是指委托人与监理人就委托的工程项目管理内容签订的明确双方权利义务的协议。《建设工程委托监理合同》是委托合同的一种，其标的是服务。具体规定详见住房和城乡建设部与国家工商行政管理局联合发布的《建设工程监理合同（示范文本）》（GF—2012—0202）规范文件。

1．监理人应完成的监理工作

作为监理人必须履行的合同义务，除了正常监理工作之外，还应包括附加监理工作和额

外监理工作。这两类工作属于订立合同时未能或不能合理预见，而合同履行过程中发生需要监理人完成的工作。

（1）附加工作。

附加工作是指与完成正常工作相关，在委托正常监理工作范围以外监理人应完成的工作。可能包括：

① 由于委托人、第三方原因，使监理工作受到阻碍或延误，以致增加了工作量或延续时间。

② 增加监理工作的范围和内容等。如由于委托人或承包人的原因，承包合同不能按期竣工而必须延长的监理工作时间。又如委托人要求监理人就施工中采用新工艺施工部分编制质量检测合格标准等都属于附加监理工作。

（2）额外工作。

额外工作是指正常工作和附加工作以外的工作，即非监理人自己的原因而暂停或终止监理业务，其善后工作及恢复监理业务前不超过 42 天的准备工作时间。

如合同履行过程中发生不可抗力，承包人的施工被迫中断，监理工程师应完成的确认灾害发生前承包人已完成工程的合格和不合格部分、指示承包人采取应急措施等，以及灾害消失后恢复施工前必要的监理准备工作。

由于附加工作和额外工作是委托正常工作之外要求监理人必须履行的义务，因此委托人在其完成工作后应另行支付附加监理工作报告酬金和额外监理工作酬金，酬金的计算办法应在专用条款内予以约定。

2. 合同有效期

尽管双方签订《建设工程委托监理合同》中注明"本合同自×年×月×日开始实施，至×年×月×日完成"，但此期限仅指完成正常监理工作预定的时间，并不就一定是监理合同的有效期。监理合同的有效期即监理人的责任期，不是用约定的日历天数为准，而是以监理人是否完成了包括附加和额外工作的义务来判定。因此通用条款规定，监理合同的有效期为双方签订合同后，工程准备工作开始，到监理人向委托人办理完竣工验收或工程移交手续，承包人和委托人已签订工程保修责任书，监理收到监理报酬尾款，监理合同才终止。如果保修期间仍需监理人执行相应的监理工作，双方应在专用条款中另行约定。

3. 双方的义务

（1）委托人义务。

① 委托人应负责建设工程的所有外部关系的协调工作，满足开展监理工作所需提供的外部条件。

② 与监理人做好协调工作。委托人要授权一位熟悉建设工程情况，能迅速做出决定的常驻代表，负责与监理人联系。更换此人要提前通知监理人。

③ 为了不耽搁服务，针对监理人以书面形式提交并要求做出决定的一切事宜，委托人应在合理的时间内做出书面决定。

④ 为监理人顺利履行合同义务，做好协助工作。协助工作包括以下几方面内容：

A．将授予监理人的监理权利以及监理人监理机构主要成员的职能分工、监理权限及时书面通知已选定的第三方，并在第三方签订的合同中予以明确。

B．在双方议定的时间内，免费向监理人提供与工程有关的监理服务所需要的工程资料。

C．为监理人驻工地监理机构开展正常工作提供协助服务。服务内容包括信息服务、物质服务和人员服务三个方面。

（a）信息服务是指协助监理人获取工程使用的原材料、构配件、机构设备等生产厂家名录，以掌握产品质量信息，向监理人提供与本工程有关的协作单位、配合单位的名录，以方便监理工作的组织协调。

（b）物质服务是指免费向监理人提供合同专用条件约定的设备、设施、生活条件等。一般包括检测试验设备、测量设备、通信设备、交通设备、气象设备、照相录像设备、打字复印设备、办公用房及生活用房等。这些属于委托人财产的设备和物品，在监理任务完成和终止时，监理人应将其交还委托人。如果双方议定某些本应由委托人提供的设备由监理人自备，则应给监理人合理的经济补偿。对于这种情况，要在专用条件的相应条款内明确经济补偿的计算方法，通常为：补偿金额=设施在工程使用时间占折旧年限的比例×设施原值+管理费。

（c）人员服务是指如果双方议定，委托人应免费向监理人提供职员和服务人员，也应在专用条件中写明提供的人数和服务时间。当涉及监理服务工作时，委托人所提供的职员只应从监理工程师处接受指示。监理人应与这些提供服务的人员密切合作，但不对他们的失职行为负责。如委托人选定某一科研机构的实验室负责对材料和工艺质量的检测试验，并与其签订委托合同。试验机构的人员应接受监理工程师的指示完成相应的试验工作，但监理人既不对检测试验数据的错误负责，也不对由此而导致的判断失误负责。

（2）监理人义务。

① 监理人在履行合同期间，应运用合理的技能认真勤奋地工作，公正地维护有关方面的合法权益。当委托人发现监理人员不按监理合同履行监理职责，或与承包人串通给委托人或工程造成损失时，委托人有权要求监理人更换监理人员，直到终止合同并要求监理人承担相应的赔偿责任或连带赔偿责任。

② 合同履行期间应按合同约定派驻足够的人员从事监理工作。开始执行监理业务前向委托人报送派往该工程项目的总监理工程师及该项目监理机构的人员情况。合同履行过程中如果需要调换总监理工程师，必须首先经过委托人同意，并派出具有相应资质和能力的人员。

③ 在合同期内或合同终止后，未征得有关方同意，不得泄露与本工程、合同业务有关的保密资料。

④ 任何由委托人提供的供监理人使用的设施和物品都属于委托人的财产，监理工作完成或中止时，应将设施和剩余物品归还委托人。

⑤ 非经委托人书面同意，监理人及其职员不应接受委托监理合同约定以外的与监理工程有关的报酬，以保证监理行为的公正性。

⑥ 监理人不得参与可能与合同规定的与委托人利益相冲突的任何活动。

⑦ 在监理过程中，不得泄露委托人申明的秘密，亦不得泄露设计、承包等单位申明的秘密。

⑧ 负责合同的协调管理工作。在委托工程范围内，委托人或承包人对对方的任何意见和要求（包括索赔要求），均必须首先向监理机构提出，由监理机构研究处置意见，再同双方协商确定。当委托人和承包人发生争议时，监理机构应根据自己的职能，以独立的身份判断，公正地进行调解。当双方的争议由政府行政主管部门调解或仲裁机构仲裁时，应当提供

作证的事实材料。

4. 违约责任

（1）违约赔偿。

合同履行过程中，由于当事人一方的过错，造成合同不能履行或者不能完全履行，由有过错的一方承担违约责任；如属双方的过错，根据实际情况，由双方分别承担各自的违约责任。为保证监理合同规定的各项权利义务的顺利实现，在《委托监理合同示范文本》中，制定了约束双方行为的条款："委托人责任"，"监理人责任"。归纳如下：

① 在合同责任期内，如果监理人未按合同中要求的职责勤恳认真地服务，或委托人违背了他对监理人的责任时，均应向对方承担赔偿责任。

② 任何一方对另一方负有责任时的赔偿原则：

A. 委托人违约，应承担违约责任，赔偿监理人的经济损失。

B. 因监理人过失造成经济损失，应向委托人进行赔偿，累计赔偿额不应超出监理酬金总额（除去税金）。

C. 当一方向另一方的索赔要求不成立时，提出索赔的一方应补偿由此所导致的对方各种费用支出。

（2）监理人的责任限度。

建设工程监理中，监理人向委托人提供的是技术服务，在服务过程中，监理人主要凭借自身知识、技术和管理经验，向委托人提供咨询、服务，受委托人的委托管理工程。

在工程项目的建设过程中，会受到多方面因素的影响和限制，鉴于此，在责任方面作了如下规定：监理人在责任期内，如果因过失而造成经济损失，要负监理失职的责任；监理人不对责任期以外发生的任何事情所引起的损失或损害负责，也不对第三方违反合同规定的质量要求和完工（交图、交货）时限承担责任。

5. 监理合同的酬金

（1）正常监理工作的酬金。

正常的监理酬金，是监理单位在工程项目监理中所需的全部成本，与合理的利润和税金的总和。监理取费标准按《建设工程监理与相关服务收费管理规定》（发改价格[2007]670号）执行。

（2）附加监理工作的酬金。

包括增加监理工作时间的补偿酬金和增加监理工作内容的补偿酬金。增加监理工作的范围或内容属于监理合同的变更，双方应另行签订补充协议，并具体商定报酬额或报酬的计算方法。

（3）额外监理工作的酬金。

额外监理工作酬金按实际增加工作的天数计算补偿金额。

（4）奖金。

监理人在监理过程中提出的合理化建议使委托人得到了经济效益，有权按专用条款的约定获得经济奖励。

（5）支付。

① 在监理合同实施中，监理酬金支付方式可以根据工程的具体情况由双方协商确定。一般采取首付一定数额，工程进行中每月（季）等额支付，工程竣工验收后结算尾款。

② 支付过程中，如果委托人对监理人提交的支付通知书中酬金或部分酬金项目提出异议，应在收到支付通知书 24 小时内向监理人发出表示异议的通知，但不得拖延其他无异议酬金项目支付。

③ 当委托人在议定的支付期限内未予支付的，自规定之日起向监理人补偿应支付酬金的利息。利息按规定支付期限最后 1 日银行贷款利息率乘以拖欠酬金时间计算。

6.3　通信建设工程施工索赔管理

6.3.1　施工索赔概述

1．索赔的含义

索赔是当事人在合同实施过程中，根据法律、合同规定及惯例，对不应由自己承担责任的情况造成的损失，向合同的另一方当事人提出给予赔偿或补偿要求的行为。在工程建设的各个阶段，都有可能发生索赔，尤以施工阶段索赔居多。对施工合同的双方来说，都有通过索赔维护自己合法权益的权利，依据双方约定的合同责任，构成正确履行合同义务的制约关系。

2．索赔的分类

（1）按索赔的合同依据分类。

① 合同中明示的索赔。指承包人的索赔要求在该工程项目的合同文件中有文字依据，承包人可以据此提出索赔要求，并取得经济补偿。这些在合同文件中有文字规定的合同条款，称为明示条款。

② 合同中默示的索赔。指承包人的索赔要求，虽然在工程项目的合同条款中没有专门的文字叙述，但可以根据合同某些条款的含义，推论出承包人有索赔权。这种索赔要求，同样有法律效力，有权得到相应的经济补偿。这种有经济补偿含义的条款，在合同管理中被称为默示条款或称为隐含条款。默示条款是一个广泛的合同概念，它包含合同明示条款中没有写入、但符合双方签订合同时设想的愿望和当时环境条件的一切条款。这些默示条款，或者从明示条款所表述的设想愿望中引申出来，或者从合同双方在法律上的合同关系引申出来，经合同双方协商一致，或被法律和法规所指明，都成为合同文件的有效条款，要求合同双方遵照执行。

（2）按索赔的目的分类。

① 工期索赔。由于非承包人的原因而导致施工进程延误，要求批准顺延合同工期的索赔，称为工期索赔。工期索赔形式上是对权利的要求，以避免在原定合同竣工日不能完工时，被发包人追究拖期违约责任。一旦获得批准合同工期顺延后，承包人不仅免除了承担拖期违约赔偿费的风险，而且可能提前工期得到奖励，最终仍反映在经济收益上。

② 费用索赔。费用索赔的目的是要求经济补偿。当施工的客观条件改变导致承包人增加开支，承包人可以要求对超出计划成本的附加开支给予补偿。

（3）按索赔事件的性质分类。

① 工程延误索赔。指因发包人未按合同要求提供施工条件，如未及时交付设计图纸、施工现场、道路等，或因发包人指令工程暂停或不可抗力事件等原因造成工期拖延，承包人

提出的索赔。

② 工程变更索赔。指由于发包人或监理工程师指令增加或减少工程量或增加附加工程、修改设计、变更工程顺序等，造成工期延长和费用增加，承包人提出的索赔。

③ 合同被迫终止的索赔。指由于发包人或承包人违约以及不可抗力事件等原因造成合同非正常终止，无责任一方向对方提出索赔。

④ 工程加速索赔。指由于发包人或监理工程师指令承包人加快施工速度，缩短工期，引起承包人人、财、物的额外开支而提出的索赔。

⑤ 意外风险和不可预见因素索赔。指因人力不可抗拒的自然灾害、特殊风险以及一个有经验的承包人通常不能合理预见的不利施工条件或外界障碍，如地下水、地质断层、溶洞、地下障碍物等引起的索赔。

⑥ 其他索赔。指因货币贬值、汇率变化、物价、工资上涨、政策法令变化等原因引起的索赔。

3. 索赔的起因

导致施工索赔的原因很多，但主要原因一般有以下几种：

（1）超出合同规定的工程变更。

（2）施工条件发生了变化。施工条件的变化是指由于地质条件的极大差异，导致必须要对地基作特殊的处理或者出现了必须处理的情况，如合同文件中未涉及的地下管线、古墓等。

（3）业主及其雇员方面的人为障碍。主要指业主方面的开工令下达过晚；业主方面履约迟缓，例如，不能按时提交合格的施工场地、不能按时提交施工图纸或资料、拖延对材料样品的认可、不能按时提供或办理应由业主义务提供的相关文件或手续等；业主原因所致的合同中止与终止；对工程进行额外的检验或检查；监理工程师下达的指令前后矛盾、不准确或有错误；业主违约不按合同的规定签证或付款等。

（4）出现了特殊风险。主要指战争、叛乱、政变、革命、外国入侵、原子污染、严重的自然灾害及不可预料的恶劣自然条件等不可抗力。

（5）出现了不可预见事件。不可预见事件是指工程所在国发生的经济领域内的导致合同实施的经济条件发生变化的事件，且为有经验的施工单位也无法预料到的事件，主要包括：

① 专制行为。专制行为是指工程所在国的政府或对工程有管辖权或有直接影响的主管部门出于特定原因而作出的必须执行的决定，致使工程停建、缓建或改变规模或性质。

② 后续法规。后续法规是指合同签订后，业主所在国政府颁发的有追溯效力的法规，例如调整税收、补发工资等。

（6）合同文件中的问题。合同文本由很多文件组成，且编制时间不是统一的，难免出现彼此矛盾的情况，这些问题会打乱承包商的施工计划，使承包商遭受损失，这些损失理应由业主方面负责赔偿或补偿。

（7）出现非正常的物价上涨。

（8）实施了责任范围以外的工程。

6.3.2 施工索赔的工作流程

项目监理机构应依据法律法规、勘察设计文件、施工合同文件、工程建设标准以及索赔事件的证据等来处理费用索赔。项目监理机构处理施工单位费用索赔时，首先，受理施工单位在施工合同约定的期限内提交的费用索赔意向通知书；收集与索赔有关的资料；受理施工单位在施工合同约定的期限内提交的费用索赔报审表；审查费用索赔报审表，需要施工单位进一步提交详细资料的，应在施工合同约定的期限内发出通知；最后与建设单位和施工单位协商一致后，在施工合同约定的期限内签发费用索赔报审表，并报建设单位。

1. 承包人的索赔

承包人的索赔程序通常可以划分为以下几个步骤。

（1）承包人提出索赔要求。

① 发出索赔意向通知。索赔事件发生后，承包人应在索赔事件发生后的 28 天内向监理工程师递交索赔意向通知，声明将对此事件提出索赔。该意向通知是承包人就具体的索赔事件向监理工程师和发包人表示的索赔愿望和要求。索赔事件发生后，承包人有义务做好现场施工的同期记录，监理工程师有权随时检查和调阅，以判断索赔事件造成的实际损害。

② 递交索赔报告。索赔意向通知提交后的 28 天内，或监理工程师同意的其他合理时间，承包人应递送正式的索赔报告。索赔报告的内容应包括：事件发生的原因、对其权益影响的证据资料、索赔的依据、此项索赔要求补偿的款项和工期展延天数的详细计算等有关材料。

如果索赔事件的影响持续存在，28 天内还不能算出索赔额和工期展延天数时，承包人应按监理工程师合理要求的时间间隔（一般为 28 天），定期陆续报出每一个时间段内的索赔证据资料和索赔要求。在该项索赔事件的影响结束后的 28 天内，报出最终详细报告，提出索赔论证资料和累计索赔额。

承包人发出索赔意向通知后，可以在监理工程师指示的其他合理时间内再报送正式索赔报告，也就是说，监理工程师在索赔事件发生后有权不马上处理该项索赔。但承包人的索赔意向通知必须在事件发生后的 28 天内提出，包括因对变更估价双方不能取得一致意见，而先按监理工程师单方面决定的单价或价格执行时，承包人提出的保留索赔权利的意向通知。如果承包人未能按时间规定提出索赔意向和索赔报告，则失去了就该项事件请求补偿的索赔权力。此时受到损害的补偿，将不超过监理工程师认为应主动给予的补偿额。

（2）总监理工程师审核索赔报告。

① 总监理工程师审核承包人的索赔申请。接到承包人的索赔意向通知后，总监理工程师应建立索赔档案，密切关注事件的影响，随时检查承包人的同期记录。接到正式索赔报告后，首先在不确认责任归属的情况下，客观分析事件发生的原因；其次依据合同条款划清责任界限，必要时可以要求承包人进一步提供补充资料；最后审查承包人提出的索赔要求，剔除其中的不合理部分，拟定合理的索赔款额和工期顺延天数。

② 判定索赔成立的原则。

下列条件同时具备时，总监理工程师认定索赔成立：

A．事件已造成了承包人实际成本的增加或总工期延误。

B．索赔事件是非承包人责任造成的。

C．承包人按合同规定的程序提交了索赔意向通知和索赔报告。

③ 审查索赔报告的重点。

A．分析索赔事件的原因。通过分析，进行责任分解，划分责任范围。按责任大小，承担损失。

B．分析索赔理由。依据合同判明索赔事件是否属于未履行或未正确履行合同规定义务所导致，是否在合同规定的赔偿范围之内。只有符合合同规定的索赔要求才有合法性，才能成立。例如，某合同规定，在工程总价 5%范围内的工程变更属于承包人承担的风险，则发包人指令增加工程量在这个范围内，承包人不能提出索赔。

C．分析实际损失。损失主要表现为工期的延长和费用的增加。通过分析、对比实际和计划的施工进度，工程成本和费用方面的资料，核算索赔值。

D．分析证据资料。证据资料应具有有效性、合理性、正确性，如果总监理工程师认为承包人提出的证据不能足以说明其要求的合理性时，可以要求承包人进一步提交索赔的证据资料。

（3）确定合理的补偿额。

① 监理工程师与承包人协商补偿。

监理工程师核查后初步确定的赔偿额度往往与承包人的索赔额度不一致，甚至差距较大。主要原因大多为对承担事件损害责任的界限划分不一致，索赔证据不充分，索赔计算的依据和方法分歧较大等，因此双方应就索赔的处理进行协商。

对于持续影响时间超过 28 天以上的工期延误事件，在工期索赔条件成立的前提下，总监理工程师对承包人每隔 28 天报送的阶段索赔临时报告审查后，每次均应作出批准临时延长工期的决定，并于事件影响结束后 28 天内承包人提出最终的索赔报告后，批准顺延工期总天数。应当注意的是，最终批准的总顺延天数，不应少于以前各阶段已同意顺延的天数之和。

② 总监理工程师索赔处理决定。

总监理工程师收到承包人送交的索赔报告和有关资料后，于 28 天内给予答复或要求承包人进一步补充索赔理由和证据。如果在 28 天内既未予答复，也未对承包人作进一步的要求，则视为承包人提出的该项索赔要求已经认可。

总监理工程师在"工程延期审批表"和"费用索赔审批表"中应该简明地叙述索赔事项、理由和建议给予补偿的金额及延长的工期，论述承包人索赔的合理方面及不合理方面。总监理工程师批准给予补偿的款额和顺延工期的天数如果在授权范围之内，则可将此结果通知承包人，并抄送发包人。补偿款将计入下月支付工程进度款的支付证书内，顺延的工期加到原合同工期中去。

通常来说，总监理工程师的处理决定不是终局性的，对发包人和承包人都不具有强制性的约束力。承包人对总监理工程师的决定不满意，可以按合同中的争议条款提交约定的仲裁机构仲裁或诉讼。

（4）发包人审查索赔处理。

当总监理工程师确定的 索赔额超过其权限范围时，必须报请发包人批准。索赔报告经发包人同意后，总监理工程师即可签发有关证书。

（5）最终索赔处理。

承包人接受最终的索赔处理决定，索赔事件的处理即告结束。如果承包人不接受最终的索赔处理决定，则进入合同争议处理。通过协商双方达到互谅互让的解决方案，是处理争议的最理想方式。如达不成谅解，承包人有权提交仲裁或诉讼解决。

2．发包人的索赔

《建设工程施工合同 （示范文本）》规定，承包人未能按合同约定履行自己的各项义务或发生错误而给发包人造成损失时，发包人也应按合同约定向承包人提出索赔。

6.3.3　施工索赔的管理和审查

1．索赔管理任务

索赔管理是监理工程师进行工程项目合同管理的主要任务之一，索赔管理任务包括：

（1）预测和分析导致索赔的原因和可能性。在施工合同的形成和实施过程中，监理工程师为发包人承担了大量具体的技术、组织和管理工作。如果在这些工作中出现疏漏，对承包人施工造成干扰，则产生索赔。监理工程师在工作中应能预测自己行为的后果，堵塞漏洞。起草文件、下达指令、作出决定、答复请示时都应注意完备和严密；颁发图纸、作出计划和实施方案时都应考虑其正确性和周密性。

（2）通过积极有效的服务减少索赔事件发生。监理工程师应以积极的态度和主动的精神为发包人和承包人提供良好的服务。在施工中，监理工程师作为双方的纽带，应做好协调、缓冲工作，为双方建立一个良好的合作气氛。通常合同实施越顺利，双方合作得越好，索赔事件越少，越易于解决。监理工程师通过对合同的监督和跟踪，可以尽早发现干扰事件，尽早采取措施降低干扰事件的影响，减少双方损失，还可以尽早了解情况，为合理地解决索赔提供条件。

（3）公平合理地处理和解决索赔。合理处理索赔，使承包人得到按合同规定的合理补偿，又不使发包人投资失控，有利于继续保持双方友好的合作关系。

2．监理工程师对索赔的审查

（1）审查索赔证据。

承包人可以提供的证据包括下列证明材料：

① 合同文件中的条款约定。

② 经监理工程师认可的施工进度计划。

③ 合同履行过程中的来往函件。

④ 施工现场记录。

⑤ 施工会议记录。

⑥ 工程照片。

⑦ 监理工程师发布的各种书面指令。

⑧ 中期支付工程进度款的单证。

⑨ 检查和试验记录。

⑩ 汇率变化表。

⑪ 各类财务凭证。

⑫ 其他有关资料。

（2）审查工期顺延要求；

对索赔报告中要求顺延的工期，在审核中应注意以下几点：

① 明确施工进度拖延的责任。

② 被延误的工作应是处于施工进度计划关键线路上的工作。

③ 无权要求承包人缩短合同工期。

工期索赔主要有网络图分析和比例计算两种计算方法。具体如下：

① 网络分析法。利用进度计划的网络图，分析其关键线路。如果延误的工作为关键工作，则总延误的时间为批准顺延的工期；如果延误的工作为非关键工作，当该工作由于延误超过时差限制而成为关键工作时，可以批准延误时间与时差的差值；若该工作延误后仍为非关键工作，则不存在工期索赔问题。

② 比例计算法。通过受干扰部分工程的合同价与原合同总价的比例计算工期索赔。比例计算法简单方便，但有时不尽符合实际情况，比例计算法不适用于变更施工顺序、加速施工、删减工程量等事件的索赔。

（3）审查费用索赔要求。

监理工程师在审核费用索赔的过程中，除了划清合同责任以外，还应注意索赔计算的取费合理性和计算的正确性。

① 承包人可索赔的费用。承包人可索赔的费用主要包括人工费、设备费、材料费、管理费等。

② 审核索赔取费的合理性。费用索赔涉及的款项较多，内容庞杂。承包人一般从维护自身利益的角度解释合同条款，进而申请索赔额。总监理工程师应公平地审核索赔报告申请，剔除不合理的取费项目或费率。

6.4 合同争议和解除

6.4.1 合同争议

合同争议的解决方式主要包括和解、调解、仲裁、诉讼四种。具体使用哪种争议调解方式应在合同专用条款中约定。

项目监理机构接到处理施工合同争议要求后，应了解合同争议情况，及时与合同争议双方进行磋商，提出处理方案并由总监理工程师进行协调，当双方未能达成一致时，总监理工程师应提出处理合同争议的意见。

发生争议后，应继续履行合同，保持施工连续，保护好已完工程。只有出现下列情况时，当事人可停止履行合同：

（1）单方违约导致合同确已无法履行，双方协议停止施工。

（2）调解要求停止施工，且为双方接受。

（3）仲裁机构要求停止施工。

（4）法院要求停止施工。

项目监理机构在施工合同争议处理过程中，对未达到施工合同约定的暂停履行合同条件的，应要求施工合同双方继续履行合同。在施工合同争议的仲裁或诉讼过程中，项目监理机构可按仲裁机关或法院要求提供与争议有关的证据。

6.4.2 合同解除

合同订立后，当事人应该按照合同的约定履行。下列情形当事人可以解除合同。

1．合同的协商解除

合同的协商解除是指合同当事人在合同成立以后，履行完毕以前，通过协商而同意终止合同关系的解除。

2．发生不可抗力时合同的解除

因为不可抗力或者非合同当事人的原因，造成工程停建或缓建，致使合同无法履行，合同双方可以解除合同。

3．当事人违约时合同的解除

（1）建设单位不按合同约定支付工程款（进度款），双方又未达成延期付款协议，导致施工无法进行，施工单位停止施工超过规定时间，建设单位仍不支付工程款（进度款）的，施工单位有权解除合同。

（2）建设单位将其承包的全部工程转包给他人或者肢解后以分包的名义分别转包给他人，施工单位有权解除合同。

（3）合同当事人一方的其他违约致使合同无法履行，合同双方可以解除合同。

4．解除合同的相关规定

（1）一方主张解除合同的，应在规定时间内向对方发出解除合同的书面通知。

（2）合同解除后，当事人约定的结算和清理条款仍然有效。

（3）施工单位应该按照建设单位的要求妥善做好已完工程和已购材料、设备的保护和移交工作，按建设单位要求将自有机械设备和人员撤出施工场地。

（4）建设单位应为施工单位撤出提供必要条件，支付所发生的费用，并按合同约定支付已完工程款。

已订货的材料、设备由订货方负责退货或解除订货合同，不能退还的货款和因退货、解除订货合同发生的费用，由责任方承担。因未及时退货造成的损失由责任方承担。除此之外，有过错的一方应当赔偿因合同解除给对方造成的损失。

学习单元7　通信工程信息管理

7.1　信息管理概述

7.1.1　信息管理的含义

通信建设工程监理的信息管理是指在工程管理的各个阶段，对所产生的、面向项目管理业务的信息进行收集、整理、储存、传递、应用等一系列工作的总称。认真做好信息管理工作是监理工作中一项重要的工作内容。信息管理的目的就是要通过有效的信息规划和组织，使得项目管理人员能及时、准确地获得进行项目规划、项目控制和管理决策所需的相关信息。

7.1.2　工程信息的特点和类别

1．工程信息的特点

工程信息具有真实性、系统性、时效性、不完全性和层次性等特点，具体阐述如下。

（1）真实性。事实是信息的基本特点，真实、准确地把握好信息是我们处理数据的最终目的。

（2）系统性。信息的系统性表现在信息之间的联系，监理人员应能将监理过程中的数据进行分析，发现它们的联系，形成信息，完善管理系统。

（3）时效性。信息在工程实际中是动态的、不断变化的、随时产生的，重视信息的时效，及时获取信息，有助于做到事前控制。

（4）不完全性。由于人们对客观事物认识的局限性，会使信息不完全，认识这一点，有助于减少由于不完全性带来的负面影响，也有助于提高我们对客观规律的认识，避免不完全性。

（5）层次性。人们因从事的工作不同，而对信息的需求也不同，我们一般把信息分为决策级、管理级、作业级三个层次，不同层次的信息在内容、来源、精度、使用时间、使用频率上有所不同。决策级需要更多的外部信息和深度加工的内部信息，例如对设计方案、新技术、新材料、新设备、新工艺的采用，工程完工后的市场前景；管理级需要较多的内部数据和信息，例如在编制监理周（月）报时汇总的材料、进度、投资、合同执行的信息；作业级需要掌握工程各个分部分项、每时每刻实际产生的数据和信息，该部分数据加工量大、精度高、时效性强。

2．工程信息的类别

由于通信工程信息管理涉及多部门、多环节、多专业、多渠道，工程信息量大，来源广泛，形式多样，主要的信息形态有如下 3 种。

（1）文字图形信息。包括勘察设计文件、合同、竣工技术文件、监理文件资料等信息。

（2）语音信息。包括做指示、汇报、介绍情况、建议、工作讨论和研究等信息。

（3）电子图像信息。包括通过摄像、摄影等手段取得的信息。

7.1.3　工程信息分类的要求和方法

信息分类是指在一个信息管理系统中，将各种信息按一定的原则和方法进行区分和归类，并建立起一定的分类系统和排列顺序，以便管理和使用信息。

1．按照建设工程的目标划分

（1）造价控制信息。指与造价控制直接有关的信息。如各种估算指标、类似工程造价、物价指数；概算定额、设计概算；预算定额、施工图预算；工程项目投资估算；合同价组成；投资目标体系；计划工程量、已完工程量、单位时间付款报表、工程量变化表、人工材料调价表；索赔费用表；投资偏差、已完工程结算；竣工结算、施工阶段的支付账单；原材料价格、机械设备台班费、人工费、运杂费等。

（2）质量控制信息。指与建设工程项目质量有关的信息。如国家有关的质量法规、政策及质量标准、项目建设标准；质量目标体系和质量目标的分解；质量控制工作流程、质量控制的工作制度、质量控制的方法；质量控制的风险分析；质量抽样检查的数据；各个环节工作的质量（工程项目决策的质量、设计的质量、施工的质量）；质量事故记录和处理报告等。

（3）进度控制信息。指与进度相关的信息。如施工定额；项目总进度计划、进度目标分解、项目年度计划、工程总网络计划和子网络计划、计划进度与实际进度偏差；网络计划的优化、网络计划的调整情况；进度控制的工作流程、进度控制的工作制度、进度控制的风险分析等。

（4）合同管理信息。指与建设工程相关的各种合同信息，如工程招投标文件；工程建设施工承包合同，物资设备供应合同，咨询、监理合同；合同的指标分解体系；合同签订、变更、执行情况；合同的索赔等。

（5）安全管理信息。指与安全管理相关的信息。如按国家相关规范制定的项目建设安全要求和安全标准；按国家要求配备的安全员；针对分项工程、分部工程和单位工程进行的安全检查记录；要求各参建单位签订的安全协议和保证。

2．按照建设工程项目信息的来源划分

（1）项目内部信息。指建设工程项目各个阶段、各个环节、各有关单位发生的信息总体。内部信息取自建设项目本身，如工程概况、设计文件、施工方案、合同结构、合同管理制度，信息资料的编码系统、信息目录表，会议制度，监理机构的组织，项目的投资目标、项目的质量目标、项目的进度目标等。

（2）项目外部信息。来自项目外部环境的信息称为外部信息。如上级主管部门发布的各类行政文件；业主反馈的满意度评价及投诉信息；施工单位、设计单位反馈的信息；政策法规、标准类信息，如法律、法规、条例、标准、规范等。

3．按照信息的稳定程度划分

（1）固定信息。指在一定时间内相对稳定不变的信息，包括标准信息、计划信息和查询信息。标准信息主要是指各种定额和标准，如施工定额、原材料消耗定额、生产作业计划标准、设备和工具的耗损程度等。计划信息反映在计划期内已定任务的各项指标情况。查询信息主要是指国家和行业颁发的技术标准、不变价格、监理工作制度、监理工程师的人事信息等。

（2）流动信息。指不断变化的动态信息。如项目实施阶段的质量、投资及进度的统计信息；某一时点的项目建设的实际进程及计划完成情况；项目实施阶段的原材料实际消耗量、机械台班数、人工工日数等。

4．按照信息的层次划分

（1）战略性信息。指项目建设工程中的战略决策所需的信息。如投资总额、建设总工期、承包商的选定、合同价的确定等信息。

（2）管理型信息。指用于管理需要的信息。如项目年度计划、财务计划等。

（3）业务性信息。指各业务部门的日常信息，较具体，精度较高。

5．按照信息管理功能划分

按信息管理功能可以划分为组织类信息、管理类信息、经济类信息和技术类信息，每类信息根据工程建设各阶段项目管理的工作内容又可进一步细分。

6. 按照其他标准划分

（1）按照信息范围的不同，可以把建设工程项目信息分为精细的信息和摘要的信息两类。

（2）按照信息时间的不同，可以把建设工程项目信息分为历史性信息、即时性信息和预测性信息三大类。

（3）按照监理阶段的不同，可以把建设工程项目信息分为计划的、作业的、核算的、报告的信息。在监理开始时，要有计划的信息；在监理工程中，要有作业的和核算的信息；在某一项目的监理工作结束时，要有报告的信息。

（4）按照对信息的期待性不同，可以把建设工程项目信息分为预知的和突发的信息两类。预知的信息是监理工程师可以估计到的，产生在正常情况下；突发的信息是监理工程师难以预测的，发生在特殊情况下。

7.2 监理文件资料管理

监理文件资料是指工程监理单位在履行建设工程监理合同过程中形成或获取的，以一定形式记录、保存的文件资料。项目监理机构应建立完善的监理文件资料管理制度，设专人管理监理文件资料。项目监理机构应及时、准确、完整地收集、整理、编制、传递监理文件资料。项目监理机构应采用计算机技术进行监理文件资料管理，实现监理文件资料管理的科学化、程序化、规范化。

7.2.1 监理文件资料管理概述

1. 相关概念

（1）监理文件。

监理文件是指监理单位在工程勘察设计阶段、施工阶段、验收及保修阶段中形成的各种形式的监理信息记录，包括在监理过程中发生的文件。

（2）监理档案。

监理档案是指在监理活动中直接形成的具有归档保存价值的文字、图表、声像等各种形式的历史记录。

（3）监理文件资料。

监理文件资料是指工程监理单位在履行建设工程监理合同过程中形成或获取的，以一定形式记录、保存的文件资料。

2. 监理文件资料的特点

（1）分散性和复杂性。通信建设工程具有周期性，生产工艺先进、复杂，涉及的设备和材料种类多，通信技术发展迅速，影响通信建设工程的因素多种多样，工程建设阶段性强并且相互穿插。由此导致了通信建设工程监理文件资料的分散性和复杂性。这个特征决定了建设工程监理文件资料是多层次、多环节、相互关联的。

（2）继承性和时效性。随着通信技术、施工工艺不断提高和发展，监理文件资料可以被继承和积累。新的工程在施工过程中可以吸取以前的经验，避免重犯以往的错误。同时，通信建设工程监理文件资料有很强的时效性，监理文件资料的价值会随着时间的推移而衰减，及时传递，有助于提高监理文件资料的作用。

（3）全面性和真实性。通信建设工程监理文件资料必须全面、准确、真实地反映工程情况和项目的各类信息。

（4）随机性。建设工程监理文件资料产生于工程建设的过程中，工程勘察设计、施工、验收及保修等各个阶段、各个环节都会产生各种文件档案资料。相当一部分文件档案资料产生于随机发生的具体工程事件中。

（5）多专业性和综合性。通信建设工程文件档案资料依附于不同的专业对象而存在，又依赖不同的载体而流动。涉及多种专业：通信管道、通信线路、通信铁塔、通信设备安装、综合布线、通信机房环境等多种专业，也涉及传输、数据、交换、计算机等多种学科，并同时综合了质量、进度、造价、合同、组织协调等多方面内容。

3. 监理文件资料传递流程及要求

信息管理员是专门负责建设工程项目信息管理工作的，其中包括监理文件档案资料的管理，因此在工程全过程中形成的所有资料，都应统一归口传递到信息管理员，进行集中加工、收发和管理。监理文件资料管理人员应全面了解和掌握工程建设进展和监理工作开展的实际情况，结合对文件档案资料的整理分析，编写有关专题材料，对重要文件资料进行摘要综述，包括编写监理工作月报、工程建设周报等。

在监理组织内部，所有文件档案资料都必须先送交信息管理员，进行统一整理分类，归档保存，然后由信息管理员根据总监理工程师或其授权监理工程师的指令和监理工作的需要，分别将文件档案资料传递给有关的监理工程师。

在监理组织外部，也应由信息管理员负责发送或接收建设单位、设计单位、施工单位、材料供应单位及其他单位的文件档案资料.所有文件档案资料必须经过总监理工程师或总监理工程师代表审定后发出，从而在组织上保证监理文件档案资料的有效管理。

4. 监理文件资料分类

监理文件资料在实际的工程过程中，可以按照信息流流向和建设流程进行分类。按信息流流向即监理文件资料流向建设单位、设计单位、监理单位、施工单位、设备厂家及政府相关管理部门，并在其间流通；按建设流程即监理文件资料按建设流程的不同阶段划分为勘察设计阶段、施工阶段、验收及保修阶段等。各不同阶段收集的信息要根据具体情况决定。

5. 监理文件资料管理

建设工程监理文件资料管理是指监理工程师受建设单位委托，在进行建设工程监理的工作期间，对建设工程实施过程中形成的与监理相关的文件和档案进行收集积累、加工整理、立卷归档和检索利用等一系列工作。它是建设工程信息管理的重要组成部分，也是监理工程师实施目标控制的基础工作。监理组织机构中必须配备专门的人员负责监理文件资料的收发、管理和保存工作。

7.2.2 监理文件资料的主要内容

（1）监理文件资料主要包括：

① 勘察设计文件、建设工程监理合同及其他合同文件。

② 监理规划、监理实施细则。

③ 设计交底和图纸会审会议纪要。

④ 施工组织设计、（专项）施工方案、应急救援预案、施工进度计划报审文件资料。

⑤ 分包单位资格报审文件资料。

⑥ 施工控制测量成果报验文件资料。

⑦ 总监理工程师任命书、开工令、工程暂停令、复工令、开工 复工报审文件资料。

⑧ 工程材料、设备、构配件报验文件资料。

⑨ 见证取样和平行检验文件资料。

⑩ 工程质量检查报验资料及工程有关验收资料。

⑪ 工程变更、费用索赔及工程延期文件资料。

⑫ 工程计量、工程款支付文件资料。

⑬ 监理通知、工作联系单与监理报告。

⑭ 第一次工地会议、监理例会、专题会议等会议纪要。

⑮ 监理月报、监理日志、旁站记录。

⑯ 工程质量生产安全事故处理文件资料。

⑰ 工程质量评估报告及竣工验收监理文件资料。

⑱ 监理工作总结。

（2）监理日志主要包括：

① 天气和施工环境情况。

② 施工进展情况。

③ 监理工作情况（包括旁站、巡视、见证取样、平行检验等情况）。

④ 存在的问题及协调解决情况。

⑤ 其他有关事项。

（3）监理月报主要包括：

① 本月工程实施情况。

② 本月监理工作情况。

③ 本月施工中存在的问题及处理情况。

④ 下月监理工作重点。

（4）监理工作总结主要包括：

① 工程概况。

② 项目监理机构。

③ 建设工程监理合同履行情况。

④ 监理工作成效。

⑤ 监理工作中发现的问题及其处理情况。

⑥ 说明和建议。

7.2.3　监理文件资料的移交和归档

工程完工验收时，项目监理机构应及时整理、分类汇总监理文件资料，按规定组卷，形成监理档案。工程监理单位应根据工程特点和有关规定，合理确定监理档案保存期限，并向有关部门移交监理档案。

7.3　常用监理表格及填写方法

1. 通信建设工程常用监理表格

按照 GB/T50319—2013 工程建设监理规范要求，建设工程监理基本表式分为 A 类表（工程监理单位用表）、B 类表（施工单位报审/验用表）和 C 类表（通用表）三类。相关表格格式见附录 A。

（1）工程监理单位用表（A 类表）。

① 表 A.0.1　总监理工程师任命书。

② 表 A.0.2　工程开工令。

③ 表 A.0.3　监理通知单。

④ 表 A.0.4　监理报告。

⑤ 表 A.0.5　工程暂停令。

⑥ 表 A.0.6　旁站记录。

⑦ 表 A.0.7　工程复工令。

⑧ 表 A.0.8　工程款支付证书。

（2）施工单位报审/验用表（B 类表）。

① 表 B.0.1　施工组织设计或（专项）施工方案报审表。

② 表 B.0.2　工程开工报审表。

③ 表 B.0.3　工程复工报审表。

④ 表 B.0.4　分包单位资格报审表。

⑤ 表 B.0.5　施工控制测量成果报验表。

⑥ 表 B.0.6　工程材料、构配件或设备报审表。

⑦ 表 B.0.7　报审、报验表。

⑧ 表 B.0.8　分部工程报验表。

⑨ 表 B.0.9　监理通知回复单。

⑩ 表 B.0.10　单位工程竣工验收报审表。

⑪ 表 B.0.11　工程款支付报审表。

⑫ 表 B.0.12　施工进度计划报审表。

⑬ 表 B.0.13　费用索赔报审表。

⑭ 表 B.0.14　工程临时或最终延期报审表。

（3）通用表（C 类表）。

① 表 C.0.1　工作联系单。

② 表 C.0.2 工程变更单。

③ 表 C.0.3 索赔意向通知书。

2. 监理表格填写总说明

A 类表是工程监理单位对外签发的监理文件或监理工作控制记录表；B 类表由施工单位填写后报工程监理单位或建设单位审批或验收；C 类表是工程参建各方的通用式式。

对下列表式的审核，总监理工程师除签字外，还需加盖执业印章。

① 表 A.0.2　工程开工令。

② 表 A.0.5　工程暂停令。

③ 表 A.0.7　工程复工令。

④ 表 A.0.8　工程款支付证书。

⑤ 表 B.0.1　施工组织设计或（专项）施工方案报审表。

⑥ 表 B.0.2　工程开工报审表。

⑦ 表 B.0.10　单位工程竣工验收报审表。

⑧ 表 B.0.11　工程款支付报审表。

⑨ 表 B.0.13　费用索赔报审表。

⑩ 表 B.0.14　工程临时或最终延期报审表。

其中《表 B.0.1 施工组织设计或（专项）施工方案报审表》中对超过一定规模的危险性较大的分部分项工程专项施工方案，《表 B.0.2 工程开工报审表》《表 B.0.3 工程复工报审表》《表 B.0.11 工程款支付报审表》《表 B.0.13 费用索赔报审表》《表 B.0.14 工程临时或最终延期报审表》均须由建设单位代表签字并加盖单位章。

A 类表中表 A.0.2、表 A.0.8 应致施工单位，其余均为致施工项目经理部、主管单位或建设单位。

B 类表中表 B.0.2、表 B.0.13 应致建设单位及项目监理机构，其余均致项目监理机构。《表 B.0.8 分部工程报验表》《表 B.0.5 施工控制测量成果报验表》由项目技术负责人签字；《表 B.0.7 报审、验收表》由项目经理或项目技术负责人签字；其余均为项目经理签字。《表 B.0.2 工程开工报审表》《表 B.0.10 单位工程竣工验收报审表》应盖施工单位公章，其余为项目经理部公章。

3. 监理表格填写方法及要求

（1）工程监理单位用表（A 类表）。

①《表 A.0.1 总监理工程师任命书》。

• 根据监理合同约定，由工程监理单位法定代表人任命有类似工程管理经验的注册监理工程师担任项目总监理工程师。负责项目监理机构的日常管理工作。

• 工程监理单位法定代表人应根据相关法律法规、监理合同及工程项目和总监理工程师的具体情况明确总监理工程师的授权范围。

②《表 A.0.2 工程开工令》。

• 建设单位对《开工报审表》签署同意意见后，总监理工程师才可签发《开工令》。

• 《开工令》中的开工日期作为施工单位计算工期的起始日期。

③《表 A.0.3 监理通知单》。

• 本表用于项目监理机构按照监理合同授权，对施工单位提出要求。监理工程师现场发出的口头指令及要求，也应采用此表予以确认。

- 内容包括：针对施工单位在施工过程中出现的不符合设计要求、不符合施工技术标准、不符合合同约定的情况、使用不合格的材料、构配件和设备等行为，提出纠正施工单位在工程质量、进度、造价等方面的违规、违章行为的指令和要求。
- 施工单位收到《监理通知》后，须使用《监理通知回复单》回复，并附相关资料。

④《表 A.0.4 监理报告》。

- 项目监理机构在实施监理过程中，发现工程存在安全事故隐患，发出《监理通知》或《工程暂停令》后，施工单位拒不整改或者不停工时，应当采用本表及时向政府主管部门报告。
- 情况紧急下，项目监理机构可先通过电话、传真或电子邮件方式向政府主管部门报告，事后应以书面形式将监理报告送达政府主管部门，同时抄报建设单位和工程监理单位。
- "可能产生的后果"是指基坑坍塌，模板、脚手支撑倒塌，大型机械设备倾倒，严重影响和危及周边（房屋、道路等）环境，易燃易爆恶性事故，人员伤亡等。
- 本表应附相应《监理通知》或《工程暂停令》等证明监理人员所履行安全生产管理职责的相关文件资料。

⑤《表 A.0.5 工程暂停令》。

- 本表适用于总监理工程师签发指令要求停工处理的事件。
- 总监理工程师应根据暂停工程的影响范围和程度，按照施工合同和监理合同的约定签发暂停令。
- 签发工程暂停令时，必须注明停工的部位。

⑥《表 A.0.6 旁站记录》。

- 本表是监理人员对关键部位、关键工序的施工质量，实施全过程现场跟踪监督活动的实时记录。
- 本表中的施工单位是指负责旁站部位的具体作业班组。
- 表中施工情况是指旁站部位的施工作业内容，主要施工机械、材料、人员和完成的工程数量等记录。
- 表中监理情况是指监理人员检查旁站部位施工质量的情况，包括施工单位质检人员到岗情况、特殊工种人员持证情况以及施工机械、材料准备及关键部位、关键工序的施工是否按（专项）施工方案及工程建设强制性标准执行等情况。

⑦《表 A.0.7 工程复工令》。

施工单位不符合质量标准、验收规范、图纸要求和有关规定时，监理工程师有权发布停止施工命令，并责令进行整改，直到整改验收合格才能复工。

⑧《表 A.0.8 工程款支付证书》。

本表是项目监理机构收到施工单位《工程款支付申请表》后，根据施工合同约定对相关资料审查复核后签发的工程款支付证明文件。

（2）施工单位报审/验用表（B 类表）。

①《表 B.0.1 施工组织设计或（专项）施工方案报审表》。

- 工程施工组织设计或（专项）施工方案，应填写相应的单位工程、分部工程、分项工程或与安全施工有关的工程名称。
- 对分包单位编制的施工组织设计或（专项）施工方案均应由施工总承包单位按规定

完成相关审批手续后，报送项目监理机构审核。

②《表 B.0.2 工程开工报审表》。

• 表中证明文件资料是指能够证明已具备开工条件的相关文件资料。

• 一个工程项目只填报一次，如工程项目中含有多个单位工程且开工时间不一致时，则每个单位工程都应填报一次。

• 总监理工程师应根据监理规范相关条款中所列条件审核后签署意见。

• 本表经总监理工程师签署意见，报建设单位同意后由总监理工程师签发开工令。

③《表 B.0.3 工程复工报审表》。

• 本表用于工程因各种原因暂停后，具备复工条件的情形。工程复工报审时，应附有能够证明已具备复工条件的相关文件资料。

• 表中证明文件可以为相关检查记录、有针对性的整改措施及其落实情况、会议纪要、影像资料等。

④《表 B.0.4 分包单位资格报审表》。

• 分包单位的名称应按《企业法人营业执照》全称填写。

• 分包单位资质材料包括：营业执照、企业资质等级证书、安全生产许可文件、专职管理人员和特种作业人员的资格证书等。

• 分包单位业绩材料是指分包单位近三年完成的与分包工程内容类似的工程及质量情况。

• 施工单位的试验室报审可参用此表。

⑤《表 B.0.5 施工控制测量成果报验表》。

• 本表用于施工单位施工测量放线完成并自检合格后，报送项目监理机构复核确认。

• 测量放线的专业测量人员资格（测量人员的资格证书）及测量设备资料（施工测量放线使用测量仪器的名称、型号、编号、校验资料等）应经项目监理机构确认。

• 测量依据资料及测量成果。

平面、高程控制测量：需报送控制测量依据资料、控制测量成果表（包含平差计算表）及附图。

定位放样：报送放样依据、放样成果表及附图。

⑥《表 B.0.6 工程材料、构配件、设备报审表》。

• 本表用于项目监理机构对工程材料、设备、构配件在施工单位自检合格后进行的检查。

• 填写此表时应写明工程材料、设备、构配件的名称、进场时间、拟使用的工程部位等。

• 质量证明文件指：生产单位提供的合格证、质量证明书、性能检测报告等证明资料。进口材料、构配件、设备应有商检的证明文件；新产品、新材料、新设备应有相应资质机构的鉴定文件。如无证明文件原件，需提供复印件，但须在复印件上注明原件存放单位，并加盖证明文件提供单位公章。

• 自检结果指：施工单位对所购材料、构配件、设备清单、质量证明资料核对后，对工程材料、构配件、设备实物及外部观感质量进行验收核实的自检结果。

• 由建设单位采购的主要设备则由建设单位、施工单位、项目监理机构进行开箱检查，并由三方在开箱检查记录上签字。

• 进口材料、构配件和设备应按照合同约定，由建设单位、施工单位、供货单位、项目监理机构及其他有关单位进行联合检查，检查情况及结果应形成记录，并由各方代表签字认可。

⑦《表 B.0.7 报审、报验表》。

- 本表为报审、报验的通用表式，主要用于检验批、隐蔽工程、分项工程的报验。此外，也用于关键部位或关键工序施工前的施工工艺质量控制措施和施工单位试验室等其他内容的报审。
- 分包单位的报验资料必须经施工单位审核后方可向项目监理机构报验。
- 检验批、隐蔽工程、分项工程需经施工单位自检合格后并附有相应工序和部位的工程质量检查记录，报送项目监理机构验收。
- 填写本表时，应注明所报审施工工艺及新工艺等的使用部位。

⑧《表 B.0.8 分部工程报验表》。

- 本表用于项目监理机构对分部工程的验收。分部工程所包含的分项工程全部自检合格后，施工单位报送项目监理机构。
- 附件包含《分部（子分部）工程质量验收记录表》及工程质量验收规范要求的质量控制资料、安全及功能检验（检测）报告等。

⑨《表 B.0.9 监理通知回复单》。

- 本表用于施工单位在收到《监理通知》后，根据通知要求进行整改、自查合格后，向项目监理机构报送回复意见。
- 回复意见应根据《监理通知》的要求，简要说明落实整改的过程、结果及自检情况，必要时应附整改相关证明资料，包括检查记录、对应部位的影像资料等。

⑩《表 B.0.10 单位工程竣工验收报审表》。

- 本表用于单位（子单位）工程完成后，施工单位自检符合竣工验收条件后，向建设单位及项目监理机构申请竣工验收。
- 一个工程项目中含有多个单位工程时，则每个单位工程都应填报一次。
- 表中质量验收资料指：能够证明工程按合同约定完成并符合竣工验收要求的全部资料，包括单位工程质量控制资料，有关安全和使用功能的检测资料，主要使用功能项目的抽查结果等。对需要进行功能试验的工程（包括单机试车、无负荷试车和联动调试），应包括试验报告。

⑪《表 B.0.11 工程款支付报审表》。

本表中附件是指和付款申请有关的资料，如已完成合格工程的工程量清单、价款计算及其他和付款有关的证明文件和资料。

⑫《表 B.0.12 施工进度计划报审表》。

本表中施工总进度计划是指工程实施过程中进度计划发生变化，与施工组织设计中的总进度计划不一致，经调整后的施工总进度计划。

⑬《表 B.0.13 费用索赔报审表》。

本表中证明材料应包括索赔意向书、索赔事项的相关证明材料。

⑭《表 B.0.14 工程临时或最终延期报审表》。

应在本表中写明总监理工程师同意或不同意工程临时延期的理由和依据。

（3）通用表（C 类表）。

①《表 C.0.1 工作联系单》。

本表用于工程监理单位与工程建设有关方相互之间的日常书面工作联系，有特殊规定的除外。工作联系的内容包括告知、督促、建议等事项。本表不需要书面回复。

②《表 C.0.2 工程变更单》。

● 本表仅适用于施工单位提出的工程变更。

● 附件应包括工程变更的详细内容，变更的依据，对工程造价及工期的影响程度，对工程项目功能、安全的影响分析及必要的图示。

③《表 C.0.3 索赔意向通知书》。

要提出索赔意向，在合同规定时间内将索赔意向用书面形式及时通知发包人或工程师，向对方表明索赔愿望、要求或者声明保留索赔权力。索赔意向通知要简明扼要地说明索赔事由发生的时间、地点、简单事实情况描述和发展动态、索赔依据和理由、索赔事件的不利影响等。

学习单元 8　通信工程安全管理

8.1　安全生产概述

8.1.1　安全生产和管理

为了全面加强通信建设领域安全监督和管理，原信息产业部根据国家《建设工程质量管理条例》（国务院令第 279 号）、《建设工程安全生产管理条例》（国务院令第 393 号）等相关文件精神，于 2007 年 4 月发布了《通信建设工程监理管理规定》（信部规[2007]168 号），明确了通信建设工程监理的安全管理义务和安全监理职责。工业和信息化部于 2015 年颁发了《通信建设工程安全生产管理规定》（工信部通信[2015]406 号），进一步规定了通信工程监理单位的安全生产责任。

1. 安全生产

安全是指没有危险、不出事故的状态。即没有伤害、伤损或危险，不遭受危害、损害或免除了危害、伤害或损失的威胁。

安全生产是指在生产过程中不发生工伤事故、职业病、设备或财产损失的状态。即指人不受伤害，物不受损失。安全生产是使生产过程在符合物质条件和工作秩序下进行，防止发生人身伤亡和财产损失等生产事故，消除或控制危险、有害因素，保障人身安全与健康、设备和设施免受损坏、环境免遭破坏的总称。

2. 安全生产管理

安全生产管理是工程建设管理体系的重要组成部分。安全生产管理就是针对人们生产过程的安全问题，运用有效的资源，发挥人们的智慧，通过人们的努力，进行有关决策、计划、组织和控制等活动，实现生产过程中人与机器设备、物料、环境的和谐，达到安全生产的目标。

安全生产管理涉及安全生产的法制管理、行政管理、监督检查、工艺技术管理、设备设施管理、作业环境和条件管理等方面，其工作内容包括建立安全生产管理机构、配备安全生产管理人员、制定安全生产责任制和安全生产管理规章制度、策划生产安全、进行安全培训教育、建立安全生产档案等。

安全生产管理的目标就是减少和控制危害，减少和控制事故，尽量避免生产过程中由于事故所造成的人身伤害、财产损失、环境污染以及其他损失。

8.1.2 事故和事故隐患

1. 事故

事故是指人（或集体）在为实现某种意图而进行的活动过程中，突然发生违反人的意志，迫使活动暂时或永久性停止的事件。事故是一种违背人们意志的事件，是人们不希望发生的事件。事故往往会造成人员伤亡、职业病、财产损失或环境污染等后果，影响人们的生产、生活活动顺利进行。

事故具有以下基本特征：

（1）偶然性。事故是一种突然发生的、出乎人们意料的意外事件，其原因复杂且多样。

（2）随机性。事故发生的时间、地点是随机的，使人们无法准确地预测在什么时候、什么地方、发生什么样的事故。

（3）潜在性。引起事故的因素通常比较隐蔽，不易察觉。

（4）必然性。事故是诸多危险因素长期积累的结果，偶然中存在着必然。

（5）因果性。事故是由相互联系的多种因素共同作用的结果，必然有导致事故的原因。

由于事故的上述基本特征，给事前控制，制定预防措施带来了困难，然而由于事故的严重后果，使得发现事故隐患、分析产生事故的原因成为非常重要的事情。

2. 事故隐患

安全生产事故隐患（以下简称事故隐患），是指生产经营单位违反安全生产法律、法规、规章、标准、规程和安全生产管理制度的规定，或者因其他因素在生产经营活动中存在可能导致事故发生的物的危险状态、人的不安全行为和管理上的缺陷。

事故隐患分为一般事故隐患和重大事故隐患。

（1）一般事故隐患。它是指危害和整改难度较小，发现后能够在生产过程中立即整改排除的隐患。

（2）重大事故隐患。它是指危害和整改难度较大，应当局部或者全部停产、停业，并经过一定时间整改治理方能排除的隐患，或者因外部因素影响致使生产经营单位自身难以排除的隐患。

8.1.3 危险和危险源

1. 危险

（1）危险的含义。

根据系统安全工程的观点，危险是指系统中存在导致发生人们不期望后果的可能性超过了人们承受程度的情形。

（2）危险因素。

危险因素是指对人身造成伤亡或对物体造成突发性损害的因素。危险因素又称有害因素。按照 GB/T 13861—2009《生产过程危险和有害因素分类与代码》的规定，危险因素可以划分为以下六类。

① 物理性危害因素。包括施工机具缺陷、施工器材缺陷、防护缺陷、警示信号缺陷、标志缺陷、强电危害、噪声危害、振动危害、电磁辐射、运动物体、火灾、粉尘、高低温、作业环境方面的不安全状况等。

② 化学性危险因素。包括易燃易爆性物质、有毒物质、腐蚀性物质及其他化学性有害物质等。

③ 生物性危险因素。包括致病微生物（病毒、细菌）、传染病媒介物、致害的动植物等。

④ 心理、生理性危险因素。包括超负荷工作、带病工作、冒险行为、野蛮作业等。

⑤ 行为性危险因素。包括指挥失误、违规指挥、监管失误、违章作业、操作失误等。

⑥ 其他危害因素。包括作业空间狭小、作业环境条件差、通道和道路有缺陷、搬运重物方法和施工机具选用不当等。

在一个工程中，以上所列举的危险因素可能只有一类（种）或几类（种）或全部都存在。

2．危险源

（1）危险源的含义。

危险源是指可能造成人员伤害、疾病、财产损失、作业环境破坏或其他损失的根源或状态。在实际工作和生活中的危险源很多，存在的形式也较复杂，这在辨识上给我们增加了难度。如果把各种构成危险源的因素，按照其在事故发生、发展过程中所起的作用划分成类别，无疑会给我们对危险源辨识工作带来很大的方便。为了区分各种危险源，人们常常把危险源划分为二类。第一类危险源为物的不安全状态，第二类危险源为人的不安全行为。

（2）危险源的识别 。

危险源的识别是为了明确通信工程项目在现有施工条件下，不可承受的风险，从而制定预防措施，对风险进行控制，保证以合理的成本获得最大安全保障。危险源的识别应按照科学的方法进行，同时还应考虑涉及的范围，避免因遗漏危险源而给工程的安全带来隐患。

常用的危险源识别方法有基本分析法和安全检查法。主要应考虑人员的安全、财产损失和环境破坏三个方面的因素。危险源的充分识别，是监理工程师对安全监督管理的前提。危险源识别所涉及的范围一般应包括以下方面：

① 施工机具、设备。

② 常规和非常规的施工作业活动、管理活动。

③ 进入工作场所的人员。

④ 施工周边环境和场所。

8.2 安全事故及处理

8.2.1 安全事故及等级划分

安全事故是指生产经营单位在生产经营活动（包括与生产经营有关的活动）中突然发生的伤害人身安全和健康，或者损坏设备设施，或者造成经济损失的，导致原生产经营活动

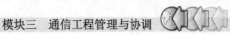

（包括与生产经营活动有关的活动）暂时中止或永远终止的意外事件。

为了规范生产安全事故的报告和调查处理，落实生产安全事故责任追究制度，防止和减少生产安全事故，国务院发布的《生产安全事故报告和调查处理条例》（第 493 号令）中规定了生产经营活动中发生的人身伤亡或直接经济损失的安全事故报告、调查、处理和法律责任。根据本条例第三条规定，生产安全事故（以下简称事故）造成人员伤亡或者直接经济损失的等级可分为四级。

（1）特别重大事故，是指造成 30 人以上死亡，或者 100 人以上重伤（包括急性工业中毒，下同），或者 1 亿元以上直接经济损失的事故。

（2）重大事故，是指造成 10 人以上 30 人以下死亡，或者 50 人以上 100 人以下重伤，或者 5000 万元以上 1 亿元以下直接经济损失的事故。

（3）较大事故，是指造成 3 人以上 10 人以下死亡，或者 10 人以上 50 人以下重伤，或者 1000 万元以上 5000 万元以下直接经济损失的事故。

（4）一般事故，是指造成 3 人以下死亡，或者 10 人以下重伤，或者 1000 万元以下直接经济损失的事故。

需要注意的是，以上各条中所称的"以上"包括本身，所称的"以下"不包括本身。

8.2.2　安全事故的处理流程

1. 安全事故报告的撰写

根据国务院《生产安全事故报告和调查处理条例》（第 493 号令）规定的精神，在安全事故发生后，现场监理人员应及时、如实地向总监理工程师报告，总监理工程师应及时向建设单位报告，建设单位负责人接到报告后，应当在 1 小时内向事故发生地县级以上人民政府安全生产监督管理部门和负有安全生产监督管理职责的有关部门报告。情况紧急时，事故现场有关人员可以直接向事故发生地县级以上人民政府安全生产监督管理部门和负有安全生产监督管理职责的有关部门报告。事故报告应包括以下内容：

（1）事故发生单位概况。

（2）事故发生的时间、地点以及事故现场情况。

（3）事故的简要经过。

（4）事故已经造成或者可能造成的伤亡人数（包括下落不明的人数）和初步估计的直接经济损失。

（5）已经采取的措施。

（6）其他应当报告的情况。

在事故报告后，又出现新情况的，应及时补报。事故发生后，项目监理机构和监理人员应当妥善保护事故现场以及相关证据，任何单位和个人不得破坏事故现场、毁灭相关证据。因抢救人员、防止事故扩大以及疏通交通等原因，需要移动事故现场物件的，应当做出标志，绘制现场简图并做出书面记录，妥善保存现场重要痕迹、物证。

接到事故报告后，总监理工程师应当立即启动事故应急预案，并应在第一时间赶赴现场，积极协助事故发生单位，组织抢救，并采取有效措施，防止事故扩大，减少人员伤亡和财产损失。对于接到事故报告后，认为不是自己的事，不积极组织抢救的或不作为的，应承

担法律责任。

2．安全事故的调查

（1）调查组职责。

发生安全事故后，项目监理机构应配合相关部门组织的调查组，对发生的事故进行调查，调查组应履行下列职责：

① 查明事故发生的经过、原因、人员伤亡情况及直接经济损失。

② 认定事故的性质和事故的责任。

③ 提出对事故责任人的处理建议。

④ 总结事故教训，提出防范和整改措施。

⑤ 提交事故调查报告。

（2）事故调查报告内容。

① 事故发生单位概况。

② 事故发生经过和事故救援情况。

③ 事故造成的人员伤亡和直接经济损失。

④ 事故发生的原因和事故性质。

⑤ 事故责任的认定及对事故责任人的处理建议。

⑥ 事故防范和整改措施。

（3）事故调查报告应附证据材料。

事故调查组成员应在事故调查报告上签名。事故调查组成员在调查过程中应当诚信、公正、遵守事故调查纪律，保守事故调查秘密。对事故调查工作不负责任，致使事故工作有重大疏漏的；包庇、袒护负有事故责任的人员或借机打击报复的应依法追究法律责任。

3．安全事故的处理

安全生产事故发生后，项目监理机构和监理人员应配合有关方面做好调查和举证工作。监理机构应如实提供在工程实施过程中与事故有关的工程质量和安全记录、监理指令、相关来往文件、电话记录、传真、电子邮件等，为事故调查提供真实、可靠的证据。对原始证据无论是来自建设单位、施工单位或其他单位的，都不得偏袒或有选择性的提供。诚信、公正的办事是监理的一项基本原则，对于在事故调查中，谎报、漏报、隐瞒不报或作伪证，应承担法律责任。

项目监理机构在施工过程中收集、保存真实、可信的证据，既有助于安全事故的处理，也是信息管理的重要基础性工作。

8.2.3 安全事故的法律责任

根据国务院《建设工程安全生产管理条例》第五十七条的规定，监理单位未履行监理职责，违反以下任何一条规定，发生安全事故的，都应承担相应的法律责任。

（1）未对施工组织设计中的安全技术措施或专项施工方案进行审查的。

（2）未对施工单位的安全生产许可证和项目经理、安全管理人员资格审查的。

（3）发现存在安全事故隐患未及时要求施工单位进行整改或暂停施工的。

（4）施工单位拒不整改或不停止施工，未及时向有关主管部门报告的。

（5）未依照法律、法规和工程建设强制性标准实施监理的。

工程监理单位有上述行为之一的，责令限期改正；逾期未改正的，责令停业整顿，并处10万元以上30万元以下的罚款；情节严重的，降低资质等级，直至吊销资质证书；造成重大安全事故，构成犯罪的，对直接责任人员，依照刑法的有关规定追究刑事责任；造成损失的，依法承担赔偿责任。

《建设工程安全生产管理条例》第五十八条还规定了现场执业人员未依照法律、法规和工程建设强制性标准实施监理的法律责任。责令停止执业3个月以上1年以下；情节严重的吊销执业资格证书，5年内不得注册；造成重大安全事故的，终身不得注册；构成犯罪的，依照刑法有关规定追究刑事责任。

《刑法》第一百三十七条明确规定工程监理单位违反国家规定，降低工程质量标准，造成重大安全事故的，对直接责任人员处五年以下有期徒刑或者拘役，并处罚金；后果特别严重的，处五年以上十年以下有期徒刑，并处罚金。

《建筑法》第六十九条、国家《建设工程质量管理条例》第五章第三十四条至第三十八条也都详细规定了监理单位和相关责任人员的法律责任。监理工程师应熟悉和掌握这些法律、法规。在监理过程中，必须认真贯彻，做好安全监理工作。

8.3 安全管理

监理单位和监理人员必须坚持"安全第一，预防为主"的基本方针，在工程中认真履行监理的职责，加强对施工现场安全的监督管理，督促施工单位做好施工人员安全教育工作，增强施工人员的安全意识和安全操作技能，努力把工程的安全事故降到最低程度。

8.3.1 监理单位的安全职责

为了加强安全生产的监督管理，防止和减少生产安全事故，保障人民生命和财产安全，促进经济和社会的协调发展，国务院于2003年11月颁发了《建设工程安全生产管理条例》（国务院令393号），其中第四条指出："建设单位、勘察单位、设计单位、施工单位、工程监理单位及其他与建设工程安全生产有关的单位，必须遵守安全生产法律、法规的规定，保证建设工程安全生产，依法承担建设工程安全生产责任。"

该条例第十四条指出："工程监理单位应当审查施工单位组织设计中的安全技术措施或者专项施工方案是否符合工程建设强制性标准。工程监理单位在实施监理过程中，发现存在安全事故隐患的，应当要求施工单位整改。情况严重的，应当要求施工单位暂时停止施工，并及时报告建设单位。施工单位拒不整改或者不停止施工的，工程监理单位应当及时向有关主管部门报告。工程监理单位和监理工程师应当按照法律、法规和工程建设强制性标准实施监理，并对建设工程安全生产承担监理责任。"

该条例的第七章还规定了工程各相关单位和监理单位违反《条例》规定应承担的法律责任。

工业和信息化部于2015年颁发了《通信建设工程安全生产管理规定》（工信部通信[2015]406号），其中第九条明确规定了监理单位的安全生产责任。

（1）监理单位和监理人员应当按照法律、法规、规章制度、工程建设强制性标准及监理规范实施监理，并对建设工程安全生产承担监理责任。

（2）监理单位应完善安全生产管理制度，建立监理人员安全生产教育培训制度；单位主要负责人、总监理工程师和安全监理人员须具备与本单位所从事的生产经营活动相应的安全生产知识和管理能力，未经安全生产教育和培训合格不得上岗作业。

（3）监理单位应当按照工程建设强制性标准及相关监理规范的要求编制含有安全监理内容的监理规划和监理实施细则，项目监理机构应配置安全监理人员。

（4）监理单位应当审查施工组织设计中的安全技术措施和危险性较大的分部分项工程安全专项施工方案，是否符合工程建设强制性标准和安全生产操作规范，并对施工现场安全生产情况进行巡视检查。

（5）监理单位在实施监理过程中，发现存在安全事故隐患的，应当要求施工单位整改；对情况严重的，应当要求施工单位暂时停止施工，并及时向建设单位报告。施工单位拒不整改或者不停止施工的，工程监理单位应当及时向有关主管部门报告。

8.3.2　监理人员的安全职责

根据相关文件精神，安全监理人员在生产中的安全管理职责如下。

（1）在总监理工程师的主持和组织下，编制安全监理方案，必要时编制安全监理实施细则。

（2）审查施工单位的营业执照、企业施工资质等级和安全生产许可证，查验承包单位安全生产管理人员的安全生产考核合格证书和特种作业（登高、电焊等工种）人员的特种作业操作资格证书。

（3）审查施工单位提交的施工组织设计中有关安全技术措施和专项施工方案。

（4）审查施工单位对施工人员的安全培训教育记录和安全技术措施的交底情况。

（5）审查施工单位成立的安全生产管理组织机构、制定的安全生产责任制度、安全生产检查制度、安全生产教育制度和事故报告制度是否健全。

（6）审查施工单位对施工图设计预算中的"安全生产费"使用计划和执行情况。施工单位必须专款专用，用于购置安全防护用具、安全设施和现场文明施工、安全生产条件的改善，不得挪作他用。

（7）审查采用新工艺、新技术、新材料、新设备的安全技术方案及安全措施。

（8）定期检查施工现场的各种施工机械、设备、材料的安全状态，严格禁止已损坏或已需要保养的机具在工地继续使用。

（9）对施工现场进行安全巡回检查，对各工序安全施工情况进行跟踪监督，填写安全监理日记，发现问题及时向总监理工程师或总监理工程师代表报告。

（10）协助总监理工程师主持召开安全生产专题监理会议，讨论有关安全问题并形成纪要。

（11）下达有关工程安全的《监理工程师通知单》，编写监理周、月报中的安全监理工作内容。

（12）协助调查和处理安全事故。当施工安全状态得不到保证时，安全监理人员可建议总监理工程师下达"工程暂停令"，责令施工单位暂停施工，进行整改。

8.3.3　安全管理的工作流程

1．接受监理任务阶段

监理单位接受监理任务后应详细了解工程环境、复杂程度并根据工程情况调查和分析工程的危险源，制定详细的、切实可行的防范措施，编制在含有安全监理内容的监理规划中，必要时对于危险性较大的工程应编制安全监理实施细则，并在实际工作中不断补充、修改、完善。

2．施工准备阶段

审查施工单位编制的施工组织设计中的安全技术措施和危险性较大的工程安全专项施工方案是否符合工程建设强制性标准和相关安全规范的要求；并由总监理工程师在安全技术文件和安全专项施工方案报审表上签署意见；审查未通过的安全技术措施及专项施工方案不得在工程中实施。

3．施工阶段

监理工程师应对施工现场安全生产情况进行巡视检查，对发现的各类安全事故隐患，应书面通知施工单位，并督促其立即整改。情况严重的，总监理工程师应及时下达工程暂停令，要求施工单位停工整改，并及时报告建设单位。安全事故隐患消除后，监理工程师应检查整改结果，签署复查或者复工意见。施工单位拒不整改或不停止施工的，监理机构应当及时向建设单位或当地通信管理局报告，以电话形式报告的，应当有通话记录，并及时补充书面报告。检查、整改、复查、报告等情况应记载在监理日志、监理周报中。

4．工程竣工

监理单位应将有关安全生产的技术文件、验收记录、监理规划、安全监理实施细则、监理通知等相关书面文件按规定归档。

8.3.4　安全管理的工作内容及要求

1．施工准备阶段工作内容及要求

（1）编制安全监理方案，该方案是安全监理的指导性文件，应具有可操作性。

安全监理方案应在总监理工程师主持下进行编制，作为监理规划的一部分内容。安全监理方案应包括以下主要内容。

① 安全监理的范围、工作内容、主要工作程序、制度措施以及安全监理人员的配备计划和职责，做到安全监理责任落实到人、分工明确、责任分明。

② 针对工程具体情况，分析存在的危险因素和危险源，尤其是对一些重大危险源应制定相应的安全监督管理措施。

③ 收集与本工程专业有关的强制性规定。

④ 制定安全隐患预防措施、安全事故的处理和报告制度、应急预案等。

（2）对于危险性较大的通信铁塔工程、天馈线安装工程、电力杆路附近架空线路工程、架设过河飞线以及在高速公路上施工的通信管线工程等，还应根据安全监理方案编制安全监理实施细则，报总监理工程师审批实施。

（3）审查施工单位提交的《施工组织设计》中的安全技术措施。对一些危险大的工序（如石方爆破、高处作业、电焊、电锯、临时用电、管道和铁塔基础土方开挖、立杆、架设钢绞线、起重吊装、人（手）孔内作业、截流作业等）和在特殊环境条件下（高速公路、冬雨季、水下、电力线下、市内、高原、沙漠等）的施工必须要求施工单位编制专项安全施工方案和对于施工现场及毗邻建筑物、构筑物、地下管线的专项保护措施。当不符合强制性标准和安全要求时，总监理工程师应要求施工单位重新修改后报审。

（4）审查施工单位资质等级、安全生产许可证的有效性。安全生产许可证的有效期为三年。

（5）审查施工单位的项目经理和专兼职安全生产管理人员应具备工业和信息化部或通信管理局颁发的《安全生产考核合格证书》，人员名单与投标文件相一致。检查特殊工种作业人员的特种作业操作资格证书，包括电工、焊工、上塔人员及起重机、挖掘机、铲车等的操作人员，应具备当地政府主管部门颁发的特种作业操作资格证书。

（6）审查施工单位在工程项目上的安全生产规章制度和安全管理机构的设立以及专职安全生产管理人员配备情况。

（7）审查承包单位与各分包单位的安全协议签订情况，各分包单位安全生产规章制度的建立和实施情况。

（8）审查施工单位应急预案。应急预案是对出现重大安全事故的抢救行动，控制事故的继续蔓延，抢救受伤人员和财产损失的紧急方案，是重大危险源控制系统的重要组成部分。施工单位应结合工程实际情况，对风险较大的工程、工序制订应急预案，如高处作业、在高速公路上作业、地下原有管线和构筑物被挖断或破坏、工程爆破、危险物资管理、机房电源线路短路、通信系统中断、人员触电、发生火灾以及在台风、地震、洪水易发的地区都应制订应急预案。

应急预案应包括启动应急预案期间的负责人、对外联系方式、应采取的应急措施、起特定作用的人员的职责、权限和义务、人员疏散方法、程序、路线和到达地点，疏散组织和管理，应急机具、物资需求和存放，危险物质的处理程序，对外的呼救等。编制的预案应重点突出、针对性强、责任明确、易于操作。监理工程师应对应急预案的实用性、可操作性做出评估。

（9）检查安全防护用具、施工机具、装备配置情况，不允许将带"病"机具、装备运到施工现场违规作业。同时，检查施工现场使用的安全警示标志必须符合相关规定。

（10）对于有割接工作的工程项目，应要求施工单位申报详细的割接操作方案，经总监理工程师审核后，报建设单位批准，切实保证割接工作的安全。

（11）了解施工单位在施工前向全体施工人员安全培训、技术措施交底情况。凡是没有组织全体施工人员安全培训或进行安全技术措施交底的，应要求施工单位在施工现场向全体施工人员进行安全技术措施交底。

（12）对于易发生的突发事件，监理工程师应要求施工单位按照应急预案的要求，组织施工人员参加演练，提高自防、自救的能力。必要时，监理人员也应参加。

2. 施工阶段工作内容及要求

（1）监理人员安全监理的一般工作要求。

① 检查施工单位专职安全检查员工作情况和施工现场的人员、机具安全施工情况。

② 检查施工现场的施工人员劳动防护用品应齐全、用品质量应符合劳动安全保护要求。

③ 检查施工物资堆放场地、库房等现场的防火设施和措施；检查施工现场安全用电设施和措施；低温阴雨期，检查防潮、防雷、防坍塌设施和措施。发现隐患，应及时通知施工单位限期整改。整改完成后，监理人员应跟踪检查其整改情况。

④ 检查施工工地的围挡和其他警示设施应齐全。检查工地临时用电设施的保护装置和警示标志符合设置标准。

⑤ 监督施工单位按照施工组织设计中的安全技术措施和特殊工程、工序的专项施工方案组织施工，及时制止任何违规施工作业的现象。

⑥ 定期检查安全施工情况。巡检时应认真、仔细，不得"走过场"。当发现有安全隐患时，应及时指出和签发监理工程师通知单，责令整改，消除隐患。对施工过程中的危险性较大工程、工序作业，应视施工情况，设专职安全监理人员重点旁站监督，防止安全事故的发生。

⑦ 督促施工单位定期进行安全自查工作，检查施工机具、安全装备、安全警示标志和人身安全防护用具的完好性、齐备性。

⑧ 遇紧急情况，总监理工程师应及时下达工程暂停令，要求施工单位启动应急预案，迅速、有效地开展抢救工作，防止事故的蔓延和进一步扩大。

⑨ 安全监理人员应对现场安全情况及时收集、记录和整理。

（2）通信线路工程作业的安全要求。

① 在行人较多的地方立杆作业时应划定安全区，设置围栏，严禁非作业人员进入现场。

② 立杆前，必须合理配备作业人员。立杆用具必须齐全、牢固、可靠，作业人员应能正确使用。竖杆时应设专人统一指挥，明确分工。

③ 使用脚扣或脚蹬板上杆时，应检查其完好情况。当出现脚扣带腐蚀、裂痕，弯钩的橡胶套管（橡胶板）破损、老化，脚蹬板扭曲、变形、螺丝脱落等情形之一时，严禁使用。不得用电话线或其他绳索替代脚扣带。

④ 布放钢绞线前，应对沿途跨越的供电线路、公路、铁路、街道、河流、树木等调查统计，针对每一处的具体情况制定和采取有效措施，保证布放时的安全通过。如钢绞线跨越低压电力线，必须设专人用绝缘棒托住钢绞线，不得搁在电力线上拖磨。

⑤ 在杆上收紧吊线时，必须轻收慢紧，严禁突然用力。收紧后的吊线应及时固定、拧紧中间沿线电杆的吊线夹板并做好吊线终端。

⑥ 在吊线上布放光（电）缆作业前，必须检查吊线强度。确保吊线不断裂、电杆不倾斜、吊线卡担不松脱时，方可进行布缆作业。在架空钢绞线上进行挂缆作业时，地面应有专人进行滑动牵引或控制保护。

⑦ 拆除吊线前，应将杆路上的吊线夹板逐步松开。如遇角杆，操作人员必须站在电杆弯角的背面。

⑧ 在原有杆路上作业，应要求施工人员先用试电笔检查该电杆上附挂的线缆、吊线，确认不带电后再作业。

⑨ 在供电线及高压输电线附近作业时，作业人员必须戴安全帽、绝缘手套、穿绝缘鞋

和使用绝缘工具。严禁作业人员及设备与电力线触碰。在高压线附近进行架线、安装拉线等作业时，离开高压线最小空距应保证：35kV 以下为 2.5m，35kV 以上为 4m。

⑩ 当架空的通信线路与电力线交越达不到安全净距时，必须根据规范或设计要求采取安全措施。

⑪ 在电力线下架设的吊线应及时按设计规定的保护方式进行保护。严禁在电力线路正下方立杆作业。严禁使用金属伸缩梯在供电线及高压输电线附近作业。

⑫ 在跨越电力线、铁路、公路杆档安装光（电）缆挂钩和拆除吊线滑轮时严禁使用吊板。

⑬ 当通信线与电力线接触或电力线落在地面上时，必须立即停止一切作业，保护现场，禁止行人步入危险地带。不得用一般工具触动通信缆线或电力线，应立即要求施工项目负责人和指定专业人员排除事故。事故未排除前，不得恢复作业。

⑭ 在江河、湖泊及水库等水面截流作业时，应配置并携带必要的救生用具，作业人员必须穿好救生衣，听从统一指挥。

⑮ 在桥梁侧体施工应得到相关管理部门批准，作业区周围必须设置安全警示标志，圈定作业区，并设专人看守。作业时，应按设计或相关部门指定的位置安装铁架、钢管、塑料管或光（电）缆。严禁擅自改变安装位置，损伤桥体主钢筋。

⑯ 在墙壁上及室内钻孔布放光（电）缆时，如遇与近距离电力线平行或穿越，必须先停电后作业。

⑰ 在跨越街巷、居民区院内通道的地段布放钢绞线、安装光（电）缆挂钩应使用梯子，设专人扶、守、搬移。严禁使用吊线坐板方式在墙壁间的吊线上作业。

⑱ 在建筑物的金属顶棚上作业前，施工人员应用试电笔检查确认无电方可作业。

⑲ 在林区、草原或荒山等地区作业时，不得使用明火。确实需动用明火时，应征得相关部门同意，同时必须采取严密的防火措施。

⑳ 施工人员和其他相关人员进入高速公路施工现场时，必须穿戴专用交通警示服装。按相关部门的要求，设专人摆放交通警示和导向标志，维护交通。施工安全警示标志摆放应根据施工作业点"滚动前移"。收工时，安全警示标志的回收顺序必须与摆放顺序相反。

（3）土、石方和地下作业的安全要求。

① 在开挖杆洞、沟槽、孔坑土方前，应调查地下原有电力线、光（电）缆、天然气、供水、供热和排污管等设施路由与开挖路由之间的间距。

② 开挖土方作业区必须圈围，严禁非工作人员进入。严禁非作业人员接近和触碰正在施工运行中的各种机具与设施。

③ 人工开挖土方或路面时，相邻作业人员间必须保持 2m 以上间隔。

④ 使用潜水泵排水时，水泵周围 30m 以内水面，不得有人、畜进入。

⑤ 进行石方爆破时，必须由持爆破证的专业人员进行，并对所有参与作业者进行爆破安全常识教育。炮眼装药严禁使用铁器。装置带雷管的药包必须轻塞，严禁重击。不得边凿炮眼边装药。爆破前应明确规定警戒时间、范围和信号，配备警戒人员，现场人员及车辆必须转移到安全地带后，方能引爆。

⑥ 炸药、雷管等危险性物质的放置地点必须与施工现场及临时驻地保持一定的安全距离。严格保管，严格办理领用和退还手续，防止被盗和藏匿。

⑦ 在有行人、行车的地段施工，开启孔盖前，人孔周围应设置安全警示标志和围栏，夜间应设置警示灯。

⑧ 进入地下室、管道人孔前，应通风 10min 后，对有毒、有害气体检查和监测，确认无危险后方可进入。地下室、人孔应保持自然和强制通风，保证人孔内通风流畅。在人孔内尤其在"高井脖"人孔内施工，应二人以上到达现场，其中一人在井口守候。

⑨ 不得将易燃、易爆物品带入地下室或人孔。地下室、人孔照明应采用防爆灯具。

⑩ 在人孔内作业闻到有异常气味时，必须迅速撤离，严禁开关电器、动用明火，并立即采取有效措施，查明原因，排除隐患。

⑪ 不得在高压输电线路下面或靠近电力设施附近搭建临时生活设施，也不得在易发生塌方、山洪、泥石流危害的地方架设帐篷、搭建简易住房。

（4）通信设备安装作业的安全要求。

① 机房内施工不得使用明火，需要动用明火时应经相关单位部门批准。

② 作业人员不得触碰机房内的在运设备，不得随意关断电源开关。严禁将交流电源线挂在通信设备上。使用机房原有电源插座时必须先测量电压、核实电源开关容量。

③ 不得在机房使用切割机加工铁件。切割铁件时，严禁在砂轮片侧面磨削。

④ 安装机架时应使用绝缘梯或高凳。严禁攀踩铁架、机架和电缆走道。严禁攀踩配线架支架和端子板、弹簧排。

⑤ 带电作业时，操作人员必须穿绝缘鞋、戴绝缘手套，使用绝缘良好的工具。在带电的设备、列头柜、分支柜中操作时，作业人员应取下手表、钥匙链、戒指、项链等随身金属物品、饰品。作业时，应采取有效措施防止螺丝钉、垫片、铜屑等金属材料掉落在机架内。

⑥ 搬运蓄电池等化学性物品时，应戴防护手套和眼镜，注意防振，物体不可倒置。如物体表面有泄漏的残液，必须用防腐布清擦，严禁用手触摸。

⑦ 搬运重型或吊装体积较大的设备时，必须编写安全作业计划。项目负责人必须对操作人员进行安全技术措施交底，并设专人指挥，明确职责，紧密配合，保证每一项措施的落实，使设备安全放置或吊装到位。

⑧ 布放光（尾）纤时，必须放在光纤槽内或加塑料管保护。

⑨ 布放电源线时，无论是明敷或暗敷，必须采用整条线料，中间严禁有接头。电源线端头应作绝缘处理。

⑩ 交流线、直流线、信号线应分开布放，不得绑扎在一起，如走在同一路由时，间距必须保持 5cm 以上。非同一级电力电缆不得穿放在同一管孔内。

⑪ 太阳电池输出线必须采取有屏蔽层的电力电缆布放，在进入机房室内前，屏蔽层必须接地，芯线应安装相应等级的避雷器件。

⑫ 严禁架空交、直流电源线直接出、入局（站）和机房。严禁在架空避雷线的支柱上悬挂电话线、广播线、电视接收天线及低压电力线。

⑬ 交、直流配电瓶和其他供电设备正、背面前方的地面应铺放绝缘橡胶垫。如需合上供电开关，应首先检查有无人员在工作，然后再合闸并挂上"正在工作"的警示标志。

⑭ 设备加电时，必须沿电流方向逐级加电，逐级测量电压值。插拔机盘、模块时，操作人员必须佩戴接地良好的防静电手环。

⑮ 焊线的烙铁暂时停用时应放在专用支架上，不得直接放在桌面或易燃物旁。

⑯ 机房工作完毕离开现场时，应切断施工用的电源并检查是否还有其他安全隐患，确认安全后方可离开现场。

（5）铁塔和天馈线安装作业的安全要求。

① 上塔作业人员必须经过专业培训考试合格并取得《特种作业操作证》。

② 施工人员在进行铁塔和天馈线等高处作业过程中，应要求承包单位在施工现场以塔基为圆心，塔高的 1.05 倍为半径的范围圈围施工区，非施工人员不得进入。

③ 上塔前，作业人员必须检查安全帽、安全带各个部位有无伤痕，如发现问题严禁使用。施工人员的安全帽必须符合国家标准 GB 2811—2007，安全带必须经过劳动检验部门的拉力试验，安全带的腰带、钩环、铁链必须正常。

④ 各工序的工作人员必须使用相应的劳动保护用品，严禁穿拖鞋、硬底鞋、高跟鞋或赤脚上塔作业。

⑤ 经医生检查身体有病不适应上塔的人员不得勉强上塔作业。饮酒后不得上塔作业。

⑥ 塔上作业时，必须将安全带固定在铁塔的主体结构上，不得固定在天线支撑杆上。安全带用完后必须放在规定的地方，不得与其他杂物放在一起。严禁用一般绳索、电线等代替安全带（绳）。

⑦ 施工人员上、下塔时必须按规定路由攀登，人与人之间距离不得小于 3m，攀登速度宜慢不宜快。上塔人员不得在防护栏杆、平台和孔洞边沿停靠、坐卧休息。

⑧ 塔上作业人员不得在同一垂直面同时作业。

⑨ 塔上作业，所用材料、工具应放在工具袋内，所用工具应系有绳环，使用时应套在手上，不用时放在工具袋内。塔上的工具、铁件严禁从塔上扔下，大小件工具都应用工具袋吊送。

⑩ 在塔上电焊时，除有关人员外，其他人都应远离塔处。凡焊渣飘到的地方，严禁人员通过。电焊前应将作业点周边的易燃、易爆物品清除干净。电焊完毕后，必须清理现场的焊渣等火种。施焊时，必须穿戴电焊防护服、手套及电焊面罩。

⑪ 输电线路不得通过施工区。遇有此情况必须采取停电或其他安全措施，方可作业。

⑫ 遇有雨雪、雷电、大风（5 级以上）、高温（40℃）、低温（−20℃）、塔上有冰霜等恶劣气候影响施工安全时，严禁施工人员在高处作业。

⑬ 吊装用的电动卷扬机、手摇绞车的安装位置必须设在施工围栏区外。开动绞盘前应清除工作范围内障碍物。绞盘转动时严禁用手抚摸走动的钢丝绳或校正绞盘滚筒上的钢丝绳位。当钢丝绳出现断股或腐蚀等现象时，必须更换，不得继续使用。

⑭ 在地面起吊天线、馈线或其他物体时，应在物体稍离地面时对钢丝绳、吊钩、吊装固定方式等做详细的安全检查。对起吊物重量不明时，应先试吊，可靠后再起吊。

（6）网络优化和软件调测作业的安全要求。

① 网络优化工程师应保守秘密，不得将通信网络资源配置及相关数据、资料泄漏给其他人员。

② 天馈线操作人员测试或者调整天馈线时，网络优化工程师不应在铁塔或增高架下方逗留。

③ 通信网络调整时，通信网络操作工程师，必须持有通信设备生产厂家或运营商的有效上岗证件。网络优化工程师不得调整本次工程或本专业范围以外的网元参数。

④ 网络数据修改前，必须制定详细的基站数据修改方案和数据修改失败后返回的应急预案，报建设单位审核、批准。每次数据修改前必须对设备和系统的原有数据进行备份，并注明日期，严格按照设备厂家技术操作指导书进行操作。

⑤ 软件调测工程师不得私自更改、增加、删除相关局数据，如用户数据、入口指令等。

⑥ 工程测试必须严格执行职业操作规范，在合同规定的范围内进行相关操作（如监听测试等）。

⑦ 软件调测工程师不得擅自登录建设单位通信系统，严禁进行超出工程建设合同内容以外的任何操作。

⑧ 5个基站以上的大范围数据修改后，应及时组织路测，确保网络运行正常。

⑨ 在检查中发现存在涉及网络安全的重大隐患，应及时向建设单位报告。

3. 安全管理资料的收集和整理

安全管理资料是监理单位对施工现场安全施工进行系统管理的体现，是安全管理工作的记录，是事故处理的重要证据，也是工程监理文件资料的重要组成部分。因此，在安全监理过程中对安全监理文件资料的收集、整理、保存是非常重要的，项目监理机构尤其是总监理工程师和安全监理人员必须给予高度重视。

项目监理机构的安全监理文件资料包括监理规划的安全监理方案、安全监理实施细则、安全监理例会纪要、安全监理检查记录、安全类书面指令以及安全监理日志等。这些资料都保留了项目监理机构在实际安全管理工作中的痕迹，应单独整理存放。工程结束后应和其他监理文件资料汇编成册，交送建设单位并自存一份。当发生安全生产事故时，可依据这些资料协助做好相关事故调查，提供证据，处理善后工作。

8.3.5 常见的危险源和评估方法

通信工程的特点是点多、线长、面广、专业性强、技术复杂，危险源相对较多，风险程度也比较高。通信工程项目在室外作业时，周边环境、天气状况在不断变化，对安全施工影响很大，增加了安全风险。通信工程是一项技术劳务密集型的项目，人的不安全行为常常是工程的主要危险源，在工程实施监理时，必须引起监理工程师的高度重视。

人的不安全行为主要包括指挥和操作错误；使用不安全的设备；手工代替工具操作；物体存放不当；冒险进入危险场所；攀坐不安全的物体；在起吊物下作业、停留；机械设备运转时加油、修理、检查、调整、清扫等；作业时分散注意力；在必须使用防护用品、用具的作业或场合中未使用；施工人员的不安全防护装束；对易燃、易爆等危险品处置错误等。

1. 常见的危险源

（1）通信线路工程。

① 直埋光（电）缆工程。用于爆破洞坑、沟槽的炸药、雷管及汽油等化学性危险品放置位置和保存不当；石方爆破时警示范围不够或操作不当；挖沟时，地下有电力电缆或燃气管道等危险物而未在施工图纸上标出或提示；施工路由附近靠近电力线；施工路由经过陡坎、河流、湖泊等不利地形；路边开挖电缆、电杆沟坑时没有设置施工圈围隔离标志或标志不全；在高温、低温、雷雨、山洪等恶劣天气条件下作业；在较深的、时有塌方的沟坑中施工；在高速公路上或交通繁忙地段施工；施工车辆在公路上随时停车时，没有按规定摆放停车的警示标志；行驶的工程车辆上堆放着固定不稳的施工材料、机具等物；吊车、绞盘、抽水机、电机等施工机具带"病"作业；在水流过急、围堰不牢固的河道围堰区域内敷设管、

线作业等。

② 架空杆路工程。运杆和立杆时未设专人统一指挥；施工人员佩戴的劳保用品不符合要求，攀登电杆的工具和安全带有损坏；施工人员上杆、立杆、紧线、挂缆未按操作规程进行；工程设备、材料如电杆、钢绞线、线担、穿钉、拉线等有缺陷；紧线工具不结实；钢绞线未加装绝缘子；滑轮不牢固；杆洞、拉线坑在立杆前未做防护；工程材料堆放过高，未采取保护措施；绷紧的钢绞线由于夹板等原因突然松弛；钢绞线穿越电力线时，未采取防护措施或在电力线上摩擦；钢绞线过紧，未留垂度，造成电杆折断；缆线地锚坑挖深不够，拉线松弛；架空缆线过河时，施工操作保护措施不当等。

③ 管道光（电）缆工程。吹放管道光缆的吹缆机气压超过标准；在打开的人（手）孔内施工时，孔面没有设置圈围标志；进入地下通道、人井作业时未检测或充分换气；人孔内用于牵拉电缆的拉力环不结实或损坏；管孔内拉电缆的钢丝绳或绳索被摩擦断股等。

（2）通信管道工程。

在市区管道施工时，行人较多、交通繁忙，施工圈围和警示标志不明显或有缺陷；盲目开挖沟槽，对地下电力、通信线路、自来水管、排水管、燃气管道和其他地下设施位置未调查清楚；开挖的土方堆放位置不当；坑槽支护不结实；在沟槽上搭设的人行临时过桥不牢固；沟坑附近，夜间未设置警示灯或警示灯不亮；沟坑的污水不按规定排放；购置的水泥、钢筋材料未检验，现场浇注的上覆厚度和强度不够；安装的井盖不结实等。

（3）通信设备安装工程。

漏电的电钻、切割机、电焊机、电烙铁等电器工具；开拆带铁钉的设备包装箱板放置不当；安装设备时焊渣、金属碎片遗漏在设备机架内；放置在机架上的工具坠落；在带电的电源架上接线或割接电源用的工具未做绝缘处理；电源线中间有接头；测试人员未戴防静电手环；机盘插接不规范；布线不规则，电源正、负极性错接；电路割接方案不完善；设备接地线安装不牢固，接地电阻未测试，接地电阻不符合设计要求等。

（4）铁塔和天馈线安装工程。

施工用安全帽、安全带没有经过劳动鉴定部门检验；高处作业安全防护措施不完善，安全设施投入不足；高处安装的紧固件不牢固；塔上的零部件、施工工具坠落；安装在铁塔的螺栓未拧紧；吊装用滑轮和吊绳安全系数不够；起重吊装设备制动失灵；施工现场周围靠近强电线路；天气恶劣，附近地区有雷雨；施工圈围设施和安全警示标志有缺陷；高处施工人员没有取得特种作业上岗证；上塔人员身体有病，勉强上塔作业；施工人员不按规定路由上塔或不按规定携带工具上塔；地面人员违规指挥等。

2. 危险源的评估

监理人员在施工现场应根据施工的特点、场地、施工人员的技术状况、施工机具等督促施工单位仔细排查、全面分析工程的危险因素，找出危险源，对危险源进行风险分析、评价和控制。危险源的风险分析、评价应包括以下几个方面：

（1）辨别各类危险源及产生原因；

（2）分析已辨别的各类危险事件在通信工程中发生的概率；

（3）评价发生事故的后果。

对在工程中发生概率多、风险大、后果严重的重大危险源，应要求施工单位制定详细的预防措施，预防和杜绝安全事故的发生。

8.4 安全管理项目案例及分析

案例 1

（1）背景。

某高速公路管道光缆工程，某日施工过程中，施工人员严格按"高速公路管理处"的要求摆放了锥筒，服从公路部门的指挥，接受监理员的监理，没有发生任何安全事故。当天收工后，由于没有将公路上施工时遗留的废料清理干净，致使行进中的一辆汽车爆胎，险些发生重大安全事故。

（2）问题。

① 实际没有造成安全事故，施工人员、监理员还有责任吗？

② 高速公路上施工安全监督是否应增加路面清理内容？

（3）分析。

① 施工时公路上留下的废料没有清理干净，已埋下事故隐患，车辆爆胎没有造成事故，不必追究责任，但施工单位和监理员应引以为戒。

② 在高速公路上进行管道光缆施工，除执行"高管处"的规定外，还要考虑作业场所的特殊环境，所以施工完成后应进行路面清理。

案例 2

（1）背景。

某新建架空光缆线路工程，地处我国南方某省山区。沿线道路崎岖，部分路段汽车无法通行，施工工具及材料需用人工送达现场。山上有密集的竹林，白天气温较高，湿度较大，施工恰逢台风季节，线路路由多次与电力线及公路交越，入局管道在车行道上，路上往来车辆较多。

（2）问题。

① 此项目存在哪些危险源？

② 监理员对识别出来的危险源如何重点监督可能发生的危险？

（3）分析。

① 危险源包括：山区道路崎岖发生交通事故的危险，高温高湿地区作业让人员中暑的可能，架空光缆线路与电力线交越的触电危险，台风来袭自然危害及山区材料运输人工搬运砸伤、摔伤的危险。

② 注意天气预报，在台风到来之前要求施工提前采取措施。要求施工人员注意材料物资的搬运安全，避免违规操作，疲劳作业。与电力线交越地点要求施工人员采取有效措施防止人员触电。

案例 3

（1）背景。

某市 PVC 塑料管道工程，沿线附近有通信、自来水、煤气及地下电力电缆，要求管道埋深 1m。工程开工后，由于个别地段自来水管道埋深不够，被挖掘机挖断，造成自来水大量泄漏。

（2）问题。

① 自来水泄漏的责任涉及哪些单位或部门？

② 如果是电力电缆被挖断将会造成何种危害？

③ 如果是煤气管道，监理员应要求施工人员采取的安全措施有哪些？

（3）分析。

① 设计部门对原有自来水管线的位置是否在图纸上描述清楚；规划部门提供的自来水管线图纸是否准确；施工单位对管线的开挖位置是否符合设计。

② 如果是电力电缆被挖断，轻者造成断电，重者造成人员触电伤亡。

③ 如果附近有煤气管道，在开挖过程中，不允许直接采用挖掘机挖掘，而改用人工开挖，在接近煤气管道时，不得用铁锹、镐之类的金属工具而应改为木锹、木铲，必要时请煤气公司技术人员到场协助并预备防火器材。

案例 4

（1）背景。

南方某市区通信管道工程，施工单位穿放光缆前计划先将井内的污水排到井外，为赶工期，在监理员尚未到场的情况下，将井盖打开，随即下井准备抽水，结果第一人下去没有了音信（实际被毒气熏倒），第二人下去（查看什么原因）又没了动静，直到第三人下去（紧急抢救）同样中毒。

（2）问题。

① 刚刚打开的井盖不通风，不检查有毒有害气体含量，能直接下井作业吗？

② 如果施工人员经过安全培训，在没有防护措施的情况下他们还会一个一个下去救人吗？

③ 在这种场合监理员在现场应提醒施工人员注意什么？

④ 监理员有责任吗？

（3）分析。

① 人（手）孔井盖打开必须通风，检查有毒有害气体含量是否超标，作业期间必须保持通风换气，所以通信管道工程下井施工在没有换气前，不允许人员直接下井。

② 施工单位对施工人员必须首先进行通信工程安全规范及安全常识培训，此次人员死亡事故说明施工作业人员没有掌握基本的安全常识。

③ 在这种场合下，监理人员首先应要求施工人员按下井作业前的安全施工操作规范进行作业。

④ 如果作业时间提前，没有通知监理员，监理员没有责任。

案例 5

（1）背景。

某通信设备安装工程，施工单位在设备安装时，某施工人员站在铝合金梯子上作业，由于不小心（脚下被缆线拌了一下）从梯子上摔下，造成死亡事故。

（2）问题。

① 监理是否应当承担此类安全事故的责任？

② 施工人员操作不当是事故发生的主因吗？

（3）分析。

① 监理员在设备安装工序中，应采取旁站方式，主要是对工程的质量进行控制；工程建设的质量问题带来的安全隐患进行监督，但不可能对施工人员的操作不当行为全面看管，

因此监理不应承担安全事故责任。

② 施工人员操作不当是事故发生的主因。

学习单元 9 通信工程组织协调

9.1 组织协调概述

9.1.1 组织协调的含义

组织协调是指为了实施某个工程项目建设，工程主体方与工程参与方或与工程相关方进行联系、沟通和交换意见，使各方在认识上达到统一、行动上互相配合、互相协作，从而达到共同的目的。对于项目监理机构来说，就是在工程项目管理服务中，以国家有关法律、法规和合同为依据，以实现工程质量、进度、造价目标为前提，积极主动地与工程建设有关各方进行有效的沟通，使各个方面、各个部门及成员的工作同步化、和谐化，促使各方步调一致，以实现预定目标。

由于通信工程项目在实施过程中涉及经济、技术、社会等多方面，因此协调是一项十分复杂的工作。通信工程的特点是点多、线长、面广。在工程的实施过程中，参与工程建设或与工程有直接关系的单位和个人众多，均会涉及其利益。通过协调，要使国家和地方的相关法律、法规得到贯彻执行，处理好工程各相关方的关系，从而化解矛盾，消除分歧，分工合作，步调一致，共同把工程建设好。同时，也要使相关单位、个人的利益损害得到补偿。

工程组织协调直接影响到工程的进度、投资和质量以及合同的执行，因此通信工程的协调工作是项目监理机构和监理工程师的一项十分重要的管理工作。

9.1.2 组织协调的范围

通信工程组织协调范围可分为内部协调和外部协调。内部协调是指直接参与工程建设的单位（或个人）之间利益和关系的协调；而外部协调是指与工程有一定牵连关系的单位（或个人）之间利益和关系的协调。

（1）内部协调。根据监理合同的相关规定，监理工程师只负责工程各参与单位之间的内部协调。即在工程的勘察、设计阶段，监理工程师应主要做好建设单位与勘察、设计单位之间的协调工作。在施工阶段，监理工程师主要是做好建设单位与承包、材料和设备供应等单位之间的协调工作。

（2）外部协调。受建设单位的委托和授权，项目监理机构可以承担以下的一项或几项对外协调工作。

① 办理通信建设工程的各种批文。如主管部门对工程立项的批文；工程沿线市、县、乡、镇政府及相关管理部门对工程路由和征地的批文。

② 办理与相关单位的协议、合同等文件。如与铁路、公路、水利、土地、电力、市政等单位或个人签订有关过桥、过路、穿越河流、征用土地、使用电力的合同、协议。

③ 办理工程的各种施工许可证、车辆通行证、出入证及工程所需场库、驻地租赁协议等。

④ 按照当地政府的规定，办理工程沿线的农作物、水产、道路、拆迁安置等赔补工作。

⑤ 建设单位委托的其他对外协调工作。

9.1.3 组织协调人员的基本要求

通信建设工程监理工作过程中，组织协调人员应达到以下要求：

（1）熟悉和掌握通信专业知识。

（2）掌握相关法律、法规、技术规范和经济管理方面的知识。

（3）具备较高社交理论、政策水平。

（4）有较强的语言表达能力、组织能力、公关能力。

（5）有迅速决定和处理问题的能力。

（6）文明礼貌，平易近人。

监理工程师在在协调工作中，既要有原则性，又要有灵活性，处理好各种错综复杂的情况。总监理工程师应对工程协调工作全面负责，对于情况比较复杂的一些重大事项应亲自参与协调工作。

9.2 组织协调的主要内容

9.2.1 勘察设计阶段的组织协调

在勘察、设计阶段，监理工程师主要是审查勘察、设计计划是否满足建设单位的要求；定期召集勘察、设计工作协调会，对勘察、设计中发现的问题提出处理意见；定期向建设单位汇报勘察、设计进度情况，及时沟通建设单位与勘察、设计单位之间的联系；配合建设单位做好对设计单位提供设计方案、工程设备配置、选型和工程选址等事项的确认工作；控制勘察资料和设计文件交付进度；审查设计文件中所列设备、材料价格、用量，控制工程预算不得超过已批准的概算；审查工程设计技术指标、使用功能、图纸的实用性、可操作性，控制工程设计质量；对勘察设计成果进行评价等。

当有多个勘察、设计单位参与时，监理工程师应统一勘察、设计要求，协调各勘察、设计单位之间的进度、衔接等问题。

9.2.2 施工阶段的组织协调

在施工阶段，监理工程师主要是协调建设单位与承包单位、材料和设备供应单位之间的关系，解决各单位之间出现的步调不一致的行为。

1. 工程进度的协调

（1）与施工单位的协调内容主要是审查施工技术力量、机具、施工组织设计，控制工程进度，定期召开工程例会，解决施工技术力量、机具不足，设计图纸变更、工程设备材料不能按时交货等影响工程进度的问题，有多家承包单位参与施工时，应协调各承包单位关系，明确各承包单位的分工和界限等。通信管道、线路工程的外部协调工作不到位常常是影响工程进度的重要因素。建设单位如未委托相关单位承担对外协调任务时，监理工程师应根据工程合同条款，督促建设单位和有关人员及时办理对外协调的事项，采取必要的措施，避免影响工程进度和发生索赔事件。

（2）与材料和设备供应商的协调内容主要是落实设备、材料供货时间、地点、批量、规格、质量等级、付款方式；现场检验程序；质量缺陷和售后服务等事项。

（3）与设计单位协调的主要内容是，设计图纸交付和会审日期，设计图纸变更的处理。

2．工程造价的协调

监理工程师主要是现场检查、确认工程计量数据；审查工程进度价款和结算款；做好工程设计变更、工程索赔的核实签认。处理设计变更时，监理工程师可召集有建设单位、施工单位和设计单位参加的专题会议进行协商，以求尽快解决，不影响工程进度。

对于工程规模较大的工程应要求设计单位在现场派驻设计人员，解决在工程中随时出现的变更问题，可以减少延误，使施工顺利进行。

3．工程质量的协调

审查承包单位的施工资质、质量保证措施；检查施工机具、仪表的完好性；组织各方人员对现场设备、材料检查；在施工过程中，对各施工工艺操作巡视或旁站检查；发现施工质量问题，及时签发监理指令，要求施工单位整改或暂停施工进行整改；检查工程整改情况，调查和处理工程质量事故；配合和协助质量监督部门对工程质量的检查等。

4．合同管理方面的协调

调解建设单位与施工单位在执行合同时的纠纷和争议；双方未履行的合同条款和违约处理；合同工期、合同工程量、合同价款审核；处理工程延期、延误的界定和索赔等。

5．外部协调

凡是涉及产权、使用权的外部协调工作，一般由建设单位负责办理。建设单位也可委托监理单位或承包单位办理，如施工环境、施工用地、通信线路的路由审批等外部协调工作。

对建设单位委托监理单位办理的外部协调工作，项目监理机构应积极认真地做好委托办理的事宜。监理工程师应对工程的外部协调进行督促，并根据外部的协调信息，及时控制工程进度和工程质量。

9.2.3　工程验收和保修阶段的组织协调

工程完工后，项目监理机构通过组织承包单位预验合格后，应向建设单位及时汇报工程质量情况；审查施工单位提交的工程竣工文件，签署竣工验收申请单，协助建设单位组织工程初验前的准备和协调工作。

由建设单位提供材料和设备的工程，应督促承包单位按照设计、竣工文件、图纸编制工程余料清单，交监理工程师审查。在监理工程师的主持下，将工程余料向建设单位或建设单位指定的其他单位移交。

对于在初验过程中发现的质量问题，监理工程师应督促责任单位按规定的期限及时整

改、修复，并对整改、修复情况进行检查、确认。工程初验合格后，监理工程师应根据有关监理文件资料，仔细审查由承包单位编制的工程结算报告内容和工程量、工程变更量、工程进度款支付情况，核算工程余款额。

工程终验合格后，应协助建设单位核算和向承包单位支付工程尾款。

在工程质量保修期内，监理工程师应对建设单位或维护单位提出的工程质量缺陷进行检查和记录，协调和督促相关责任单位及时到工地现场修复并对修复的工程质量进行检查。同时，对工程质量缺陷原因进行调查、分析，确定责任的归属。对非责任单位原因造成的工程质量缺陷，监理工程师应与建设单位协调，向相关单位支付修复工程的费用。保修期满后，协助建设单位按照工程合同约定及时向承包单位支付保修金和应支付修复工程的费用。

9.3 组织协调方法

9.3.1 会议协调

1. 第一次工程协调会（第一次工地会议）

工程开工前，总监理工程师及有关监理人员应参加由建设单位主持召开的第一次工地会议，会议纪要由项目监理机构负责整理，与会各方代表会签。第一次工程协调会是建设单位、工程监理单位和施工单位对各自人员及分工、开工准备、监理例会的要求等情况进行沟通和协调的会议，总监理工程师应介绍监理工作的目标、范围和内容、项目监理机构及人员职责分工、监理工作程序、方法和措施等。会议的主要内容如下。

（1）建设单位、施工单位和工程监理单位分别介绍各自驻现场的组织机构、人员及其分工。由建设单位介绍与会各方的人员、工程概况、工期、工程规模、组网方案等，同时介绍工程前期准备情况，如建设用地赔偿、路由审批、设计文件、器材供给和对工程要求等方面的问题。同时宣布本工程的监理单位，总监理工程师的职责、权限和监理范围。

（2）建设单位介绍工程开工准备情况。介绍工程开工准备的具体情况，如材料和设备供应单位应重点介绍本工程材料和设备性能，对施工工艺的特殊要求，供货时间、地点，接货方式和具体联系方式等。

（3）施工单位介绍施工准备情况。介绍施工准备情况，到场人员、机具、施工组织、驻地、分屯点、联系方式等，并向与会人员详细介绍施工组织设计内容。

（4）建设单位代表和总监理工程师对施工准备情况提出意见和要求。监理单位应由总监理工程师介绍监理规划的主要内容、驻场机构和人员、联系方式，提出对工程的具体要求。

（5）总监理工程师介绍监理规划的主要内容。

（6）研究确定各方在施工过程中参加监理例会的主要人员，召开监理例会的周期、地点及主要议题。

（7）其他有关事项。会议确定下一次召开工地例会的时间、地点、参加人员，并形成会议纪要，与会人员会签。

2. 工地例会

项目监理机构应定期召开监理例会，组织有关单位研究解决工程监理相关问题，工地例会由总监理工程师或其授权的专业监理工程师主持。项目监理机构可根据工程需要主持或参加专题会议，解决监理工作范围内工程专项问题，监理例会、专题会议的会议纪要由项目监理机构负责整理，与会各方代表会签。工地例会的目的是总结前一段工作，找出存在的问题，确定下一步目标，协调工程施工。工地例会主要内容如下。

（1）检查上一次会议事项落实情况，分析未完成原因。

（2）分析进度计划完成情况，提出下一步目标与措施。

（3）分析工程质量情况，提出改进质量的措施。

（4）检查工程量的核定及工程款支付情况。

（5）解决需要协调的其他事宜。

3．专题会议

专题会议是由总监理工程师或其授权的专业监理工程师主持或参加的，为解决监理过程中的工程专项问题（如施工工艺的变化、工程材料拖延、工程变更、工程进度调整、质量事故调查等）而不定期召开的会议。专题会议纪要的内容包括会议主要议题、会议内容、与会单位、参加人员及召开时间等。

9.3.2 书面协调

1．监理工程师通知单

监理工程师在工程监理范围和权限内，根据工程情况适时发出工程监理的指令性意见，监理工程师通知单应写明日期、签发人、签收人、签收单位，并应写明事由、内容、要求、处理意见等，监理工程师通知单应事实准确，处理意见恰当。

2．监理指令

监理指令包括开工令、暂停施工令、复工令、现场指令等。总监理工程师应根据建设单位要求和工程实际情况，发出以上指令。其中现场指令是监理工程师在现场处理问题的方法之一。当施工的人员管理、机具、操作工艺不符合施工规范要求，且直接影响到工程进度和质量时，监理工程师可以立即下达指令，承包单位现场负责人应接受指令整改。

监理工作指令编写时应事实清楚、真实、可靠；语言通顺、简洁，层次分明。对于安全、重大质量问题，必须及时下达指令要求相关方面处理，不得延误。

3．函件

函件适用于各单位、部门之间相互洽商工作、咨询、答复问题、请求批准和审批结果等事项。函件在监理活动中也是应用比较多的方式，如总监理工程师的任命通知书、专业监理工程师调整通知单、工程技术指标审定意见等。电子邮件也是一种便捷的通信方式，可以传递各种函件、图纸、工程照片等，但不能代替正式的书面函件。

4．监理工作联系单

项目监理机构应建立健全协调管理制度，采用有效方式协调工程建设相关方的关系。项目监理机构与工程建设相关方之间的工作联系，除另有规定外宜采用工作联系单形式进行。总监理工程师接到联系单后，应认真研究，及时做出书面答复。

【知识归纳】

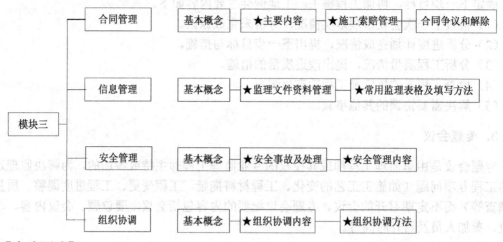

【自我测试】

一、填空题

1．《建设工程施工合同》通用条款中规定有固定价格合同、_____、成本加酬金合同三类可选择的计价方式，所签合同采用哪种方式需在专用条款中说明。

2．施工合同示范文本由_____、《通用合同条款》和《专用合同条款》三部分组成。

3．合同争议的解决方式主要包括和解、_____、仲裁、_____四种。

4．工程信息具有真实性、_____、_____、不完全性和层次性等特点。

5．监理文件资料是指_____。

6．按照 GB/T 50319—2013 工程建设监理规范要求，建设工程监理基本表式分为 A 类表工程监理单位用表、B 类表_____和 C 类表通用表三类。

7．特别重大事故，是指造成_____人以上死亡，或者 100 人以上重伤（包括急性工业中毒，下同），或者_____元以上直接经济损失的事故。

8．监理指令包括开工令、_____、_____、现场指令等。

二、简答题

1．哪些情形当事人可以解除合同？

2．按照建设工程的目标划分，工程信息可以划分为哪些？

3．监理文件资料主要包括哪些内容？

4．监理日志主要包括哪些内容？

5．简述监理表格总的填写要求？

6．事故报告应包括哪些内容？

7．简述安全管理的工作流程及要求？

8．通信建设工程监理工作中组织协调人员的基本要求？

9．通信建设工程监理工作中会议协调方法有哪些？

模块四

通信建设工程监理实务

【目标导航】

1. 理解和掌握基站光缆线路接入工程监理"三控三管一协调"具体要求。
2. 理解和掌握无线网设备安装工程监理"三控三管一协调"具体要求。
3. 理解和掌握室内覆盖工程监理"三控三管一协调"具体要求。

【教学建议】

模块内容	学时分配	总学时	重点	难点
学习单元10　××基站光缆线路接入工程监理	6		√	√
学习单元11　××市电信无线网设备安装工程监理	6	16	√	√
学习单元12　××市广电学院室内覆盖工程监理	4		√	√

【内容解读】

本模块包括××基站光缆线路接入工程监理、××市电信无线网设备安装工程监理、××市广电学院室内覆盖工程监理三个学习单元。本模块三个案例按照监理实施细则内容要求，从工程描述、监理工作流程、监理工作要点、监理工程方法及措施四个方面进行论述。通过案例分析，学生将对通信建设工程监理工作中"三控三管一协调"加深理解。

学习单元 10　XX 基站光缆线路接入工程监理

10.1　专业工程特点

本工程是江苏移动淮安分公司 2016 年第一期××基站光缆线路接入工程，监理服务内容为：共新建基站 122 个，室分物业点 124 个，优化段落 126 段，敷设各种程式光缆约 1194km。其中，敷设 6 芯光缆约 68km、敷设 12 芯光缆约 146km、敷设 24 芯光缆约 406km、36 芯光缆约 437km、48 芯光缆约 68km、72 芯光缆约 51km、96 芯光缆约 18km，新建引入管道 10.8km 工程。主要工作量是光缆布放、新建管道等。工程实施过程中必须有专人负责工程安全工作。

本工程特点：

① 施工质量必须符合江苏移动和相关维护部门要求。

② 传输管线专业涉及工作量较大、隐蔽工作量较多，需要重点把控现场监理。

③ 光缆施工主要是登高上杆和管道敷设，需注意登高安全和下井作业施工安全。

10.2 监理工作流程

通信线路工程监理工作流程如表 10-1 所示。

表 10-1   通信线路工程监理工作流程

工作流程	控制点	岗位	监理检查方法	相关文件和记录
现场勘测	现场勘测数据和相关资料	监理员 监理工程师	勘测工作作业指导书	施工现场勘测表
初案提交	方案合理性	监理工程师	设计文件审核作业指导书	设计文件审核建议书
设计会审	及时参加业主组织的工程会审	总监理工程师	会审会议作业指导书	1. 会议签到表 2. 设计会审纪要
开工准备	1. 首次工程会议 2. 审核开工报告 3. 安全交底	总监理工程师	1. 工程例会作业指导书 2. 施工组织审核作业指导书	1. 施工组织设计审核表 2. 施工组织设计报审表 3. 开工报告审核表 4. 开工报告 5. 开工令
施工测量	1. 测量实际数据与设计准确性 2. 光缆盘测	监理工程师	工程测量作业指导书	1. 现场勘查记录表 2. 光缆盘测表
人、机、料进场	1. 设备、材料外观和数量检查 2. 合格证检查 3. 施工机具和人数检查	监理工程师	进场材料检验作业指导书	1. 合格证 2. 材料清单 3. 材料和设备 4. 机具报验表 5. 进场材料检验表 6. 监理日记
管孔视通	1. 管孔位与设计管孔位一致 2. 管孔是否畅通	监理员	管道试通作业指导书	1. 管孔试通记录表 2. 监理日记
子管敷设	1. 孔位清洗 2. 子管敷设数量、位置与设计要求一致	监理员		监理日记
光缆敷设	1. 光缆敷设条数、芯数是否与设计一致 2. 光缆敷设是否符合规范	监理员	管道光缆敷设作业指导书	1. 管道光缆敷设检查 2. 监理日记

续表

工作流程	控制点	岗位	监理检查方法	相关文件和记录
立杆	1. 检查杆质量与规格 2. 立杆是否符合规范	监理员	立杆作业指导书	1. 工序完工签证记录表 2. 监理日记
墙担及其他支撑物的安装	检查支撑物安装位置是否合理	监理员	墙担及支撑物的安装监理作业指导书	1. 工序完工签证记录表 2. 监理日记
拉线安装	1. 拉线安装规格是否跟设计一致 2. 拉线位置是否合理	监理员	拉线安装指导书	1. 工序完工签证记录表 2. 监理日记
吊线安装	吊线规格是否跟设计一致	监理员	吊线安装监理作业指导书	监理日记
光缆架设	光缆架设平直、光缆余留	监理员	光缆架设作业指导书	监理日记
引上光缆保护	光缆保护位置	监理员	引上光缆保护指导书	监理日记
墙壁光缆敷设	光缆敷设是否与设计一致	监理员	验收规范	监理日记
光交接箱安装	1. 光交接箱安装位置是否合理 2. 光交接箱安装质量是否符合规范	监理员	交接箱安装监理作业指导书	监理日记
光缆接续、封装	光缆接口是否正确	监理员	1. 光缆接续监理作业指导书 2. 光缆护套封装监理作业指导书	监理日记
光缆成端	光缆成端是否符合设计	监理员	光缆成端监理作业指导书	监理日记
光缆性能测试	光缆测试性能	监理员	光缆性能测试作业指导书	1. 光缆性能测试记录表 2. 监理日记
工程预验收	1. 交工技术文件审核 2. 工程量审核 3. 工程工艺检查 4. 编写监理档案	总监理工程师	1. 对工作量进行审核 2. 竣工预验收审核作业指导书 3. 监理资料出版指导书	1. 交工技术报告 2. 预验收报告 3. 监理档案
工程验收	1. 审核工程量 2. 检查技术文件和施工工艺	总监理工程师	验收方案	1. 验收申请表 2. 工程验收证书 3. 工程验收存在问题意见及处理意见 4. 工程质量整改通知书 5. 监理通知回复单 6. 工程保修记录表
审核结算	1. 审核施工日期 2. 审核使用材料	总监理工程师	工程结算指导书	1. 结算文件重做或补做的情况 2. 工程结算审核表

10.3 监理工作要点

10.3.1 施工组织和实施

1. 工程协调会

（1）开工前应召开第一次工程协调会，会议由建设单位主持，参加单位应有建设单位、承包单位、监理单位、设计单位等承担本工程建设的主要负责人、专业技术人员、管理人员。

（2）第一次工程协调会的主要内容如下。

① 建设单位简介工程概况，如组网方案、规模容量、总工程量、工程时限。

② 建设单位根据委托监理合同宣布对监理工程师的授权。

③ 建设单位、承包单位和监理单位分别介绍各自驻现场的组织机构、人员分工、驻地及联系方法。

④ 建设单位介绍工程开工条件的准备情况，如设计文件、设备材料到货进场情况等。

⑤ 施工单位介绍施工准备情况，如施工队驻地，人员、车辆调遣计划，机具仪表到场等情况。

⑥ 建设单位和监理工程师对施工准备情况提出意见和要求。

⑦ 监理工程师介绍监理规划的主要内容。

⑧ 涉及工程的其他约定。

⑨ 研究确定各方参加今后协调会的主要人员及主要议题。

（3）第一次工程协调会会议纪要应由监理负责起草并经与会各方代表会签。

2. 工程设计交底

设计交底前，监理人员应熟悉、了解设计文件，了解工程特点，对设计文件中出现的问题和差错提出建议，以书面形式报建设单位。

① 设计交底由建设单位主持，设计单位、承包单位和监理单位的项目负责人及有关人员参加。

② 施工现场的客观条件：建筑物性质、地点、经纬度、楼层数、各楼层功能、面积、电梯数量、人流量等，原有通信及配套设备的特点、位置，各种管线的管线路由。

③ 建设单位、维护单位对本工程的要求：分布系统的类型，信号源的类型，室内天线类型和数量；各设备的安装位置和固定方式，主要是主机设备、干线放大器、天线设备；主设备和有源设备的电源供电、接地、工作环境和抗震措施、室外天馈线避雷措施，主干馈线的布放路由等。

④ 本次改造的内容及对原有系统的影响：是否需要割接、是否为扩容预留、如何与原系统合网等。

⑤ 要督促承包单位认真做好审核及设计方案核对工作，对于审图过程中发现的问题，及时以书面形式报告给建设单位。对于存在的问题，要求承包单位以书面形式提出，在设计单位以书面形式进行解释或确认后，方能进行施工。

⑥ 提出对土建、电气改造，消防、安防改造，设备安装及环境监控施工的要求；提出对建材、管材、构配件、各种线缆的要求，以及施工中应特别注意的事项等。

⑦ 承包单位介绍工程的准备情况，包括与业主的施工协调、安装材料储放等问题的明确。

⑧ 交底记录由承包单位负责，监理审核后，各方签字确认。

3. 施工技术力量报告和检验

（1）施工安装前，施工单位应按要求向监理单位报送以下相关文件。

① 分包单位资格报审表和有关资料（含单位营业执照，企业资质等级证书，业绩材料）。

② 施工组织设计（方案）报审表及施工组织设计方案。应该包含：

A. 质量、进度、安全目标及保证措施。

B. 施工组织及管理、技术人员资质，附以名单及职称、学历、岗位证书（或培训证书）复印件。

C. 工机具仪表进场报审表和工机具仪表清单。

D. 工程开工报审表。

监理工程师收到报验申请表后应及时对照上述要求进行检查并签署意见。批准的施工组织方案和主要技工未经监理同意不得随意改变。

（2）施工队的技术力量（含技工数量、施工方案、车辆、工机具）应满足施工质量和进度要求，每支施工队应指定质量和安全责任人，关键部位的操作（上塔及操作，制作馈线头，线缆连接）必须由有许可证、有经验的熟练技工担任；新手必须经过培训才能入场，只能做辅助工作。

（3）施工的工机具仪表应符合施工要求。

（4）设备器材送货和检验。开工前建设单位、供货商、施工单位和监理单位代表对需安装的主要设备、主要材料、配件及辅材要进行点验，设备器材必须全部到齐，数量、规格型号应符合工程设计要求，无受潮和损伤现象。应做好点验记录，不合要求的应要求供货商限时解决，所用线缆应使用阻燃耐火型。

① 主要设备、材料、进场检验结论应有记录，确认符合本规范规定，才能在施工中应用。

② 负责材料进场验收的主管部门，应组织施工单位和监理单位有针对性地制定设备、材料进场检验要求、检验程序和检验方法，明确各环节具体负责人。

③ 材料、设备进场时，建设方、施工方和监理方必须依照国家相关规范规定，按照设备材料进场验收程序，认真查阅出厂合格证、质量合格证明等文件的原件。材料、设备进场时，应确保质量证明文件符合国家有关规定。要对进场实物与证明文件逐一对应检查，严格甄别其真伪和有效性，必要时可向原生产厂家追溯其产品的真实性。发现实物与其出厂合格证、质量合格证明文件不一致或存在疑义的，应立即向主管部门报告。

④ 设备进场时，采购单位要提前通知监理单位，监理工程师必须实施旁站监理。监理人员对进场的材料必须严格审查全部质量证明文件，对不符合要求的不予签认。未经监理工程师签字的进场材料、设备，不得在工程上使用或者安装，施工单位不得进行下一道工序的施工。

（5）工程质量的责任和检查。工程施工质量是在施工过程中形成的，而不是最后检验出来的，为确保工程质量，应建立质量责任和检查体系。

施工单位对所承包的工程项目的施工质量负责，是施工质量的直接实施者和责任者。应当建立起健全的质量管理体系，落实质量责任制，确定工程项目的项目经理、技术负责人和

施工管理负责人。质量责任人应对安装质量特别是关键部位进行质量自检。

监理单位代表建设单位对工程质量实施监理，对工程质量承担监理责任。监理单位责任主要有违法责任和违约责任。监理工程师的质量监督与控制就是使承包单位建立起完善的质量自检体系并运转有效，监理工程师的质量检查与验收，是对承包单位作业活动质量的复核与确认；监理工程师的检查决不能代替承包单位的自检，而且，监理工程师的检查必须是在承包单位自检并确认合格的基础上进行。现场监理工程师应履行职责，严格把关，不合格的地方应当场纠正。

10.3.2　施工规范和要求

1. 架空线路施工规范和要求

（1）拉线。

① 拉线应采用镀锌钢绞线，其规格、程式按设计规定。

② 人行道上的拉线宜采用红白相间的竹筒或专用的 PVC 管保护。

③ 拉线上把与水泥电杆应用抱箍法结合。

④ 架空光缆线路的拉线上把在电杆上装设位置应符合 YD5121—2010（规范）标准或设计规定。

⑤ 拉线上把的扎固方法：一般采用夹板法，特殊情况按设计规定，具体尺寸应符合 YD 5121—2010（规范）标准。

⑥ 拉线地锚盘尺寸、拉线的地锚坑深度应符合 YD 5121—2010（规范）标准，偏差应小于 50mm。一般的，锚出土长度为 600mm，允许偏差小于+50mm 至−300mm；拉线地锚的实际出土点与正确出土点之间的偏差不大于 50mm；拉线地锚应埋设端正，不得偏斜；地锚的拉线盘应与拉线垂直。

⑦ 拉线中把与地锚连接处应按拉线程式加装拉线衬环，衬环应装在拉线弯回处。

⑧ 拉线中把夹固、缠扎规格尺寸应符合 YD 5121—2010（规范）标准或设计规定。

⑨ 高桩拉线的副拉线、拉装中心线、正拉线、电杆中心线应成一条直线，其中任一点的最大偏差不得大于 50mm，其规格尺寸按设计规定。

⑩ 吊板拉线的规格尺寸应符合 YD 5121—2010（规范）标准或设计规定。

（2）避雷线和地线。

① 电杆上装设的避雷线应符合 YD 5121—2010（规范）和设计规定标准。

② 地线接地电阻一般采用兆欧表进行测试，根据设计规范要求，接地电阻小于 20Ω。

③ 地线应与吊线用地线夹板夹紧，地线采用 4.OF 伸出杆顶 15～20cm。

④ 避雷线的地下延伸部分应埋在离地面 70mm 以下，延伸线（一般采用 4.0mm 镀锌钢线）的延伸长度及接地电阻值应符合表 10-2 要求。

表 10-2　　　　　　　避雷线接地及延伸线（地下部分）参考长度

土质	一般电杆避雷线要求		与 10kV 电力脚越杆避雷线要求	
	电阻/Ω	延伸/m	电阻/Ω	延伸/m
沼泽土	80	1.0	25	2
黑土地	80	1.0	25	3

续表

土质	一般电杆避雷线要求		与 10kV 电力脚越杆避雷线要求	
	电阻/Ω	延伸/m	电阻/Ω	延伸/m
黏土地	100	1.5	25	4
砂黏土	150	2	25	5
砂土	200	5	25	9

⑤ 光缆吊线直接入地或接地体安装规范应符合 YD 5121—2010（规范）和设计规定标准，接地电阻值应符合表 10-3 要求。

表 10-3   光缆吊线接地电阻

土质	普通土	砂黏土	砂土	石质土
土壤电阻率（Ω/m）	100 以下	101～300	301～500	500 以上
架空光缆吊线	20	30	35	45

（3）架空吊线。

① 吊线采用 2.2/7 镀锌钢绞线。

② 吊线夹板距电杆顶的距离应不小于 600mm。

③ 吊线布放时要有专人指挥，安排 1 人来回巡查，配足人力。在牵引时，前面要用干燥的棕绳（尼龙绳）与吊线相连接，牵引人只准拉棕绳（尼龙绳）部位向前牵引，不准接触钢绞线，以防吊线弹跳，触碰到电力线。人员要穿绝缘球鞋。

④ 为了减少牵引的阻力，要随放随拿上电杆，过路处，要派专人看守。

⑤ 吊线布放时，要注意杆面使用一致。

⑥ 吊线抱箍装在水泥杆杆梢向下 600mm 处，过路高度不够时可酌情处理，要确保越跨公路、土路的高度。挂好光缆后，其光缆最低点距公路路面不少于 5.5m。

⑦ 内角和外角的吊线，在紧固吊线时要事先放入单槽夹板内，适当紧固单槽夹板的三个螺帽，使吊线在夹板中既能滑动，又弹不出来。

⑧ 一盘吊线放结束后，要适当收紧，紧固于电杆根位并缠死，防止刮碰到行人、行车，造成不安全因素。

⑨ 严格掌握吊线与电力线的交越隔距，角度必须符合标准。

⑩ 大于标准杆距 50%的长杆档，必须装设副吊线。

⑪ 凡附挂在电力杆路上的钢绞线，每根电力杆处要接地，接地电阻小于 20Ω。电力杆与通信杆的钢绞线连接处应与电气配线断开。

⑫ 紧吊线（吊线安装垂度表分 50m 和 55m 两种要求），紧吊线安装要求如表 10-4 所示。

表 10-4   紧吊线安装要求

负荷区	杆距/m	下列温度时吊线原始安装垂度/cm					架挂光缆后最大垂度/cm
		-10℃	0℃	10℃	20℃	30℃	
轻中负荷区	50	10.5	11.5	13	15	17.5	71
	55	12.5	14	15.5	18	21	86

⑬ 施工单位应自检并填报架空光缆工程质量控制表，现场监理查验、签认。

2．光缆施工规范和要求

（1）光缆单盘测试。

① 光缆开头检验时，应核对端别、长度标记和外观检查。

② 单盘测试配盘及指标应符合设计要求，并核对厂家单盘测试资料。对不符合设计标准的光缆应要求施工单位将测试结果及时通知供货单位或建设单位。

③ 单盘测试完毕，可随机抽几盘光缆进行熔接检验，如果接续困难（指标偏高），甚至无法达到预期要求，应分析原因，必要时请供货商确认。

④ 不合格光缆应分开存放，不合格光缆不得运到现场使用。

⑤ 施工单位填光缆单盘检验测试记录信息表，并附测试资料，送项目监理部审核、签认。

（2）光缆配盘。

① 应根据中继段管道、杆路路由复测计算出的总长度、路由上的特殊点、到货光缆盘长以及人（手）孔段长等来选配单盘光缆。

② 光缆布放预留长度应符合规范和设计要求。

③ 光缆接头盒位置要选定在适当的位置，架空光缆接头应避开交通路口。

④ 施工单位应编制中继段光缆配盘图，并填报光缆配盘图表，交监理工程师审核、签认。

（3）光缆布放。

① 确定光缆端别的原则：干线光缆线路以北方向为 A 端，南方向为 B 端，东方向为 A 端，西方为 B 端。本地网光缆线路以市局为 A 端，县（市）局为 B 端。除光缆生产厂有特别声明外，一般情况下，光缆计数尺码的小数字为 A 端，大数字为 B 端。

② 架空光缆：光缆布放过程中，其所受张力、侧压力、曲率半径等不得超过单盘光缆的技术性能要求；进局方向敷设 500m 阻燃光缆进局，直接成端到机房的 ODF 架上；光缆在布放过程中不得出现扭绞等有可能造成光缆受伤的现象；光缆引上或引下电杆上，在电杆上应设热镀锌钢管，钢管内应按设计规定，敷设直径 28/32 mm 塑料子管 3 或 4 根，引上钢管口应封堵，引上管的绑扎及引上光缆的绑扎应符合 YD 5121—2010（规范）和 YD J44—1989 标准或设计规定；挂钩间隔为 50cm，第一个挂钩距水泥杆 20～25cm。人字拉、四方拉、角杆，高桩拉及直线每间隔 5 根留伸缩弯，伸缩弯最低点距吊线 30cm。伸缩弯与水泥杆接触处用软管保护，软管长度为 40cm。接头杆接头盒距水泥杆 60cm，接头盒两边有滴水弯，长度为每边 1.2m。距盒出口 10cm 处用 1.12 护套铁线捆扎。接头盒相邻两杆装余留架预留光缆，各余长 11～15m。进局（站）光缆预留一次，长度 20m 左右。尽量预留在地下室或人孔内，当地下室或人孔内无法预留时，才能预留在电杆上；架空光缆敷设后，需在角杆、顶号挡杆、跨越杆、终端杆及防风杆（双方拉线）、防棱杆（四位拉线）留余线，绑扎在电杆上，具体尺寸应符合 YD 5121—2010（规范）标准或设计规定。

③ 管道光缆子管出孔壁留长 10cm，空余子管用堵塞封堵，穿放光缆的子管用 25mm 的塑料软管包裹光缆，软管伸入子管 5cm，再用自粘胶带封缠子管口，人孔内光缆要固定在托架托板上（或钉固在孔壁上），要确保光缆在人手孔内的曲率半径大于光缆外径的 20 倍。光缆使用子管的颜色要一致，拐弯孔内要走大弯，接头孔的相邻两个孔留余缆，余长 11～15m。接头井内不留余缆，一条光缆挂一块牌，标牌由建设单位提供。

④ 三线保护的防护长度为超出电力线两边各 1m；过路处，用红、白警示管防护警示。

⑤ 人工布放的人员组织、牵引器具配置、"8"字盘放，布放时避免浪涌、背扣、地面

拖、擦和车压等情况。

⑥ 各点光缆预留长度应按设计要求，余缆盘成不小于 60cm 直径的缆圈。

⑦ 光缆安装及保护措施，应符合设计和规范要求：曲率半径≥光缆外径的 20 倍。

⑧ 人（手）孔、进线室、上线架、机房等光缆标识牌安装。

⑨ 工地施工代表自检填写通信光缆工程质量控制表，现场监理查验签证。

（4）光缆接续与安装。

① 光缆接续、测试人员必须经过专业技术培训，才能从事此项工作。接续前要核对光缆程式、芯数是否符合设计文件要求，是否有障碍光纤对。

② 光缆接续应在专用、清洁的工具车内或专用帐篷内进行，严禁在露天或无遮盖的环境中操作。

③ 光缆接续前要了解其生产厂家，光纤的结构、端别、光纤的排列、光纤的折射率，选择最佳熔接参数。

④ 接续前，应对光缆接头位置、光缆余留长度、光缆固定位置等进行检查计算，符合要求后才可以进行接续。开剥后，要做好光纤编号，接续时应严格按编号同色光纤接续。

⑤ 接头盒安装牢固，不漏气、不变形、无损伤。热缩管无气泡，安装牢固。光纤在收容盘内盘绕整齐，其曲率半径应大于 50mm。

⑥ 根据本工程的具体情况，在光缆接续前制定好测试方法，进行监测接续，以便及时发现处理问题，如果监测在盲区之内，应接入 1.5km 尾纤进行监测。

⑦ 光缆加强芯和金属护套在接头盒内电气断开。

⑧ 架空光缆接头盒的安装，应距电杆 60cm，接头盒两侧应留伸缩弯长度为 1m，垂度为 2.5m，缆用波纹管保护，接头盒两侧 15cm 处用吊线捆扎，余留安装在接头盒杆两侧的电杆上。

⑨ 管道人（手）孔的安装用特制的专用挂钩固定，固定件上部应离人孔上覆 150mm 或固定在托板上。

⑩ 接头盒两侧余缆长度为 11～15m。在接头井相邻两侧的人孔内做余留，余缆盘成直径为 60cm 的圈后，固定在人（手）孔边缘转角处。

⑪ 工地施工代表自检填写通信光缆工程质量控制表（包括光缆接续、接头盒安装等），现场监理查验、签证。

（5）光缆成端。

① 光缆终端在 ODF 架上时，余纤盘绕曲率半径大于 50mm，活接头衰耗小于 0.1dB。反射衰耗大于 40dB。

② 光缆加强芯和金属外护层应接保护地线。

③ 尾纤的标签应清楚、美观。

④ 机房中不留余缆。

（6）中继段测试。

① G655 光缆只进行 1550nm 窗口测试，G652 光缆进行 1550nm、1310nm 两个窗口的测试。

② 测试内容包括线路衰耗、后向散射信号曲线以及 PMD 链路值。测试结果应按规定表式做详细记录，全程信号曲线应附图。

③ 各中继段测试并合格后，填报中继段测试报验申请表，监理工程师审核、签认。

3．架空线路施工的安全规范和要求

（1）架空线路施工的危险源及防范措施。

① 杆上（安装支撑物）、线上（挂钩）高处作业。

主要危险源：人或工器具坠落导致人员伤亡

防范措施：

A．上杆前，检查电杆是否牢靠，是否有电力线等障碍物。

B．检查安全帽、脚扣、安全带等是否牢靠。

C．上杆后扣好安全带方可操作，上下落物用绳吊落，不可抛上抛下。

D．下杆前，检查操作部分是否牢靠。

② 新设、更换拉线，架设吊线、架空光缆。

主要危险源：未加固的钢绞线绷飞伤人

防范措施：

A．检查紧线工具无滑丝，安全可靠。检查地锚深度和拉线材料符合设计要求。

B．拆除旧拉线、旧吊线必须先用紧线工具做好辅拉线、辅吊线后，慢慢松掉拉线抱箍、夹板，等无拉力后方可拆除旧拉线、旧吊线等。

③ 电力线附近施工，光、电缆与电力线交越或与电力线路同杆架设。

主要危险源：接触高低压电力线导致触电危险

防范措施：

A．与电力线交越施工，必须先切断电源。若无法切断，则需做好防护措施。

B．上杆前，戴安全帽、穿绝缘鞋、工具需有绝缘措施。然后用试电笔或反手测试是否有电，确认后方可施工。

（2）登（上）杆作业安全要求。

① 登杆前应认真检查电杆完好情况，不得攀登有倒杆或折断危险的电杆。

② 利用上杆钉登杆时，应检查上杆钉安装是否牢固。如有断裂、脱出等情况，不得蹬踩。

③ 使用脚扣登杆作业前应检查脚扣是否完好，当出现橡胶套管（橡胶板）破损、离股、老化、螺丝脱落、弯钩或脚蹬板扭曲、变形、开焊、裂痕，脚扣带坏损等情况时，不得使用。不得用电话线或其他绳索替代脚扣带。

④ 检查脚扣的安全性时，应把脚扣卡在离地面 30cm 的电杆上，一脚悬起，另一脚套在脚扣上用力踏踩，没有任何受损变形迹象，方可使用。

⑤ 使用脚扣时不得以大代小或以小代大，不得使用木杆脚扣攀登水泥杆，不得使用圆形水泥杆脚扣攀登方型水泥杆。

⑥ 登杆时应随时观察并避开杆顶周围的障碍物。不得穿硬底鞋、拖鞋登杆。不得两人以上（含两人）同时上下杆。

⑦ 材料和工具应用工具袋传递，放置稳妥。不得上下抛扔工具和材料，不得携带笨重工具登杆。

⑧ 杆上作业，应系好安全带，并扣好安全带保险环。安全带应兜挂在距杆梢 50cm 以下的位置。

⑨ 电杆上有人作业时，杆下应有人监护，监护人不得靠近杆根。

（3）安装和拆换拉线作业安全要求。

① 拉线的安装位置宜避开有碍行人、行车的地方，并安装拉线警示护套。

② 安装拉线应在布放吊线之前进行。拉线坑的回填土应夯实。

③ 更换拉线前，必须制作不低于原拉线规格程式的临时拉线。

④ 终端拉线用的钢绞线应比吊线大一级，并保证拉距。地锚与地锚杆应与钢绞线配套。地锚埋深和地锚杆出土尺寸应符合规范要求。

（4）布放吊线安全要求。

① 布放钢绞线前，应对沿途跨越的供电线路、公路、铁路、街道、河流、树木等情况进行调查统计，制定有效措施，安全通过。

② 在跨越铁路作业前，应调查该地点火车通过的时间及间隔，以确定安全作业时间，并请相关部门协助和配合。

③ 通过供电线路、公路、铁路、街道时，应计算并保证设计高度，确定钢绞线在杆上的固定位置。牵引钢绞线通过前应进行警示、警戒。

④ 在有旧吊线的条件下架设吊线，应利用旧吊线挂吊线滑轮的办法升高跨越公路、铁路、街道的钢绞线，在吊线紧好后拆除吊线滑轮。在新建杆路跨越铁路、公路、街道、电力线上方时，应采用单档临时辅助吊线挂高吊线，在吊线紧好后拆除临时辅助吊线。

⑤ 在树枝间穿越时，不得使树枝挡压或撑托钢绞线。

⑥ 如钢绞线在低压电力线之上，必须设专人用绝缘棒托住钢绞线，严禁在电力线上拖拉。

⑦ 人工布放钢绞线，在牵引前端应使用干燥的麻绳牵引，麻绳应与钢绞线连接牢固。

⑧ 布放钢绞线时不得兜磨建筑物。

⑨ 在牵引全程钢绞线余量时，用力应均匀，应采取措施防止钢绞线因张力反弹在杆间跳弹。

⑩ 剪断钢绞线前，剪断点两端应先人工固定，剪断后缓松，防止钢绞线反弹。

⑪ 在收紧拉线或吊线时，扳动紧线器以两人为限，操作时作业人员应在紧线器的左后侧或右后侧。

⑫ 使用手扳葫芦收紧电缆吊线时，应将手扳葫芦放置平稳、固定牢固，除操作者外，周围不得有人停留。用手扳葫芦拉紧全程吊线时，杆上不得有人。

（5）布放架空光缆安全要求。

① 在电力线、公路、铁路、街道等特殊地段布放架空光（电）缆时应进行警示、警戒。在跨越铁路作业前，应调查该地点火车通过的时间及间隔，以确定安全作业时间，并请相关部门协助和配合。在树枝间穿越时，不得使树枝挡压或撑托光（电）缆。光（电）缆在低压电力线之上通过时，不得搁在电力线上拖拉。

② 光（电）缆在行进过程中不应兜磨建筑物，必要时应采取支撑垫物等措施。

③ 在吊线上布放光（电）缆作业前，应检查吊线强度，确保在作业时，吊线不致断裂，电杆不致倾斜，吊线卡担不致松脱。

④ 在跨越铁路、公路杆档安装光（电）缆挂钩和拆除吊线滑轮时严禁使用吊板。

⑤ 光（电）缆在吊线挂钩前，一端应固定，另一端应将余量拽回，剪断缆线前应先固定。

⑥ 使用吊板挂放光（电）缆应遵守以下要求：

A. 坐板及坐板架应固定牢固，滑轮活动自如，坐板无劈裂、腐朽现象。如吊板上的挂钩已磨损 1/4 时，不得再使用。

B．坐吊板时，应佩戴安全带，并将安全带挂在吊线上。

C．不得有两人以上同时在一档内坐吊板工作。

D．在 2.0/7 规格以下的吊线上作业时不得使用吊板。

E．在电杆与墙壁之间或墙壁与墙壁之间的吊线上，不得使用吊板。

F．坐吊板过吊线接头时，应使用梯子。经过电杆时，应使用脚扣或梯子，不得爬抱而过。

G．坐吊板时，如人体上身超过原吊线高度或下垂时人体下身低于原吊线高度时，应与电力线尤其是高压线或者其他障碍物保持安全距离。在吊线周围 0.7m 以内有电力线时，不得使用吊板作业。

H．坐吊板作业时，地面应有专人进行滑动牵引或控制保护。

（6）供电线路附近架空作业安全要求。

① 在供电线路附近架空作业时，作业人员必须戴安全帽、绝缘手套，穿绝缘鞋和使用绝缘工具。

② 在杆路上作业时，应先用试电笔检查该电杆上附挂的线缆、吊线，确认没有带电后再作业。

③ 在通信线路附近有其他线缆时，在没有辨明该线缆使用性质前，一律按电力线处理。

④ 在电力线附近作业，特别是在与电力线合用的电杆上作业时，作业人员应注意与电力线等其他线路保持安全距离。

⑤ 在高压线附近架空作业时，离开高压线最小距离必须保证：35kV 以下为 2.5m，35kV 以上为 4m。

⑥ 光、电缆通过供电线路上方时，必须事先通知供电部门停止送电，确认停电后方可作业，在作业结束前严禁恢复送电。确不能停电时，必须采取安全架设通过措施，严禁抛掷线缆通过供电线上方。

⑦ 遇有电力线在线杆顶上交越的特殊情况时，作业人员的头部不得超过杆顶。所用的工具与材料不得接触电力线及其附属设备。

⑧ 当通信线与电力线接触或电力线落在地面上时，必须立即停止一切有关作业活动，保护现场，立即报告施工项目负责人和指定专业人员排除事故，事故未排除前严禁行人步入危险地带，严禁擅自恢复作业。

⑨ 在有金属顶棚的建筑物上作业前，应用试电笔检查金属顶棚，确认无电后方可作业。

⑩ 在电力线上方或下方架设的线缆应及时按设计规定的保护方式进行保护。

4．墙壁光（电）缆施工安全规范和要求

（1）墙壁光缆施工的危险源及防范措施。

① 上梯作业。

主要危险源：上梯滑落、坠落导致人员伤亡

防范措施：

A．确保使用前检查梯子长度是否适合，有无裂纹、变形情况。

B．使用梯子时必须放置在平坦、稳固和干爽的表面，在湿滑路面施工时梯子下端必须套防滑胶皮。

C．竹梯放置角度不应过大或过小，应保持在 75°左右，且在作业中梯子顶端必须超过作业面 1m 左右，梯下应有专人看护。

D. 上梯施工人员不得穿硬底皮鞋、凉鞋等，应穿软底防滑类鞋佩戴安全帽施工。

② 高空作业。

主要危险源：人员或工器具坠落导致人员伤亡

防范措施：

A. 登高施工人员必须持有登高证，戴安全帽方可施工。

B. 上下落物用绳吊落，不可抛上抛下。

C. 作业区下方应有人监护，监护及其他人员不得靠近作业下方。

（2）墙壁光缆施工安全要求。

① 墙壁线缆在跨越街巷、院内通道等处时，线缆的最低点距地面高度不得小于 4.5m。

② 在墙壁上及室内钻孔时，如遇与近距离电力线平行或穿越，应先停电后作业。

③ 墙壁线缆与电力线的平行间距不应小于 15cm，交越的垂直间距不应小于 5cm。对有接触摩擦危险隐患的地点，应对墙壁线缆加以保护。

④ 在墙壁钻孔时应用力均匀。铁件对墙加固应牢固、可靠。

⑤ 收紧墙壁光（电）缆吊线时，应有专人扶梯且轻收慢紧，不应突然用力而导致梯子侧滑摔落。

⑥ 收紧后的吊线应及时固定，拧紧中间支架的吊线夹板和做吊线终端。

⑦ 跨越街巷、居民区院内通道地段时，严禁使用吊线坐板方式在墙壁间的吊线上作业。

5. 管道光缆施工

（1）管道光缆施工的危险源及防范措施。

主要危险源井下、管道内作业：毒气、废气、缺氧导致人员伤亡

防范措施：

A. 打开人井，测试井中是否有毒气等，15min 后再操作。

B. 发现异气后，查找气源，摸清后切断气源。

C. 在井下用喷灯，必须谨慎。

（2）管道光缆施工安全要求。

① 地下室、地下通道、人孔内作业应遵守建设单位及维护部门的地下室进出规定及人孔启闭规定。启闭人孔盖应使用专用钥匙。

② 地下室、地下通道、人孔内有积水时，应先抽干后再作业。遇有长流水的地下室或人孔，应定时抽水。不得边抽水、边下地下室或人孔内作业。冬季抽水时，应防止路面结冰。在人孔抽水使用发电机时，排气管不得靠近人孔口，应放在人孔下风方。

③ 雨、雪天作业时，在人孔口上方应设置防雨棚，人孔周围可用砂土或草包铺垫。

④ 进入地下室、地下通道、管道人孔前，必须使用专用气体检测仪器进行气体检测，确认无易燃、易爆、有毒、有害气体并通风后方可进入。作业期间，必须保证通风良好，必须使用专用气体检测仪器进行气体监测。

⑤ 上下人孔时必须使用梯子，严禁把梯子搭在人孔内的线缆上，严禁踩踏线缆或线缆托架。进入人孔的人员必须正确佩戴全身式安全带、安全帽并系好安全绳。在人孔内作业时，人孔上面必须有人监护。

⑥ 在地下室、地下通道作业时，作业人员与外面的巡视人员应保持通信畅通，在人孔内作业时，上下人孔的梯子不得撤走。

⑦ 在地下室、地下通道、管道人孔作业中，若感觉呼吸困难或身体不适，或发现易燃、易爆或有毒、有害气体或其他异常情况时，必须立即呼救并迅速撤离，待查明原因并处理后方可恢复作业。人孔内人员无法自行撤离时，井上监护人员应使用安全绳将人员拉出，未查明原因严禁下井施救。

⑧ 严禁将易燃、易爆物品带入地下室、地下通道、管道人孔。严禁在地下室、地下通道、管道人孔吸烟、生火取暖、点燃喷灯。在地下室、地下通道、管道人孔内作业时，使用的照明灯具及用电工具必须是防爆灯具及用电工具，必须使用安全电压。

⑨ 清刷管孔时，应安排作业人员提前进入穿管器前进方向的人孔，进行必要的操作，使穿管器顺利进入设计规定占位的管眼;不得因无人操作而使穿管器在人孔内盘团伤及人孔内原有光（电）缆。

⑩ 清刷管孔时，不得面对或背对正在清刷的管孔;不得用眼看、手伸进管孔内摸或耳听判断穿管器到来的距离。

6. 开挖和微控地下定向钻孔敷管

（1）开挖和微控地下定向钻孔施工的危险源及防范措施。

① 土方（含管道沟、顶管）：挖沟（坑、洞）。

主要危险源：可能造成塌方的松软土质，未设警示标志的沟坑导致人员伤亡。

防范措施：

A. 开挖前设置警示标志，最好有围栏。

B. 挖土堆放道路一侧。

C. 工程未竣工，夜间设置红灯警示。

D. 易塌土方，用挡土板保护。

② 微控定向钻孔。

主要危险源：未探明地下物盲目施工导致人员伤亡和经济损失

防范措施：

微控定向钻孔前，必须检查顶管路由是否有供水、煤气、电力管道和其他重要通信线路，并取得当地市政等部门的相关许可证。

（2）钻孔的位置与地下管线位置间的距离要求。

① 钻孔与地下管线方向平行时的距离要求应大于 1m，如图 10-1 所示。

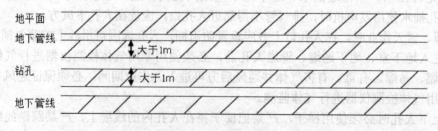

图 10-1 钻孔与地下管线方向平行时的距离示意图

② 钻孔与地下管线的方向交叉时的距离要求大于 0.5m，如图 10-2 所示。

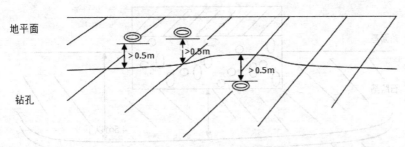

图 10-2 钻孔与地下管线方向交叉时的距离示意图

③ 在钻孔回拖管材时，弯曲的钻孔会使钻孔位置上移，而与其他的地下管线接近，如图 10-3 所示，因此需尽量拉大地下管线的相隔间距。

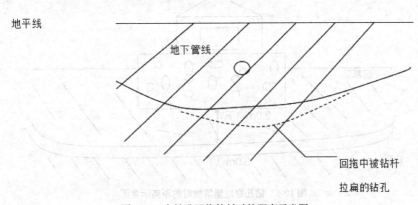

图 10-3 在钻孔回拖管材时的距离示意图

（3）一般性的障碍物（河流、公路、铁路、建筑物）的钻进深度要求。

① 钻孔穿过河流时，钻孔距河床应在 3.5m 以下，如图 10-4 所示。

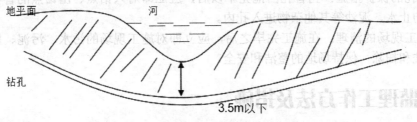

图 10-4 钻孔穿过河流时的距离示意图

② 钻孔穿过公路、铁路时，钻孔距路基底部必须在 2.0m 以下，尽可能在路面 4.5m 以下，如图 10-5 所示。

③ 钻孔穿过建筑物时，钻孔距建筑物基础底部应在 3.0m 以下，如图 10-6 所示。

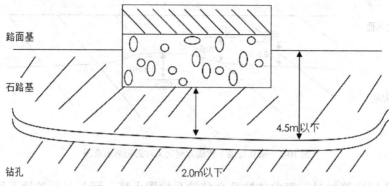

图 10-5　钻孔穿过公路、铁路时的距离示意图

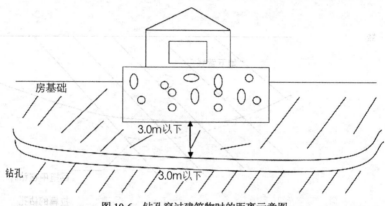

图 10-6　钻孔穿过建筑物时的距离示意图

④ 当钻孔通过其他一些特殊性的障碍物时，应与建设部门和障碍物所在部门协商，确定一个准确的安全深度以后，再进行施工。

（4）管孔的保护措施及施工现场的情况

① 管孔的保护措施：当管孔回拖完毕以后，应立即对入钻点、出钻点的管孔进行阻塞保护，以防止水、泥沙等其他杂物进入孔内。

② 施工现场的清理：在施工完毕之后，应立即对施工现场的污水、污泥、施工用的废料进行清洗和扫除，保持场地的整洁和安全。

10.4　监理工作方法及措施

10.4.1　施工准备阶段监理工作方法及措施

（1）熟悉工程设计文件、图纸，准备与本工程监理内容有关的标准、规范，主要文件如下。

① 施工图设计文件、图纸。

② 信息产业部发布的与本工程有关的标准：

《建设工程监理规范》（GB/T 50319—2013）

《建筑工程施工质量验收统一标准》（GB 50300—2013）

《通信建设工程监理管理规定》（信部规[2007]168 号文）

《电信网光纤数字传输系统工程施工及验收暂行技术规定》（YDJ 44—1989）

《通信管道和电缆通道工程施工监理暂行规定》（YD 5072—1998）

《本地网通信线路工程验收规范》（YD 5121—2010）

通信工程建设标准强制性条文

建设单位与承建单位签订的工程建设施工合同

建设单位与供货单位签订的工程器材、设备采购合同

（2）参加施工图设计交底会议，检查、审核设计、图纸，指出施工中可能出现的问题，以便设计单位优化设计。

（3）参加第一次工地例会，向工程参与各方提出本工程监理具体方法和措施。

10.4.2　施工实施阶段监理工作方法及措施

1．质量控制方法和措施

（1）采用宏观和微观相结合控制，在事前、事中、事后控制的基础上，再在工艺流程中选定若干个重要工序作为质量控制点进行全方位的质量控制。

（2）施工质量控制中，视情形采用检查凭证、感官直觉、器具计量、实验的措施和手段。

（3）在工程施工阶段，工程项目的重点部位、关键工序的施工质量应由项目监理机构确认，监理人员采用巡视和旁站相结合的查验方法，关键工序和隐蔽工序以旁站为主要方法，对所有控制点及隐蔽工序进行查验和签证。

（4）检查施工单位的工程自检工作，数据是否齐全，填写是否正确，对自检工作做出评价，对工程进行预验。

2．进度控制方法和措施

（1）监督施工单位严格按照《2016 年第一期××基站光缆线路接入工程施工合同》规定的工期组织施工，审核施工单位提出的保证进度的具体措施，如发生工期延误应及时分析原因、采取措施，以保证工程按计划进行。

（2）监理组建立工程进度台账，核对工程形象进度，按周向建设单位和监理部报告施工计划执行情况、进度及其保证措施，使业主及时了解工程情况以便协调各方促进工程建设。

3．造价控制方法和措施

（1）认真核对工作量，严格按规定办理验工计价签证。

（2）对不符合质量标准的工程，未经整改达标前，不予验工计价。

（3）按程序严格执行工程变更工作的报验。

10.4.3　竣工验收阶段监理工作方法及措施

（1）督促配合施工单位做好工程竣工后的自检报验工作。

（2）督促、检查施工单位及时整理竣工文件。

（3）组织工程预验，编制监理工作总结、整理监理资料，并参加建设单位组织的工程竣工验收工作，提出监理意见。

学习单元 11　XX 市电信无线网设备安装工程监理

11.1　专业工程特点

本工程为 2016 年××市电信无线网试验网工程主设备安装分部工程，包含传输设备安装、电源设备、室外天馈线系统安装、基站主设备安装、调测及机房空调设备安装等分项工程。各分项工程的主要工程量有：

（1）主设备安装工程主要包含：安装中兴公司提供的 RRU、BBU 及 DCPD6 设备。

（2）电源设备安装工程主要包括：市电引入、安装或改造壁挂式配电屏、安装或改造柜式开关电源、电源走线架、保护地线、布放各种电源线、安装或改造蓄电池组。

（3）传输设备 IPRAN 安装，传输集装架安装。

（4）机房空调设备安装工程主要包括安装柜式空调。

（5）室外天馈线系统安装主要工程量为天线、跳线安装以及 RRU 电源线、野战光缆布放等。

本工程特点：除系统主设备外，其他配套专业繁多；工程施工地点分布面广；涉及的专业比较齐全。由于涉及专业多，对监理人员知识面和协调工作能力要求较高；同时由于工程施工地点分布较广，人员设备的调度难度增加，因此要求在施工过程中要加强施工过程的计划性，特别要加强对计划的执行力度的控制。

2016 年 XX 市全年计划新建 1356 个站点，其中 A 县 135 个，B 区 211 个，C 区 214 个，D 县 90 个，E 县 277 个，F 县 236 个，市区 193 个，具体详见设计。工程信息如表 11-1 所示。

表 11-1　　　　　　　　　　　工程信息表

建设单位	中国电信股份有限公司××市分公司
工程名称	2016 年××市电信无线网设备安装工程
工程地点	××市地区
设计单位	××省邮电规划设计院有限责任公司
施工单位	××有限公司
设备供货商	中兴通讯股份有限公司、华为技术有限公司

11.2　监理工作流程

11.2.1　质量控制程序

质量控制流程如图 11-1 所示。

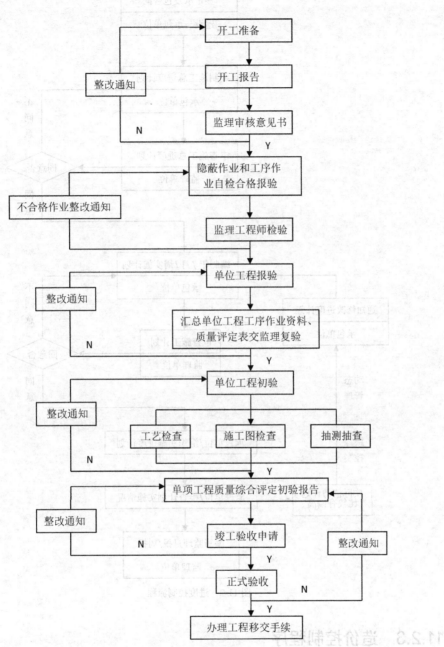

图 11-1 质量控制流程

11.2.2 进度控制程序

进度控制流程如图 11-2 所示。

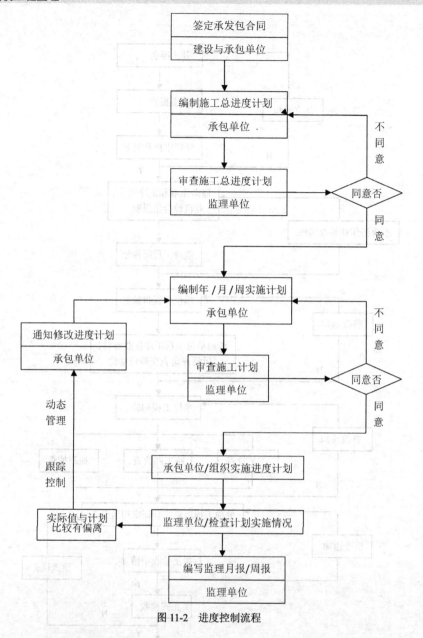

图 11-2　进度控制流程

11.2.3　造价控制程序

造价控制流程如图 11-3 所示。

11.2.4　安全应急程序

受监工程发生生产安全事故时，项目监理机构现场安全应急流程如图 11-4 所示。

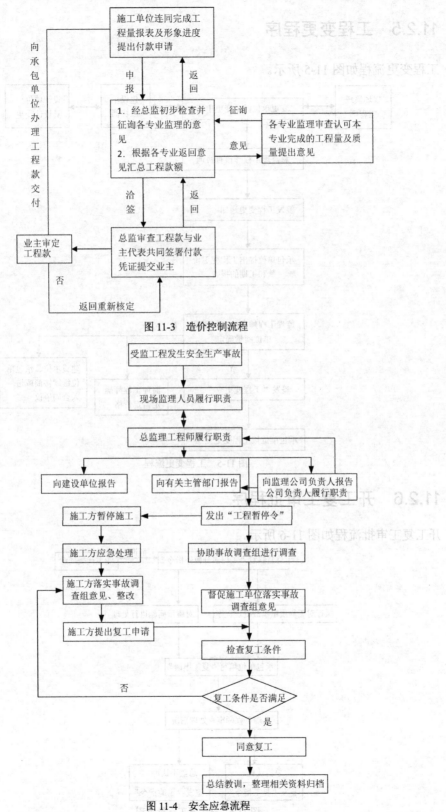

图 11-3 造价控制流程

图 11-4 安全应急流程

11.2.5　工程变更程序

工程变更流程如图 11-5 所示。

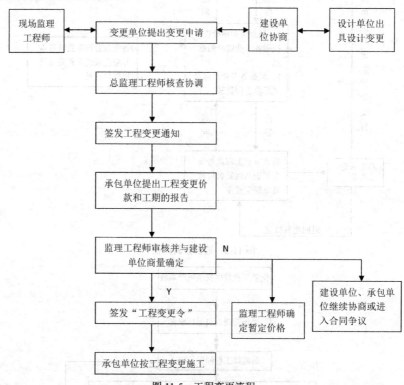

图 11-5　工程变更流程

11.2.6　开工复工审批程序

开工复工审批流程如图 11-6 所示。

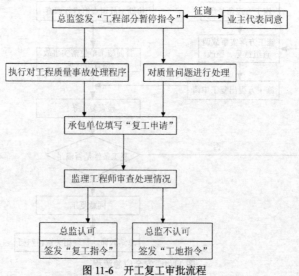

图 11-6　开工复工审批流程

11.2.7 工程竣工验收程序

工程竣工验收流程如图 11-7 所示。

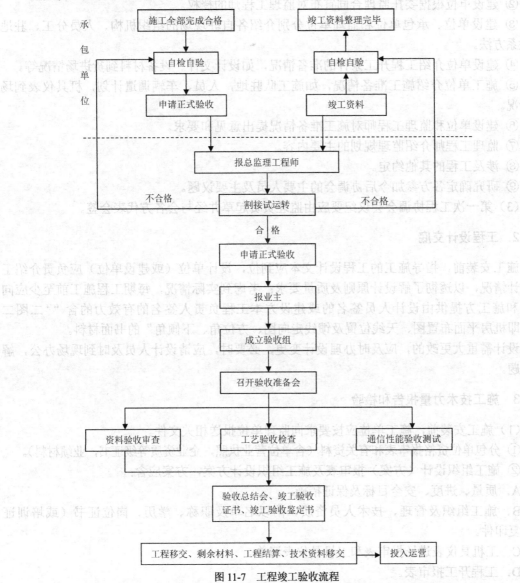

图 11-7 工程竣工验收流程

11.3 监理工作要点

11.3.1 施工组织和实施

1. 工程协调会

（1）开工前应召开第一次工程协调会，会议由建设单位主持，参加单位应有建设单位、承包单位、监理单位、设计单位等承担本工程建设的主要负责人、专业技术人员、管理人员。

（2）第一次工程协调会的主要内容：

① 建设单位简介工程概况，如组网方案、规模容量、总工程量、工程时限。

② 建设单位根据委托监理合同宣布对监理工程师的授权。

③ 建设单位、承包单位和监理单位分别介绍各自驻现场的组织机构、人员分工、驻地及联系方法。

④ 建设单位介绍工程开工条件的准备情况，如设计文件、设备材料到货进场情况等。

⑤ 施工单位介绍施工准备情况，如施工队驻地，人员、车辆调遣计划，机具仪表到场等情况。

⑥ 建设单位和监理工程师对施工准备情况提出意见和要求。

⑦ 监理工程师介绍监理规划的主要内容。

⑧ 涉及工程的其他约定。

⑨ 研究确定各方参加今后协调会的主要人员及主要议题。

（3）第一次工程协调会会议纪要应由监理负责起草并经与会各方代表会签。

2．工程设计交底

施工安装前，指导施工的工程设计文本应到位，设计单位（或建设单位）应负责介绍工程设计情况，以透彻了解设计原则及质量要求；考虑到实际情况，每期工程施工前至少应向监理和施工方提供由设计人员签名的或建设方本工程负责人签名的有效力的含"'二图二角'即机房平面布置图、天线位置及馈线走向图、方位角、下倾角"的书面材料。

设计需重大更改的，应及时办理设计变更，必要时，应请设计人员及时到现场办公，解决问题。

3．施工技术力量报告和检验

（1）施工安装前，施工单位应按要求向监理单位报送相关文件。

① 分包单位资格报审表和有关资料（含单位营业执照，企业资质等级证书，业绩材料）。

② 施工组织设计（方案）报审表及施工组织设计方案，方案应含：

A．质量、进度、安全目标及保证措施。

B．施工组织及管理、技术人员资质，附以名单及职称、学历、岗位证书（或培训证书）复印件。

C．工机具仪表进场报审表和工机具仪表清单。

D．工程开工报审表。

监理工程师收到报验申请表后应及时对照检查并签署意见。批准的施工组织方案和主要技工未经监理同意不得随意改变。

（2）施工队的技术力量（含技工数量、施工方案、车辆、工机具）应满足施工质量和进度要求，每支施工队应指定有质量和安全责任人，关键部位的操作（上塔及操作，制作馈线头，线缆连接）必须是有许可证、有经验的熟练技工担任；新手必须经过培训入场，只能做辅助工作。

（3）施工的工机具仪表应符合施工要求。

基站设备安装施工所需基本工具仪表一览表如表 11-2 所示。

表 11-2　　　　　　　　　　　基站设备安装施工所需工具仪表一览表

名称	型号数量	适用范围
罗盘		室外安装用
坡度仪		室外安装用
直角拐尺		室外安装用
50m 皮尺		室外安装用
Sitemaster		室外安装用
馈线盘支架		室外安装用
滑轮组		室外安装用
油绳		室外安装用
大绳		室外安装用
安全带		室外安装用
安全帽		室外安装用
工具包		室外安装用
登塔鞋、手套		室外安装用
望远镜		室外安装用
地阻仪		内外安装
卷尺		内外安装
7/8、1/2 馈线刀	已知	内外安装
机械或液压压线钳		内外安装
定扳手、活扳手		内外安装
套筒扳手、内六角扳手、自动扳手		内外安装
断线钳、老虎钳、斜口钳		内外安装
（十字、一字）螺丝刀		内外安装
美工刀、锉刀、剪刀		内外安装
钢锯、铁锤		内外安装
电锤及钻头		内外安装
电钻及钻头		内外安装
2M 压线钳、剥线钳		室内安装用
绕线枪		室内安装用
万用电表		室内安装用
水平尺、吊锤		室内安装用
热风机		室内安装用
梯子		室内安装用
吸尘器		室内安装用

（4）设备器材送货和检验。

开工前建设单位、供货商、施工单位和监理单位代表要对需安装的主要设备、主要材料、配件及辅材点验，设备器材必须全部到齐，数量、规格型号应符合工程设计要求，无受潮和损伤现象。应作好点验记录，不合要求的应要求供货商限时解决，所用线缆应用阻燃耐火型。

① 主要设备、材料、进场检验结论应有记录，确认符合本规范规定，才能在施工中应用。

② 材料进场验收的主管部门，应组织施工单位和监理单位有针对性地制定设备、材料进场检验要求、检验程序和检验方法，明确各环节具体负责人。

③ 材料、设备进场时，建设方、施工方和监理方必须依照国家相关规范规定，按照设备材料进场验收程序，认真查阅出厂合格证、质量合格证明等文件的原件。材料、设备进场时，应确保质量证明文件符合国家有关规定。要对进场实物与证明文件逐一对应检查，严格甄别其真伪和有效性，必要时可向原生产厂家追溯其产品的真实性。发现实物与其出厂合格证、质量合格证明文件不一致或存在疑义的，应立即向主管部门报告。

④ 设备进场时，采购单位要提前通知监理单位，监理工程师必须实施旁站监理。监理人员对进场的材料必须严格审查全部质量证明文件，对不符合要求的不予签认。未经监理工程师签字，进场的材料、设备不得在工程上使用或者安装，施工单位不得进行下一道工序的施工。

（5）工程质量的责任和检查。

工程施工质量是在施工过程中形成的，而不是最后检验出来的，为确保工程质量，应建立质量责任和检查体系。

施工单位对所承包的工程项目的施工质量负责，是施工质量的直接实施者和责任者。应当建立起健全的质量管理体系，落实质量责任制，确定工程项目的项目经理、技术负责人和施工管理负责人。质量责任人应对安装质量特别是关键部位进行质量自检。

监理单位代表建设单位对工程质量实施监理，对工程质量承担监理责任。监理单位责任主要有违法责任和违约责任。监理工程师的质量监督与控制就是使承包单位建立起完善的质量自检体系并运转有效，监理工程师的质量检查与验收，是对承包单位作业活动质量的复核与确认；监理工程师的检查决不能代替承包单位的自检，而且，监理工程师的检查必须是在承包单位自检并确认合格的基础上进行。现场监理工程师应履行职责，严格把关，不合格的地方应当场纠正。

11.3.2 施工规范和要求

1．施工条件和施工前准备

（1）机房应具备装机条件。

① 机房建筑应符合工程设计要求。有关建筑工程已完工并验收合格，机房墙壁及地面已充分干燥，门窗闭锁应安全可靠。

② 机房馈线孔洞窗已安装，位置、尺寸、数量等均应符合工程设计要求。

③ 新机房时，空调已安装完毕，并能提供使用。室内湿度应符合工程设计要求。

④ 机房接地系统必须符合工程设计的要求，各地排规格和孔洞符合工程设计要求，各地排有接地引入线牢固连接，接地电阻符合设计要求（<10Ω）。

⑤ 市电已引入机房，机房照明系统已能正常使用。

⑥ 机房承重满足设备安装要求。

⑦ 机房建筑必须符合建筑防火的有关规定。机房内及其附近严禁存放易燃易爆等危险品。

（2）天线抱杆应具备安装条件。

① 铁塔抱杆。

A．天线抱杆、悬臂及塔体必须紧固连接，符合安全要求；抱杆和悬臂必须防锈抗腐蚀；抱杆位置设置应符合工程设计要求，抱杆应垂直地面（左右偏差不超过1°）。

B．天线抱杆分离度应满足要求。天线抱杆应满足天线系统水平分离度和垂直隔离度的要求：对于所有天线，同一平台不同扇区内天线水平分离度大于1.0m；不同天线系统在不同天线平台上的垂直分离度大于2m。

② 所有天线抱杆必须处于避雷针45°保护范围之中。

③ GPS天线一般应安装在铁塔或楼顶南面可选择的最开阔处，与GPS天线杆成45°范围内应无阻挡；抱杆应垂直，误差在1°以内。铁塔GPS支架悬臂伸出塔体长度大于1m。建议抱杆长度1m左右，直径75mm。

（3）馈线走线架应具备安装条件。

① 室外走线架宽度不小于0.4m，横档间距不大于0.8m，横档宽度不大于50mm，横档厚度不小于5mm。

② 从铁塔和桅杆到馈线孔必须有连续的走线架。

③ 为使馈线进入室内更安全、更合理，施工更安全便利，高层机房外爬墙走线架应在馈线孔以下留有1.5～2m长。

④ 走线架需有足够的支撑力承重。

（4）铁塔或走线架应具备馈线接地处楼顶走线架安装主馈线时，相应的位置应有可供接地的孔洞。

（5）安装前对工程前期准备工作检查。

为了保证工程进度、质量，提高工程管理水平，在基站设备安装前，由建设单位司组织本部、监理和施工单位对工程的前期准备工作进行全面检查，检查的内容包括：

① 室外天馈线安装条件检查，重点是分离度，接地处和有无连续走线架。

② 室内设备安装条件检查，重点是设备安装位置（设计的安装位置是否需要更改及建议安装位置），馈线孔洞数量和位置安排，避雷器架的安装位置，接地排是否合乎要求，走线架是否合乎要求，电源、传输有无到位，有无可供接电源的端子等。

③ 应详实记录检查结果和安装处理意见，要有案可查。

④ 能整改的一定要及时组织整改以保证安装后的网络质量。

2．示范站的安装

开工时，各地一般应选择一至二个有代表性的基站作为示范站，进行示范性安装。示范站安装由施工单位组织，监理、督导和建设单位参加（必要时，设计人员和设备供货商代表也应参加），示范站要达到的目的是：

① 检验现场安装条件是否完全具备；

② 检验设备、器材的品种、质量、数量是否满足工程要求；

③ 检验施工技术力量（含人员、组织方案、现场管理、投入施工的工机具仪表）是否符合工程质量和进度要求；

④ 检查施工工序、工艺、质量是否符合规范要求。

示范站安装完成后由监理工程师召开工地例会，例会由参建各方参加。会上各方应对示范站情况做出评价，明确提出不合要求的地方；对不合要求的地方，要明确责任人，明确措施，明确完成的时限。监理工程师应起草例会纪要，并会签。每支施工队入场安装时，都应先做一个示范站。

3．天馈线系统安装程序和规范

（1）天馈线安装位置的质量要求。

为了使基站内外设备布局合理、美观，有必要在新建基站对将要安装的设备和未来的增网、扩容作整体通盘安排，先进场安装的要给后续进场的留下位置和方便。天馈线安装位置的质量要求如表 11-3 所示。

表 11-3　　　　　　　　　　　　　　天馈线安装位置的质量要求

平台上天线位置安排	正北为 1 扇区，北左为 TRX1，北右为 RX1;2、3 扇区类推
爬笼两侧支架上馈线位置安排	按建网先后先内侧后外侧，同网按从左到右 1、2、3 扇区的顺序
馈线窗孔洞线缆位置安排	按建网先后先下后上，据机架与馈线窗相对位置按 1、2、3 扇区的顺序
避雷器组架上馈线位置安排	据机架与避雷器相对位置按 1、2、3 扇区的顺序

（2）天馈线的组装吊挂质量要求。

① 天线组装。

天线组装时应在比较平坦的地方，应在地面上铺上包装盒纸，勿使天线外表面受到损伤和污染；应使用专用安装附件按生产厂家安装说明书安装牢固，螺丝不能缺少或松动；1/2室外跳线应先行与天线接好并作好防水包裹绑扎。

② 馈线的量裁。

馈线的量裁应按照节约的原则，先量后裁。馈线的允许余量为不超过 5%。

③ 馈线头制作。

馈线头应在塔下制作，一般情况下，制作馈线头必须使用专用馈线刀，按馈线头厂家规定的规范步骤进行。

切割外皮时不能划伤馈线外导体，馈线的内芯不得留有任何遗留物，如碎屑，灰尘、雨水、汗滴等，切割制作过程至头子装上前应使馈线头部向下，上头前应用专用清洁毛刷除去杂物，用刀具去毛刺；应尽可能防止脏手接触外内导体，不能忘掉密封橡皮圈。天线与 1/2跳线的连接、7/8 馈线头与避雷器的接头连接必须紧固不松动、无划伤、不露铜。

④ 天馈线的吊挂。

要用专用馈线盘支架、滑轮、绳索等设备。捆绑天馈线的绳索要牢靠，吊装时要用小绳控制，不能让天馈线碰触地面、塔体或墙体以免磨损，馈线裁割后应及时将馈线头包封，不能让杂物进入内腔；吊装中两头都应做好标记。

（3）天馈线安装质量要求。

① 天线的安装。

天线的数量、规格、型号和安装位置路由应符合工程设计要求（特别应检查天线是否有内置倾角及波束宽度、增益等指标）。

A．天线安装位置。

天线安装位置应符合工程设计，六根天线在塔上的排位顺序为：正北为 1 扇区，左边接

TRX1；右边接 RX1；2、3 扇区类推；双极化天线＋45°接 TRX，－45°接 RX。天线应符合水平和垂直度隔离度要求。

B．天线方位角。

天线方位角设定符合系统设计要求，最大允许误差正负 5°。方位角正北为 0°，顺时针方向为正，不取负。用指南针测量，推行直角拐尺法。

C．天线俯角。

天线俯角的设定符合系统设计要求，最大允许误差正负 1°。天线俯角为天线平面相对于铅垂线间的夹角。用坡度仪在天线上取上中下三点的平均值。应考虑天线的预置内倾角;电调天线俯角为电调俯角与机械俯角之和，电调俯角根据天线厂家使用说明用专用工具读取。

② 馈线的安装。

天线的接口是天线和馈线的连接口，并非承重口。安装时不能直接和 7/8″馈线连接，应先与 1/2″跳线连接，再连接 7/8″馈线。必须选用室外专用 1/2″跳线，不得用室内跳线；1/2″跳线的布放和绑扎应：留有供优化调整用的余量，余量部分尽可能不打圈，如确需打圈，圈数不能满 2 圈，且弯曲半径应符合要求（大于外径 15 倍，或 240mm），应用宽扎带和能长期不受风化的材料将馈线与桅杆或悬臂固定牢固，使经受大风时无明显摇摆。

应按室内避雷器的位置需要确定每根主馈线安放顺序和入窗口，尽量避免交叉，主馈线布放应做到顺直牢固，馈线间间隔均匀、平行，必须使用专用的馈线卡子，馈线卡安装应牢固并在一条直线上，馈线卡螺丝应能卡紧馈线，馈线卡间距在竖直方向一般应小于 1M，在水平方向上不大于 1.5M。馈线应分层排列，整齐有序。主馈线及 GPS 馈线安装完成后表面不应有破皮划伤和明显扭曲。

在铁塔平台上，馈线不要接触到尖锐的表面（例如不与铁塔角铁接触），馈线固定应尽可能用馈线卡而不用绑扎带，固定 1/2″馈线建议将 7/8″卡的里半块翻转用。

主馈线入室必须用封洞板，并用护套密封。主馈线入室前要封口处理，穿入馈线窗孔洞不能过分用力，不能强行扭曲；要留有回水弯，回水弯半径必须大于馈线规定的最小转弯半径（一般馈线大于 15 倍外径，软馈线大于 10 倍外径）；应能有效防止雨水顺馈线流入基站室内。各馈线的回水弯应一致，回水弯如过大，应用馈线卡互相连接；未使用的入室孔洞口必须密封，整个密封窗应不透光。馈线占用孔洞位置：新基站为了后期布缆方便，建议从下到上，从左到右。安装馈线时，距馈线头 10～15cm 内馈线不应打弯。

③ GPS 天馈线的安装。

GPS 或 LFR 天线安装必须严格按照设计要求施工，或遵守 GPS 产品的要求；GPS 天线一般应安装在铁塔或楼顶南面可选择的最开阔处，与 GPS 天线杆成 45°角范围内应无阻挡。天线应垂直安装，误差在 1°以内。

GPS 天线的组装固定应符合产品说明书的要求，正确固定在天线抱杆上，固定连接件应采用不锈钢材料，禁止用绑扎带；GPS 要与至少 4 颗卫星保持直线无遮挡连接，以正确解码；GPS 应为非本区域内制高点；GPS 与任何 Tx 天线在水平及垂直方向上至少应保持 4m 的距离。

④ 避雷器和避雷器托架的安装。

按厂方说明书要求组装好避雷器组架；在走线架上距馈线窗 1M 左右的位置安装避雷器组架，避雷器架必须与走线架严格绝缘，架面应与走线架垂直，其接地线应接到室外接地排上。

⑤ 室内馈线头的制作和连接。

室内馈线头制作时应实地量裁馈线长度；按规范要求制作馈线头，馈线的内芯不得留有

任何遗留物，馈线头与馈线的连接应做到无松动、无划伤、不露铜、不变形，馈线头与避雷器连接应牢靠。

⑥ 天馈线系统的测量。

天馈线系统的驻波比必须小于 1.5（工作频段）。用驻波比测试仪（如 Site Master）正确测试，每次测试前应进行校准，应记录对应频域和时频的驻波比。不合要求的应现场解决。

（4）馈线的防雷接地质量要求。

主馈线要求 ABC 三点接地，首尾（AC）两点，中间（B）一点；A 点应选在距室外天线侧馈线头 25~30cm 处，可就近选择直接接塔体（应避免复接），也可使用小接地铜块或长接地铜条先接铜体再接塔体；C 点应选在进馈线窗前或回水弯前的未弯曲部位，不可选在弯曲变形应力大的地方，C 点接地线接到室外接地排上；B 点应选在铁塔向过桥拐弯前 0.5~1m 左右的位置，或 AC 两点的中部（楼顶铺设）。如果两点间超过 60m，必须增加接地点；如果馈线小于 20m，允许两点接地；如果馈线小于 10m，允许一点接地。GPS 馈线必须接地，接地点要求同主馈线。

接地线应采用厂方配的专用馈线接地线，A、B 两点一般用 1m 定长线，A 点直接接在塔体上；B 点接到扁铜排上（施工前应配好铜排）；C 点则根据现场需要裁剪，接到室外接地排上，配套铜鼻子须压制 2 道以上，一般应使铜鼻子头向下。接地线应尽可能顺直向下不弯曲，馈线接头处的接地线应朝下，接馈线端应高于接地排端，最小弯曲半径 7.5cm。

塔体接地点和接地线连接处要事先清除油漆和锈，接地线与防雷接地铜排或铁塔连接处要使用镀锡铜鼻子并用螺栓固定连接，同时作防氧化处理。

（5）天馈线接头的防水处理质量要求。

室外所有接头连接处、接地线与馈线的连接处一定要用防水胶泥和防水胶布作密封防水处理，防止雨水渗入。建议根据产品材料说明书要求采用防水 315 法（或 133 法，采用 3M2228 胶泥时），即里面缠 3 层防水胶带，中间包一层防水胶泥（一卷胶泥包一处）并捏成橄榄型，外面再缠 5 层防水胶带，外层胶带应超出胶泥两端各 5cm 左右，末层胶带缠绕的方向由下向上，采用半重叠连续绕包，收尾时应用刀具割断而不能用力拽断，两端应用绑扎带扎好以免散开。包裹处不应在弯曲部位，也不应在底部，水平走线时的包裹处应适当抬高。

（6）馈线标记方法。

标签必须清楚准确，位置一致，不允许标错。建议馈线标签表示 RX1、RX2、RX3、TRX1、TRX2、TRX3、GPS。室外部分的标签应加透明胶带保护。

4．室内设备安装程序和规范

（1）立架。

① 设备安装位置应符合设计平面要求。如原设计位置不合理需更改时，应执行"设计变更控制"或按照由建设方（随工）、监理和施工三方签认的书面图纸进行，事后应报设计院完成设计变更。

② 机架的垂直度应≤0.1%。

③ 新立机架与相邻机架正面应平齐，无凹凸现象，直线误差不大于 5mm，机架间缝隙不大于 3mm。

④ 机架应作抗震加固，并符合《通信设备安装抗震设计暂行规定》和设计要求。

⑤ 设备应按要求在机架底垫专用绝缘垫片以保证与地面绝缘，防止多点接地。

⑥ 机架上各种部零件不得受损，漆面如有脱落应予补漆，安装结束后机架外表面应清洁。

（2）线缆布放与连接。

线缆布放应考虑电源线、信号线分开排放，所放线缆应顺直、整齐，下线按顺序，拐弯均匀圆滑，弯曲半径符合要求（大于 6 倍线缆外径，最小 60mm），留有扩容空间的原则。

① 电源线、地线及铜鼻头制作。

A．电源线应选用阻燃耐火型整段线料，线径规格应符合设计要求，线缆的颜色应尽可能符合部颁标准（直流正：红色；直流负：蓝色）；机架保护地线选用黄绿色或绿色，线径应符合设计要求，至少应大于 16mm^2。

B．铜鼻子的规格应与所选用的线径一致，铜鼻的质量应得到保证；切割线缆应用专用断线钳或咔哒钳，不得使用钢锯等易使铜芯散开的切割工具；不得将芯线剪成头细尾粗状；一般不得通过塞铜丝等办法使线径与铜鼻相吻合；

C．压线钳的模刀应与所压的线鼻一致或小半号，至少应压制 2 刀；压好的线头不应有露铜，根部应用热缩套管封紧或用胶带包紧（最好与线缆同色）。

D．应根据现场需要量裁缆线，布放电源线应考虑线缆的最小弯曲半径，线缆的最小弯曲半径为电缆外径的 6 倍（阻燃型），或 12 倍（耐火型），与线鼻连接处不宜弯曲；线鼻与机架应紧固，电源架侧的熔丝规格应符合要求。

② 1/2″ 跳线头的制作和安装。

A．按设计要求在机架架顶插接 1/2″ 跳线，根据顺直、整齐和满足最小弯曲半径的要求布放至避雷器或双工器，按现场需要进行第一次粗裁。粗裁一般比第二次精裁长 20～50cm，精裁不留余量。

B．按规程使用馈线刀制作 1/2″ 跳线头，馈线头与馈线的连接应做到无松动、无划伤、不露铜、不变形，热缩套管套装的位置（距顶端）要一致、平整，加热要均匀，馈线头与避雷器的连接应牢靠。

③ 传输、告警线缆的布放和安装。

A．2M 电缆头的制作连接。电缆头的规格型号必须与线缆相吻合，剥头不应伤及芯线，建议采用专用工具，线头的长度应一致，芯线不能与头体有相短路的可能（绝缘外皮应保留 0.5mm 以上或露铜小于 2mm）；芯线采用压接方式时，应使用专用压线钳并保证合适强度；当芯线采用焊接方式时，不得出现虚焊和短路，不损伤电缆绝缘层，焊点应光滑均匀，大小合适，无毛刺，无气泡。

B．采用绕接法接线时，必须使用绕线枪，绕接芯线应从端子根部开始，不接触端子的芯线不宜露铜，当线径在 0.4～0.6mm 时，绕接 6～8 圈；当线径在 0.6～1.0mm 时，绕接 4～6 圈。

（3）接地。

避雷器托架的接地线应接到室外防雷地排上；各机架应有保护地线接到室内保护地排上；电源设备、室内走线架等也应有保护地线接到保护地排上，如有缺少，应予补放。

（4）标签。

所有新安装的设备及线缆都必须有显目的标签，标签应正确、整齐、牢固，最好要贴满一圈，贴的时候用直尺或水平尺做标准，要在一个方向上能看清全部标签字。

（5）馈线窗孔洞。

馈线入室口必须用封洞板，馈线窗孔洞要密封不透光。具体填充要求如表 11-4 所示。

表 11-4　　　　　　　　　　　用泡沫填充馈线最小弯曲半径

馈线类型（普通）	企业标准/mm	部颁标准
1/2″	240	15 倍外径
1/2 馈线（超柔）	33	10 倍外径
7/8″	480	15 倍外径
7/8 馈线（超柔）	130	10 倍外径
5/4″	400	10 倍外径
15/8″	500	10 倍外径

（6）设备安装过程中设备加电步骤。

① 设备在加电前，应检查以下内容：

A. 电源线缆连接牢固、可靠、规范。

B. 设备内不得有金属碎屑、铜丝。

C. 电源正负极不得接反和短路。

D. 设备保护地线接地良好。

E. 各级熔丝、电缆规格应符合设备的技术要求。

② 设备加电时，必须沿电流方向逐级测量，逐级加电。

③ 接通任何一个空气开关（ON/OFF）、熔丝，应做到以下测试：

A. 空开或熔丝输入电压是否正常。

B. 空开或熔丝输出端电缆之间是否存在短路、正负极接反、断路现象。

C. 空开或熔丝下级负载（空开）是否处于断开状态。

设备指机房内的电源设备及用电设备，如 AC 屏、开关电源柜、蓄电池、无线设备、传输设备、空调等。

（7）设备加电。

明确市电路由（电流方向），一般为 AC 屏、开关电源柜、无线设备等，严格执行加电前准备工作，具体步骤如下。

设备一：交流配电屏

市电引入后到机房 AC 屏，先到 AC 屏总开关，再到 AC 屏的各个子开关，如开关电源柜、空调、插座、照明空开等，实现交流电的分配功能。

① 检查 AC 屏保护地线（PE）是否已正确连接至室内母地排，且连接良好。

② 检查 AC 屏内是否存在金属碎屑、铜丝等，电源线缆连接是否牢固、可靠、规范。

以上检查满足要求后，按市电电流流向开始测量各个节点。

设备二：开关电源柜

市电由 AC 屏的开关电源柜开关经 4×16 电缆至开关电源柜"交流输入总开关"，交流输入总开关再分配给各个整流模块开关，经整流模块整流后成为直流电源，供给各种直流用电设备，如：BTS、传输集装架等。

① 检查开关电源柜保护地线是否已正确连接至"室内母地排"，且连接良好。

② 检查开关电源柜内是否存在金属碎屑、铜丝等，电源线缆连接是否牢固、可靠、规范。

③ 检查开关电源柜内各级负载（如整流模块）开关是否处于"断开"状态。

设备三：蓄电池

蓄电池采取与开关电源柜并联的方式接入电源系统，在市电中断的情况下为设备提供直流电源；蓄电池接入主要指接通控制两个蓄电池组的熔丝 A、B；接入之前必须做好以下物理检查及测试工作：

① 检查蓄电池各个单体是否存在膨胀、变形、发热、渗液等现象，如果存在以上现象必须及时采取相应措施，例如，更换对应单体。

② 检查各个单体之间连接条是否安装稳固，如有松动现象，必须拧紧。

③ 检查蓄电池电源线极性是否接反、是否短路，连接是否牢固、规范。

检查方法如下。

方法一：跟踪线缆路由，确认是否存在"正负接反"或"短路"现象。

方法二：测试蓄电池在开关电源柜端的电压。如果电源系统是−48V，则蓄电池的"正极"必须通过电源线接到开关电源柜的"零电位"汇流排，蓄电池的"负极"则通过电源线接到开关电源柜的蓄电池"熔丝组"。

设备四：BBU

① 检查BBU电源线缆连接是否牢固、规范。

② 检查BBU地线是否正确、规范连接，且接地良好。

③ 测试BBU输入电压是否正常。

以上检查测试符合要求后，将各个无线机架对应空开接通。单独对每个空开进行接通，即每次只保证1个空开处于接通状态；观察对应无线机架的电源是否接通；无线机架内部单元加电；测量模块测试电压是否正常；加电顺序：先风扇、后其他内部单元，断电顺序相反。加电时逐个加电，观察各单元指示灯状态。

11.4 监理工作方法及措施

11.4.1 施工准备阶段监理工作方法及措施

（1）熟悉工程设计文件、图纸，准备与本工程监理内容有关的标准、规范，主要文件如下。

① 施工图设计文件、图纸。

② 国家发布的与本工程有关的标准：

《建设工程监理规范》	GB/T 50319—2013
《建筑工程施工质量验收统一标准》	GB 50300—2013
《建筑地基基础工程施工质量验收规范》	GB 50202—2002
《混凝土结构工程施工质量验收规范》	GB 50204—2015
《钢结构工程施工质量验收规范》	GB 50205—2001
《砌体工程施工质量验收规范》	GB 50203—2011
《通信局站防雷与接地工程设计规范》	GB 50689—2011
《塔桅钢结构施工及验收规程》	CECS 80:96
《集群通信设备安装工程验收暂行规定》	YD 5035—2005
《数字移动通信（TDMA）工程施工监理规范》	YD 5086—2005

《数字移动通信（GSM）设备安装工程验收规范》　YD 5067—2005
《SDH 数字微波设备安装工程验收规范》　YD 5141—2005
《通信电源设备安装工程验收技术规范》　YD 5079—2005
《移动通信钢塔桅工程施工监理暂行规定》　YD 5133—2005
《移动通信工程钢塔桅结构验收规范》　YD 5132—2005
《通信专用房屋工程施工监理规范》　YD 5073—2005
《通信设备安装工程施工监理暂行规定》　YD 5125—2005
《通信电源设备安装工程施工监理暂行规定》　YD 5126—2005
通信工程建设标准强制性条文
建设单位与承建单位签订的工程建设施工合同
建设单位与供货单位签订的工程器材、设备采购合同

（2）参加施工图设计交底会议，检查、审核设计、图纸，指出施工中可能出现的问题，以便设计单位优化设计。

（3）参加第一次工地例会，向工程参与各方提出本工程监理具体方法和措施。

11.4.2　施工实施阶段监理工作方法及措施

1．质量控制方法和措施

（1）运用各项控制方法，注重主动控制，对各控制要点实行全方位的控制。

（2）采用巡视和旁站相结合的方法，对工程质量实行全过程的控制，对各质量控制点及隐蔽工程及时进行检查和办理签证手续。

2．进度控制方法和措施

建立施工进度台账，及时对实际进度与计划进度进行检查，督促施工单位严格按计划进度组织施工，如有延误，及时分析原因并采取有效措施，同时，以周报的形式向建设单位通报工程进度情况。

3．造价控制方法和措施

（1）严格按设计图纸计量施工单位完成的符合合同规定的质量要求的工程量。

（2）注重收集涉及工程索赔事件的证据，慎重处理施工单位提出的各种索赔要求。

（3）认真审查各类设计变更，严格执行设计变更手续。

4．工程施工安全要求及控制措施

（1）施工中要严格遵守有关机房的管理规定。

（2）施工操作人员在施工中要注意原有通信系统的运行安全，在设备立架、线缆布放、用户线缆成端卡（焊）接、设备加电熔丝更换等过程中一定要谨慎操作，严禁任何金属部件、导线进入原有设备机架内，尤其是布放电源线前一定要检查电源线槽内是否有前期工程遗漏的金属物件，清理槽道后再行布线。

（3）在施工中进行设备安装及插拔机盘时，应佩戴防静电手环。

（4）请施工人员在进行设备安装时务必做好光连接器和光接头的清洁工作，并专用工具检查光活接头的清洁度。

（5）工单位应对本工程所布放的设备、线缆、软光纤等进行标注，标注应符合有关规范要求及机房维护的要求，以便于维护。

（6）在现场施工的过程中，现场监理人员必须在现场进行巡检，对可能造成不安全的苗头随时给予指出；对关键的操作工序，现场监理员必须进行旁站，确保整个施工过程的安全。

11.4.3 竣工验收阶段监理方法及措施

（1）督促、检查施工单位编制的竣工技术文件，符合条件后，准备竣工预验收的工作。

（2）按合同要求，依照国家或行业标准、规范组织竣工预验收，编写竣工预验收报告并报建设单位。

（3）协助并参加建设单位组织的工程竣工验收工作，提交监理工作总结。

学习单元 12 XX市广电学院室内覆盖工程监理

12.1 专业工程特点

本次工程的信源采用光纤直放站，施主基站为××市广电学院基站，直放站直接耦合该基站的×小区的信号，对广电学院教学楼二层（2F）进行全覆盖。

本室内分布工程特点分析：

（1）本建设项目集中。

（2）本建设项目需要和业主协调。

（3）本建设项目天馈线工艺质量要求高，施工周期短。

（4）本建设项目施工范围大，施工基本在室内。

本室内分布工程难点分析：

（1）本建设项目工程外部协调困难，材料路线运送频繁。

（2）由于本建设项目室内分布工程涉及材料种类多、批量多，需要加强进场材料设备的检验、验收，严格按照规范进行试验，确认各项技术指标达到合格后才能安装使用，同时，要加强进场设备材料的跟踪监控。

（3）由于本建设项目采购材料周期较长，需要加强材料到货时间的控制。

（4）由于本建设项目涉及单位多，外部协调难度大。

（5）规范移动室内覆盖系统工程施工监理工作的内容、程序和方法。

12.2 监理工作流程

室内覆盖工程监理工作流程如表 12-1 所示。

表 12-1　　　　　　　　　　　　　室内覆盖工程监理工作流程

工作流程	控制点	岗位	监理措施	相关文件和记录
站点勘察	现场勘测数据和相关资料	监理工程师	检查数据的真实性和可靠性 协助承建单位搞好与业主的协调关系	勘测记录表
初案提交	方案合理性	监理工程师	审核方案的合理性	初步方案
设计会审	及时参加建设方组织的站点会审	监理工程师	组织会审	会审纪要
开工报告 开工会现场	计划可行性	监理工程师	1. 审批开工报告 2. 根据实际情况做监理计划 3. 组织现场开工会	1. 开工报告 2. 站点计划 3. 开工会纪要
人、机、料进场	1. 外观和数量检查 2. 合格证检查 3. 设备数量和施工人数的检查	监理工程师	1. 外观不得有严重缺陷 2. 必须具有出厂检验合格证 3. 设备符合要求 4. 检查设备和人力匹配相当	1. 合格证 2. 材料清单 3. 材料和设备报验表 4. 安全技术交底表
天线、馈线以及主器件布放	1. 施工工艺 2. 器件安装要求	监理员	1. 符合浙江室内覆盖工程验收技术细则 2. 不符合整改	1. 巡查记录 2. 监理日记 3. 整改通知单
隐蔽工程施工	隐蔽工程	监理工程师	监理旁站	隐蔽工程记录表
承建单位自检完整体检查	1. 整体安装工艺 2. 器件安装位置 3. 标签粘贴	监理员	1. 符合浙江电信室内覆盖工程验收技术细则 2. 不符合整改	1. 承建单位施工工艺自检表 2. 承建单位检查申请
开通测试	测试数据	监理员	1. 监理旁站 2. 不符合要求整改	1. 场强测试表 2. 切换测试表 3. 整改通知单
初验技术文件	1. 安装工程量 2. 测试数据	监理员	1. 对工程量进行审核 2. 对测试数据进行审核	初验技术文件
工程初验	上报初验资料	监理工程师	1. 组织验收 2. 要求对不合格工程进行整改	1. 初验报告 2. 整改报告 3. 室内覆盖验收细则
初验竣工文件	数据审核	监理工程师	1. 对竣工文件审核 2. 不符合按要求重新修改	竣工文件
审核竣工文件	工程量审核	监理工程师	1. 对工程量进行审核 2. 不符合要求重新修改	付款申请
工程终验	上报终验资料	监理工程师	1. 对终验站点进行抽检 2. 参加终验站点验收	终验报告

12.3 监理工作要点

12.3.1 施工组织和实施

1. 工程协调会

（1）开工前应召开第一次工程协调会，会议由建设单位主持，参加单位应有建设单位、承包单位、监理单位、设计单位等承担本工程建设的主要负责人、专业技术人员、管理人员。

（2）第一次工程协调会的主要内容如下。

① 建设单位简介工程概况，如组网方案、规模容量、总工程量、工程时限。

② 建设单位根据委托监理合同宣布对监理工程师的授权。

③ 建设单位、承包单位和监理单位分别介绍各自驻现场的组织机构、人员分工、驻地及联系方法。

④ 建设单位介绍工程开工条件的准备情况，如设计文件、设备材料到货进场情况等。

⑤ 施工单位介绍施工准备情况，如施工队驻地，人员、车辆调遣计划，机具仪表到场等情况。

⑥ 建设单位和监理工程师对施工准备情况提出意见和要求。

⑦ 监理工程师介绍监理规划的主要内容。

⑧ 涉及工程的其他约定。

⑨ 研究确定各方参加今后协调会的主要人员及主要议题。

（3）第一次工程协调会会议纪要应由监理负责起草并经与会各方代表会签。

2. 工程设计交底

设计交底前，监理人员应熟悉、了解设计文件，了解工程特点，对设计文件中出现的问题和差错提出建议，以书面形式报建设单位。

（1）设计交底由建设单位主持，设计单位、承包单位和监理单位的项目负责人及有关人员参加。

（2）施工现场的客观条件：建筑物性质、地点、经纬度、楼层数、各楼层功能、面积、电梯数量、人流量等，原有通信及配套设备的特点、位置，各种管线的管线路由。

（3）建设单位、维护单位对本工程的要求：分布系统的类型，信号源的类型，室内天线类型和数量；各设备的安装位置和固定方式，主要是主机设备、干线放大器、天线设备；主设备和有源设备的电源供电、接地、工作环境和抗震措施、室外天馈线避雷措施，主干馈线的布放路由等。

（4）本次改造的内容及对原有系统的影响：是否需要割接、是否为扩容预留、如何与原系统合网等。

（5）要督促承包单位认真做好审核及设计方案核对工作，对于审图过程中发现的问题，及时以书面形式报告给建设单位。对于存在的问题，要求承包单位以书面形式提出，在设计单位以书面形式进行解释或确认后，方能进行施工。

（6）对土建、电气改造，消防、安防改造，设备安装及环境监控施工的要求，对建材、管材、构配件、各种线缆的要求，以及施工中应特别注意的事项等。

（7）承包单位介绍工程的准备情况，包括与业主的施工协调、安装材料储放等问题的明确。

（8）交底记录由承包单位负责，监理审核后，各方签字确认。

3. 施工技术力量报告和检验

（1）施工安装前，施工单位应按要求向监理单位报送相关文件。

① 分包单位资格报审表和有关资料（含单位营业执照、企业资质等级证书、业绩材料）。

② 施工组织设计（方案）报审表及施工组织设计方案，方案应含：

A．质量、进度、安全目标及保证措施。

B．施工组织及管理、技术人员资质，附以名单及职称、学历、岗位证书（或培训证书）复印件。

C．工机具仪表进场报审表和工机具仪表清单。

D．工程开工报审表。

监理工程师收到报验申请表后应及时对照检查并签署意见。批准的施工组织方案和主要技工未经监理同意不得随意改变。

（2）施工队的技术力量（含技工数量、施工方案、车辆、工机具）应满足施工质量和进度要求，每支施工队应指定有质量和安全责任人，关键部位的操作（上塔及操作，制作馈线头，线缆连接）必须是有许可证、有经验的熟练技工担任；新手必须经过培训入场，只能做辅助工作。

（3）施工的工机具仪表应符合施工要求。

（4）设备器材送货和检验。

开工前建设单位、供货商、施工单位和监理单位代表要对需安装的主要设备、主要材料、配件及辅材点验，设备器材必须全部到齐，数量、规格型号应符合工程设计要求，无受潮和损伤现象。应作好点验记录，不合要求的应要求供货商限时解决，所用线缆应用阻燃耐火型。

① 主要设备、材料、进场检验结论应有记录，确认符合本规范规定，才能在施工中应用。

② 材料进场验收的主管部门，应组织施工单位和监理单位有针对性地制定设备、材料进场检验要求、检验程序和检验方法，明确各环节具体负责人。

③ 材料、设备进场时，建设方、施工方和监理方必须依照国家相关规范规定，按照设备材料进场验收程序，认真查阅出厂合格证、质量合格证明等文件的原件。材料、设备进场时，应确保质量证明文件符合国家有关规定。要对进场实物与证明文件逐一对应检查，严格甄别其真伪和有效性，必要时可向原生产厂家追溯其产品的真实性。发现实物与其出厂合格证、质量合格证明文件不一致或存在疑义的，应立即向主管部门报告。

④ 设备进场时，采购单位要提前通知监理单位，监理工程师必须实施旁站监理。监理人员对进场的材料必须严格审查全部质量证明文件，对不符合要求的不予签认。未经监理工程师签字，进场的材料、设备不得在工程上使用或者安装，施工单位不得进行下一道工序的施工。

（5）工程质量的责任和检查。

工程施工质量是在施工过程中形成的，而不是最后检验出来的，为确保工程质量，应建立质量责任和检查体系。

　　施工单位对所承包的工程项目的施工质量负责，是施工质量的直接实施者和责任者。应当建立起健全的质量管理体系，落实质量责任制，确定工程项目的项目经理、技术负责人和施工管理负责人。质量责任人应对安装质量特别是关键部位进行质量自检。

　　监理单位代表建设单位对工程质量实施监理，对工程质量承担监理责任。监理单位责任主要有违法责任和违约责任。监理工程师的质量监督与控制就是使承包单位建立起完善的质量自检体系并运转有效，监理工程师的质量检查与验收，是对承包单位作业活动质量的复核与确认；监理工程师的检查决不能代替承包单位的自检，而且，监理工程师的检查必须是在承包单位自检并确认合格的基础上进行。现场监理工程师应履行职责，严格把关，不合格的地方应当场纠正。

12.3.2　施工规范和要求

1. 设备安装程序和规范

设备包括微蜂窝、宏蜂窝类无源设备和直放站类有源设备。

（1）安装位置要求。

① 安装位置无强电、强磁和强腐蚀性设备的干扰。

② 安装位置保证主机便于调测、维护和散热需要，便于馈线、电源线和地线等线缆的布放。

③ 主机在条件允许的情况下尽量安装在室内。对于室外安装的主机，须做防水、防晒、防破坏的措施。

④ 对于室内安装的主机，室内不得放置易燃物品；室内的温度、湿度不能超过主机正常工作温度、湿度的范围：温度为-20～+50℃，湿度≤95%。

（2）主机固定。

① 主机机架的安装位置应符合设计方案的要求，并且垂直、牢固。

② 落地安装时，底座应与墙壁距离 0.4m，或与原有设备保持整体协调；机架应垂直，垂直偏差≤机身高度的1‰；同一列机架的设备面板应成同一直线，相邻机架的缝隙应≤3mm。

③ 壁挂安装时，底部距离地面为 1.5m，或与其他原有壁挂设备底部或顶端保持在同一水平线上；墙内固定需用膨胀螺栓；垫片弹片齐全。

④ 主机内设备单元安装正确、牢固，无损坏、掉漆的现象，载波模块安装数量符合设计方案的规定，无设备单元的空位应装有盖板。

（3）接地。

① 主机设备接地符合设计要求，应使用截面积不小于 $16mm^2$ 的接地线接地，接地电阻<5Ω。

② 地线排和线鼻子（线耳）必须镀锡或镀锌，开口线鼻子（线耳）和地线的连接处要求压接，并要求使用热缩套管。

③ 所有地线与地线排连接必须使用线耳，加垫片和弹簧垫，并拧紧使弹簧垫压平。

④ 所有接地点接触良好，无松动，并作防锈处理。

⑤ 每一根接地线独立使用地线排的一个接地端子。

（4）电源。

① 主机电源插板至少有两芯及三芯防雷插座，工作状态时放置于不易触摸到的安全位置，以防触电。

② 要求提供稳定的交流电输入，其输入电压允许波动范围为 200～240V。

③ 直流（48V，24V）供电采用 2.5mm^2 的供电电缆，交流供电采用 3×2.5mm^2 的供电电缆。

④ 若电源走线较长，应用线码固定，固定间距为 0.3m，走线外观要平直美观。

⑤ 火地零线连接处应相对连接，无错接，外皮绝缘良好；裸露走线时需加套 PVC 管或在 PVC 线槽内布线。

⑥ 连接到主机架的电源线不能和其他电缆捆扎在一起。

（5）无源器件安装。

无源器件安装主要是指光纤直放站的波分复用单元、光耦合单元、中继耦合器等设备的安装和光路连接。

① 波分复用单元和光耦合单元。

波分复用单元和光耦合单元原则上必须放置在用户光端机架上并用螺钉固定，若无条件，也可固定在走线架上。

② 中继耦合器。

中继耦合器安装在用户基站上方的走线架上，串联在跳线与主馈线之间并加以固定。

③ 光路连接。

主机用尾纤和适当光衰减器或光法兰接头与用户的光缆连接，注意保护尾纤头以防止碰撞，使用前用无水酒精清洁尾纤头以防止灰尘沾染。

连接时插销与插孔要准确对位，连接螺母要拧到底。

当系统采用波分复用时，在与用户光系统连接时必须测试并确保波分复用单元均处于正常工作状态。

2．天馈系统安装程序和规范

室内天线安装规范和要求如下。

（1）天线固定。

① 若为挂墙式天线，必须牢固地安装在墙上，保证天线垂直美观，并且不破坏室内整体环境。若为吸顶式天线，可以固定安装在天花或天花吊顶下，保证天线水平美观，并且不破坏室内整体环境。如果天花吊顶为石膏板或木质，还可以将天线安装在天花吊顶内，但必须用天线支架对天线做牢固固定，不能任意摆放在天花吊顶内，支架捆绑所用的扎带不可少于 4 条。在天线附近须留有出口位。

② 安装天线时应戴干净手套操作，保证天线及天花板的清洁干净。

（2）天线位置。

天线的安装位置符合设计文件（方案）规定的范围。

（3）天线安装。

天线放置要平稳牢固，天线连接要做到布局合理美观。做天线的过程中不能弄脏天花板或其他设施，安装完天线后要擦干净天线。室外天线和馈线连接必须用"315 方式"做防水保护。

（4）施主天线安装。

① 施主天线型号符合设计要求，在风力较大地区若使用室外定向板状天线（如对数周期天线），尽量避免使用反射板，安装反射板后应注意加装增强支架。

② 施主天线在抱杆上安装，同时必须确保天线处于避雷针 45°角保护范围内。

3. 馈线系统布线方法和规范

（1）室外覆盖系统馈线布放。

① 在基站机房和天线支撑杆或铁塔之间，要安装有室外走线梯，并且走线梯要作防氧化处理。

② 馈线必须按照设计文件（方案）的要求布放，要求整齐、美观，不得有交叉、扭曲、裂损情况。

③ 馈线和室外跳线的接头要接触良好并作防水处理，在馈线从馈线孔进入机房之前，要求有一个"滴水弯"，以防止雨水沿着馈线渗进机房。

④ 室外跳线要求沿着天线支撑件固定，并且要求馈线的布放长度适当，以避免室外跳线形成多余的弯曲。

⑤ 馈线夹是用于固定馈线于走线梯上，使馈线走线整齐美观。对于不同线径的馈线，馈线夹的固定间距如表 12-2 所示。

表 12-2　　　　　　　　　　　　馈线夹的固定间距要求　　　　　　　　　　　　（单位：m）

走线方式	1/2″馈线	7/8″馈线	1 5/8″馈线
馈线水平走线	1.0	1.5	2.0
馈线垂直走线	0.8	1.0	1.5

（2）室内覆盖系统馈线布放。

① 馈线必须按照设计文件（方案）的要求布放，要求走线牢固、美观，不得有交叉、飞线、扭曲、裂损情况。

② 当跳线或馈线需要弯曲布放时，要求弯曲角保持圆滑，其弯曲曲率半径不超过表 12-3 的规定。

表 12-3　　　　　　　　　　　跳线或馈线弯曲曲率半径要求　　　　　　　　　　（单位：mm）

线径	二次弯曲半径	一次性弯曲半径
1/4″软馈	30	—
1/2″软馈	40	—
1/4″	100	50
3/8″	150	50
1/2″	210	70
7/8″	360	120

③ 馈线所经过的线井应为电气管井，不能使用风管或水管管井。

④ 馈线尽量避免与强电高压管道和消防管道一起布放走线，确保无强电、强磁的干扰。

⑤ 馈线尽量在线井和天花吊顶中布放，并用扎带进行牢固固定。与设备相连的跳线或馈线应用线码或馈线夹进行牢固固定。

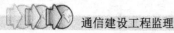

⑥ 馈线的连接头都必须牢固安装，接触良好，并做防水密封处理。

（3）馈线接头。

馈线的连接头必须安装牢固，正确使用专用的做头工具，严格按照说明书上的步骤进行，接头不可有松动馈线芯及外皮不可有毛刺，拧紧时要固定住下部拧上部，确保接触良好，接头驻波比应小于 1.2。

（4）馈线接地。

① 室外馈线必须接地。每条馈线都应用接地件和截面积为 $10mm^2$ 的接地线接地，接地电阻宜小于 5Ω。

② 馈线的接地线要求顺着馈线下行的方向进行接地，不允许向上走线。

③ 为了减少馈线的接地线的电感，要求接地线的弯曲角度大于 90°，曲率半径大于 130mm。

④ 主机保护地、馈线、天线支撑件的接地点应分开。每个接地点要求接触良好，不得有松动现象，并作防氧化处理（加涂防锈漆、银粉等）。

⑤ 所有接地线应用线码或扎带固定，固定间距为 0.3m，外观应平直美观。

（5）馈线避雷器安装。

馈线避雷器安装位置要符合安全设计要求，安装在专用移动托盘（避雷器架）上，用专用卡子固定。避雷器接地处需用独立地线连接至接地排，多个避雷器安装在一个托盘上时，保持安装面整洁美观。

（6）走线管（套管）布放。

① 对于不在机房、线井和天花吊顶中布放的馈线，应套用 PVC 管，对特殊场所应按要求套用钢管。所有走线管布放整齐、美观，其转弯处要使用转弯接头连接。

② 走线管应尽量靠墙布放，并用线码或馈线夹进行牢固固定，其固定间距如表 12-4 所示。

表 12-4　　　　　　　　　　　　固定间距要求　　　　　　　　　　　　（单位：m）

线径	<1/2″线径馈线	>1/2″线径馈线
馈线水平走线时	1.0	1.5
馈线垂直走线时	0.8	1.0

③ 走线管不能有交叉和悬空现象。

④ 若走线管无法靠墙布放（如地下停车场），馈线走线管可与其他线管一起走线，并用扎带与其他线管固定。

12.4　监理工作方法及措施

12.4.1　施工准备阶段监理工作方法及措施

（1）熟悉工程设计文件、图纸，准备与本工程监理内容有关的标准、规范，主要文件如下。

① 施工图设计文件、图纸。

② 国家发布的与本工程有关的标准：

《建设工程监理规范》　　　　　　　　　　　　　　GB/T 50319—2013
《建筑工程施工质量验收统一标准》　　　　　　　GB 50300-2013
《通信建设工程监理管理规定》信部规
《900 1800 MHz TDMA 数字蜂窝移动通信网工程验收规范》　YD/T 5067—2005
《无线通信系统室内覆盖工程验收规范》　　　　　YD/T 5160—2007
《电信设备安装抗震设计规范》　　　　　　　　　YD 5059—2005
《建设工程监理规程》　　　　　　　　　　　　　DBJ 01-41—2002
《建设工程安全监理规程》　　　　　　　　　　　DB 11/382—2006
《室内覆盖中心工程技术安装规范》
通信工程建设标准强制性条文
建设单位与承建单位签订的工程建设施工合同
建设单位与供货单位签订的工程器材、设备采购合同

（2）参加施工图设计交底会议，检查、审核设计、图纸，指出施工中可能出现的问题，以便设计单位优化设计。

（3）参加第一次工地例会，向工程参与各方提出本工程监理具体方法和措施。

12.4.2　施工实施阶段监理工作方法及措施

1．质量控制方法和措施

（1）运用各项控制方法，注重主动控制，对各控制要点实行全方位的控制。

（2）采用巡视和旁站相结合的方法，对工程质量实行全过程的控制，对各质量控制点及隐蔽工程及时进行检查和办理签证手续。

2．进度控制方法和措施

建立施工进度台账，及时对实际进度与计划进度进行检查，督促施工单位严格按计划进度组织施工，如有延误，及时分析原因并采取有效措施，同时，以周报的形式向建设单位通报工程进度情况。

3．造价控制方法和措施

（1）严格按设计图纸计量施工单位完成的符合合同规定的质量要求的工程量。

（2）注重收集涉及工程索赔事件的证据，慎重处理施工单位提出的各种索赔要求。

（3）认真审查各类设计变更，严格执行设计变更手续。

4．工程施工安全要求及控制措施

（1）在可以上人的吊顶内施工一定要注意保护吊顶内的管线，杜绝人为故障。

（2）吊顶内施工时，需使用充电手灯照明，严禁用拉线灯照明。

（3）在不能上人的吊顶上施工，利用维修口或灯座孔穿线，一定做好安全防护工作，防止触电，电缆头用绝缘胶布缠好，防止布线过程中损伤电缆。

（4）天花板上打孔，操作人员必须戴防护用具（眼镜等）。

（5）登高作业必须由两人以上进行，梯子必须放稳，有安全措施，一个人在高处操作，

另一个人在下面保护并负责递送工具，作业人员不能站在梯子顶端。

（6）电梯井道内布放电缆安装托盘天线，必须有电梯专业人员配合，两个人施工，一人操作，一人保护，动用电钻、电锤、电吹风按电工操作规范实施，必须系好安全带，安全带系在轿厢顶部防护栏上，有专用工具袋，使用有漏电保护器的电源接线，注意不能踩踏轿厢上的电源线和信号线。

（7）在实施土建的楼内施工时，施工人员必须戴安全帽，防止落物伤害，注意周围环境避免误伤，及时清理施工现场。

（8）用电锤打孔时首先征求业主同意，确定钻孔的位置周围没有缆线、障碍物等，方能操作。

（9）进行室外开挖埋设线缆前，必须向业主索要地下线缆分布图纸及相关信息，避免在开挖过程中对原有线缆造成损坏。

（10）施工现场、库房、机房严禁动用明火，不得吸烟，不得随意动用运行中的设备。如必须动用明火施工，必须取得安保部门批准，现场悬挂动火证。

12.4.3　竣工验收阶段监理工作方法及措施

（1）督促、检查施工单位编制的竣工技术文件，符合条件后，准备竣工预验收的工作。

（2）按合同要求，依照国家或行业标准、规范组织竣工预验收，编写竣工预验收报告并报建设单位。

（3）协助并参加建设单位组织的工程竣工验收工作，提交监理工作总结。

【知识归纳】

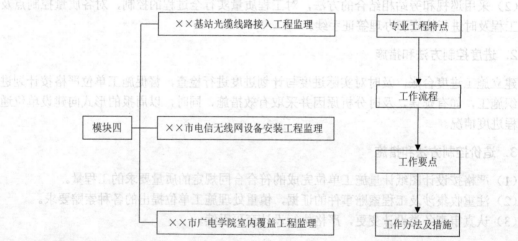

【自我测试】

论述题

1．论述通信线路工程监理工作流程及要求？
2．论述通信管道工程监理工作流程及要求？
3．论述移动基站工程监理工作流程及要求？
4．论述室内分布系统工程监理工作流程及要求？

常用监理表格

表 A.0.1　总监理工程师任命书

工程名称：　　　　　　　　　　　　　　　　　　　　　编号：

致：　　　　　　　　　　　　　　　　　　　　（建设单位）

兹任命　　　　　　　　（注册监理工程师注册号：　　　　　　　　）为我单位

　　　　　　　　　　　　　　　　　　　　　　　　　　　项目总监理工程

师。负责履行建设工程监理合同、主持项目监理机构工作。

工程监理单位（盖章）

法定代表人（签字）

年　月　日

注：本表一式三份，项目监理机构、建设单位、施工单位各一份。

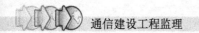

表 A.0.2　工程开工令

工程名称：　　　　　　　　　　　　　　　　　　编号：

致：＿＿＿＿＿＿＿＿＿＿＿＿＿＿＿＿＿＿＿＿＿＿＿＿＿（施工单位）
　　经审查，本工程已具备施工合同约定的开工条件，现同意你方开始施工，开工日期
为：＿＿＿＿＿年＿＿＿月＿＿＿日。
　　附件：工程开工报审表

　　　　　　　　　　　　　　　　　　　　　　项目监理机构（盖章）

　　　　　　　　　　　　　　　　　　　　　　总监理工程师（签字、加盖执业印章）

　　　　　　　　　　　　　　　　　　　　　　　　　　　　年　月　日

注：本表一式三份，项目监理机构、建设单位、施工单位各一份。

表 A.0.3　监理通知单

工程名称：　　　　　　　　　　　　　　　　　　　　　编号：

致：＿＿＿＿＿＿＿＿＿＿＿＿＿＿＿（施工项目经理部）

事由：＿＿＿＿＿＿＿＿＿＿＿＿＿＿＿＿＿＿＿＿＿＿＿＿＿＿＿

＿＿＿＿＿＿＿＿＿＿＿＿＿＿＿＿＿＿＿＿＿＿＿＿＿＿＿＿＿＿＿

＿＿＿＿＿＿＿＿＿＿＿＿＿＿＿＿＿＿＿＿＿＿＿＿＿＿＿＿＿＿＿

内容：＿＿＿＿＿＿＿＿＿＿＿＿＿＿＿＿＿＿＿＿＿＿＿＿＿＿＿＿＿

＿＿＿＿＿＿＿＿＿＿＿＿＿＿＿＿＿＿＿＿＿＿＿＿＿＿＿＿＿＿＿

＿＿＿＿＿＿＿＿＿＿＿＿＿＿＿＿＿＿＿＿＿＿＿＿＿＿＿＿＿＿＿

＿＿＿＿＿＿＿＿＿＿＿＿＿＿＿＿＿＿＿＿＿＿＿＿＿＿＿＿＿＿＿

项目监理机构（盖章）

总/专业监理工程师（签字）

年　月　日

注：本表一式三份，项目监理机构、建设单位、施工单位各一份。

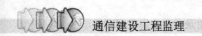

表 A.0.4　监理报告

工程名称：　　　　　　　　　　　　　　　　　　　编号：

致：_____（主管部门）
　由_____（施工单位）施工的_____
（工程部位），存在安全事故隐患。我方已于_____年_____月_____日发出编号
为_____的《监理通知单》或《工程暂停令》，但施工单位未（整改
或停工）。
　特此报告。

附件：□ 监理通知单
　　　□ 工程暂停令
　　　□ 其他

项目监理机构（盖章）

总监理工程师（签字）

年　月　日

注：本表一式四份，主管部门、建设单位、工程监理单位、项目监理机构各一份。

表 A.0.5　工程暂停令

工程名称：　　　　　　　　　　　　　　　　　　　　　编号：

致：_____（施工项目经理部）

由于_____

_____

原因，现通知你方于_____年_____月_____日_____时起，暂停_____部位（工序）施工，并按下述要求做好后续工作。

要求：

项目监理机构（盖章）

总监理工程师（签字、加盖执业印章）

年　　月　　日

注：本表一式三份，项目监理机构、建设单位、施工单位各一份。

表 A.0.6 旁站记录

工程名称：　　　　　　　　　　　　　　　　　　　　　编号：

旁站的关键部位、关键工序		施工单位	
旁站开始时间	年 月 日 时 分	旁站结束时间	年 月 日 时 分

旁站的关键部位、关键工序施工情况：

发现的问题及处理情况：

旁站监理人员（签字）

年　月　日

注：本表一式一份，项目监理机构留存。

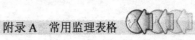

表 A.0.7 工程复工令

工程名称：   编号：

致：_____（施工项目经理部）

我方发出的编号为_____《工程暂停令》，要求暂停部位（工序）施工，经查已具备复工条件。经建设单位同意，现通知你方于_____年_____月_____日_____时起恢复施工。

附件：复工报审表

项目监理机构（盖章）

总监理工程师（签字、加盖执业印章）

年　月　日

注：本表一式三份，项目监理机构、建设单位、施工单位各一份。

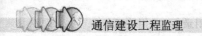

表 A.0.8　工程款支付证书

工程名称：　　　　　　　　　　　　　　　　　　　编号：

致：_____（施工单位）
根据施工合同约定，经审核编号为_____工程款支付报审表，扣除有关款项后，同意支付该款项共计（大写）
_____（小写：_____）。

其中：

1. 施工单位申报款为：
2. 经审核施工单位应得款为：
3. 本期应扣款为：
4. 本期应付款为：

附件：工程款支付报审表及附件

项目监理机构（盖章）

总监理工程师（签字、加盖执业印章）

年　月　日

注：本表一式三份，项目监理机构、建设单位、施工单位各一份。

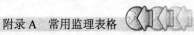

表 B.0.1 施工组织设计或（专项）施工方案报审表

工程名称：_____ 编号：_____

<table>
<tr><td>

致：_____（项目监理机构）

　我方已完成_____工程施工组织设计或（专项）施工方案的编制，并按规定已完成相关审批手续，请予以审查。

　附：□ 施工组织设计

　　　□ 专项施工方案

　　　□ 施工方案

施工项目经理部（盖章）

　　　　　　　　　　项目经理（签字）

　　　　　　　　　　　　　　　　　　　　　　　　　　　年　月　日
</td></tr>
<tr><td>

审查意见：

　　　　　　　　　　专业监理工程师（签字）

　　　　　　　　　　　　　　　　　　　　　　　　　　　年　月　日
</td></tr>
<tr><td>

审核意见：

　　　　　　　　　　项目监理机构（盖章）

　　　　　　　　　　总监理工程师（签字、加盖执业印章）

　　　　　　　　　　　　　　　　　　　　　　　　　　　年　月　日
</td></tr>
<tr><td>

审批意见（仅对超过一定规模的危险性较大的分部分项工程专项施工方案）：

　　　　　　　　　　建设单位（盖章）

　　　　　　　　　　建设单位代表（签字）

　　　　　　　　　　　　　　　　　　　　　　　　　　　年　月　日
</td></tr>
</table>

注：本表一式三份，项目监理机构、建设单位、施工单位各一份。

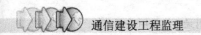

表 B.0.2　工程开工报审表

工程名称：　　　　　　　　　　　　　　　　　　　　　　编号：

致：_____（建设单位）
　　_____（项目监理机构）
　　我方承担的_____工程，已完成相关准备工作，具备开工条件，特申
请于_____年_____月_____日开工，请予以审批。
　　附件：证明文件资料

施工单位（盖章）

项目经理（签字）

年　　月　　日

审核意见：

项目监理机构（盖章）

总监理工程师（签字、加盖执业印章）

年　　月　　日

审批意见：

建设单位（盖章）

建设单位代表（签字）

年　　月　　日

注：本表一式三份，项目监理机构、建设单位、施工单位各一份。

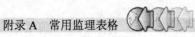

表 B.0.3 工程复工报审表

工程名称：   编号：

致：＿＿＿＿＿＿＿＿＿＿＿＿＿＿＿＿＿＿＿＿＿（项目监理机构）

编号为＿＿＿＿＿＿《工程暂停令》所停工的＿＿＿＿＿＿部位，现已满足复工条件，我方申请于＿＿＿年＿＿＿月＿＿＿日复工，请予以审批。

附：证明文件资料

施工项目经理部（盖章）

项目经理（签字）

年　月　日

审核意见：

项目监理机构（盖章）

总监理工程师（签字）

年　月　日

审批意见：

建设单位（盖章）

建设单位代表（签字）

年　月　日

注：本表一式三份，项目监理机构、建设单位、施工单位各一份。

表 B.0.4 分包单位资格报审表

工程名称：		编号：

致：＿＿＿＿＿＿＿＿＿＿＿＿＿＿＿＿＿＿＿（项目监理机构）

经考察，我方认为拟选择的＿＿＿＿＿＿＿＿＿＿＿＿＿＿＿＿＿＿＿
（分包单位）具有承担下列工程的施工或安装资质和能力，可以保证本工程按施工合同第＿＿＿＿＿条款的约定进行施工或安装。分包后，我方仍承担本工程施工合同的全部责任。请予以审查。

分包工程名称（部位）	分包工程量	分包工程合同额
合计		

附：1. 分包单位资质材料
　　2. 分包单位业绩材料
　　3. 分包单位专职管理人员和特种作业人员的资格证书
　　4. 施工单位对分包单位的管理制度

施工项目经理部（盖章）

项目经理（签字）

年　月　日

审查意见：

专业监理工程师（签字）

年　月　日

审核意见：

项目监理机构（盖章）

总监理工程师（签字）

年　月　日

注：本表一式三份，项目监理机构、建设单位、施工单位各一份。

表 B.0.5　施工控制测量成果报验表

工程名称：　　　　　　　　　　　　　　　　　　　　　编号：

致：　　　　　　　　　　　　　　　　　　　（项目监理机构）

我方已完成　　　　　　　　　　　　　　　的施工控制测量，经自检合格，请予以查验。

附：1. 施工控制测量依据资料
　　2. 施工控制测量成果表

施工项目经理部（盖章）

项目技术负责人（签字）

年　月　日

审查意见：

项目监理机构（盖章）

专业监理工程师（签字）

年　月　日

注：本表一式三份，项目监理机构、建设单位、施工单位各一份。

表 B.0.6 工程材料、构配件或设备报审表

工程名称：_____   编号：_____

<table>
<tr><td>
致：_____（项目监理机构）
    于_____年_____月_____日进场的拟用于工程_____部位的_____，经我方检验合格，现将相关资料报上，请予以审查。

    附件：1. 工程材料、构配件或设备清单
          2. 质量证明文件
          3. 自检结果

施工项目经理部（盖章）

项目经理（签字）

年　月　日
</td></tr>
<tr><td>
审查意见：

项目监理机构（盖章）

专业监理工程师（签字）

年　月　日
</td></tr>
</table>

注：本表一式二份，项目监理机构、施工单位各一份。

表 B.0.7 ＿＿＿＿＿报审、报验表

工程名称：　　　　　　　　　　　　　　　　　　　编号：

致：＿＿＿＿＿＿＿＿＿＿＿＿＿＿＿＿＿＿＿＿＿＿＿（项目监理机构）

我方已完成＿＿＿＿＿＿＿＿＿＿＿＿＿＿＿＿＿＿＿＿＿工作，经自检合格，现将有关资料报上，请予以审查或验收。

附：□隐蔽工程质量检验资料

　　□检验批质量检验资料

　　□分项工程质量检验资料

　　□施工试验室证明资料

　　□其他

施工项目经理部（盖章）

项目经理或项目技术负责人（签字）

年　月　日

审查或验收意见：

项目监理机构（盖章）

专业监理工程师（签字）

年　月　日

注：本表一式二份，项目监理机构、施工单位各一份。

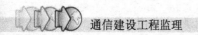

表 B.0.8 分部工程报验表

工程名称：_____ 　　　　　　　　编号：_____

致：_____（项目监理机构） 我方已完成_____（分部工程），经自检合格，现将有关资料报上，请予以验收。 附件：分部工程质量控制资料 　　　　　　　　　　　　　　　　　施工项目经理部（盖章） 　　　　　　　　　　　　　　　　　项目技术负责人（签字） 　　　　　　　　　　　　　　　　　　　　　　　年　月　日	
验收意见： 　　　　　　　　　　　　　　　　　专业监理工程师（签字） 　　　　　　　　　　　　　　　　　　　　　　　年　月　日	
验收意见： 　　　　　　　　　　　　　　　　　项目监理机构（盖章） 　　　　　　　　　　　　　　　　　总监理工程师（签字） 　　　　　　　　　　　　　　　　　　　　　　　年　月　日	

注：本表一式三份，项目监理机构、建设单位、施工单位各一份。

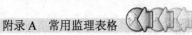

表 B.0.9 监理通知回复

工程名称： 　　　　　　　　　　　　　　　　　　　　　　编号：

致：＿＿＿＿＿＿＿＿＿＿＿＿＿＿＿＿＿＿＿＿＿＿（项目监理机构）

我方接到编号为＿＿＿＿＿＿＿＿＿＿的监理通知单后，已按要求完成相关工作，请予以复查。

附：需要说明的情况

施工项目经理部（盖章）

项目经理（签字）

年　月　日

复查意见：

项目监理机构（盖章）

总监理工程师或专业监理工程师（签字）

年　月　日

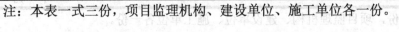

注：本表一式三份，项目监理机构、建设单位、施工单位各一份。

表 B.0.10 单位工程竣工验收报审表

工程名称：   编号：

致：＿＿＿＿＿＿＿＿＿＿＿＿＿＿＿＿＿＿＿＿＿＿＿（项目监理机构）
　我方已按施工合同要求完成＿＿＿＿＿＿＿＿＿＿＿＿＿＿工程，经自检合格，现将有
关资料报上，请予以验收。

　　附件：1. 工程质量验收报告
　　　　　2. 工程功能检验资料

　　　　　　　　　　　　　　　　　　　　　　　　　施工单位（盖章）

　　　　　　　　　　　　　　　　　　　　　　　　　项目经理（签字）

　　　　　　　　　　　　　　　　　　　　　　　　　　　年　月　日

预验收意见：
经预验收，该工程合格或不合格，可以或不可以组织正式验收。

　　　　　　　　　　　　　　　　　　　　　　　　　项目监理机构（盖章）

　　　　　　　　　　　　　　　　　　　　　　　　　总监理工程师（签字、加盖执业印章）

　　　　　　　　　　　　　　　　　　　　　　　　　　　年　月　日

　　注：本表一式三份，项目监理机构、建设单位、施工单位各一份。

表 B.0.11 工程款支付报审表

工程名称： 编号：

致：＿＿＿＿＿＿＿＿＿＿＿＿＿＿＿＿＿＿＿＿＿＿＿＿＿（项目监理机构）

我方已完成＿＿＿＿＿＿＿＿＿＿＿＿＿＿＿＿＿＿＿＿＿工作，按施工合同约定，建设单位应在＿＿＿＿＿年＿＿＿＿月＿＿＿＿日前支付该项工程款共（大写＿＿＿＿＿＿）（小写：＿＿＿＿＿＿＿＿），现将有关资料报上，请予以审核。

附件：

☐已完成工程量报表

☐工程竣工结算证明材料

☐相应的支持性证明文件

施工项目经理部（盖章）

项目经理（签字）

年 月 日

审查意见：

1．施工单位应得款为：

2．本期应扣款为：

3．本期应付款为：

附件：相应支持性材料

专业监理工程师（签字）

年 月 日

审核意见：

项目监理机构（盖章）

总监理工程师（签字、加盖执业印章）

年 月 日

审批意见：

建设单位（盖章）

建设单位代表（签字）

年 月 日

注：本表一式三份，项目监理机构、建设单位、施工单位各一份；工程竣工结算报审时本表一式四份，项目监理机构、建设单位各一份、施工单位二份。

表 B.0.12　施工进度计划报审表

工程名称：　　　　　　　　　　　　　　　　　　编号：

致：＿＿＿＿＿＿＿＿＿＿＿＿＿＿＿＿＿＿＿＿（项目监理机构）
　　我方根据施工合同的有关规定，已完成＿＿＿＿＿＿＿工程施工进度计划的编制和批准，请予以审查。
　　附件：□施工总进度计划
　　　　　□阶段性进度计划

施工项目经理部（盖章）

项目经理（签字）

年　月　日

审查意见：

专业监理工程师（签字）

年　月　日

审核意见：

项目监理机构（盖章）

总监理工程师（签字）

年　月　日

注：本表一式三份，项目监理机构、建设单位、施工单位各一份。

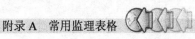

表 B.0.13 费用索赔报审表

工程名称： 编号：

致：_____（项目监理机构）

根据施工合同_____条款，由于_____

的原因，我方申请索赔金额（大写）_____，

请予批准。

索赔理由：_____

_____

_____

附件：□索赔金额的计算
　　　□证明材料

施工项目经理部（盖章）

项目经理（签字）

年　月　日

审核意见：

□不同意此项索赔。

□同意此项索赔，索赔金额为（大写）_____。

同意或不同意索赔的理由：_____

_____

_____

附件：□索赔审查报告

项目监理机构（盖章）

总监理工程师（签字、加盖执业印章）

年　月　日

审批意见：

建设单位（盖章）

建设单位代表（签字）

年　月　日

注：本表一式三份，项目监理机构、建设单位、施工单位各一份。

表 B.0.14 工程临时或最终延期报审表

工程名称：　　　　　　　　　　　　　　　　　　编号：

致：＿＿＿＿＿＿＿＿＿＿＿＿＿＿＿＿＿＿＿＿＿（项目监理机构）
根据施工合同＿＿＿＿＿＿＿＿（条款），由于＿＿＿＿＿＿＿＿＿＿＿＿＿＿＿
原因，我方申请工程临时/最终延期＿＿＿＿＿（日历天），请予批准。

附件：
1．工程延期依据及工期计算
2．证明材料

施工项目经理部（盖章）

项目经理（签字）

年　　月　　日

审核意见：
□同意临时或最终延长工期＿＿＿＿＿＿＿（日历天）。工程竣工日期从施工合同约定
的＿＿＿＿年＿＿＿＿月＿＿＿＿日延迟到＿＿＿＿年＿＿＿＿月＿＿＿＿日。
□不同意延长工期，请按约定竣工日期组织施工。

项目监理机构（盖章）

总监理工程师（签字、加盖执业印章）

年　　月　　日

审批意见：

建设单位（盖章）

建设单位代表（签字）

年　　月　　日

注：本表一式三份，项目监理机构、建设单位、施工单位各一份。

表 C.0.1　工作联系单

工程名称：　　　　　　　　　　　　　　　　　　　　编号：

致：＿＿＿＿＿＿＿＿＿＿＿

发文单位

负责人（签字）

年　月　日

表 C.0.2 工程变更单

工程名称：　　　　　　　　　　　　　　　　　　　　编号：

致：＿＿＿＿＿＿＿＿＿＿＿＿＿＿ 由于＿＿＿＿＿＿＿＿＿＿＿＿＿＿＿＿＿＿＿＿＿＿＿＿＿＿＿＿＿＿＿＿＿＿原 因，兹提出＿＿＿＿＿＿＿＿＿＿＿＿＿＿＿＿＿＿＿＿工程变更，请予以审批。 附件 　　　□变更内容 　　　□变更设计图 　　　□相关会议纪要 　　　□其他 　　　　　　　　　　　　　　　　　　　　变更提出单位： 　　　　　　　　　　　　　　　　　　　　负责人： 　　　　　　　　　　　　　　　　　　　　　　年　月　日	
工程数量增或减	
费用增或减	
工期变化	
施工项目经理部（盖章） 项目经理（签字）	设计单位（盖章） 设计负责人（签字）
项目监理机构（盖章） 总监理工程师（签字）	建设单位（盖章） 负责人（签字）

注：本表一式四份，建设单位、项目监理机构、设计单位、施工单位各一份。

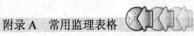

表 C.0.3　索赔意向通知书

工程名称：　　　　　　　　　　　　　　　　　　　　　　编号：

致：＿＿＿＿＿＿＿＿＿＿＿＿＿＿＿＿

根据《建设工程施工合同》＿＿＿＿＿＿＿＿＿＿＿＿＿＿（条款）的约定，由于发生了＿＿＿＿＿＿＿＿＿＿＿＿＿＿＿＿事件，且该事件的发生非我方原因所致。为此，我方向＿＿＿＿＿＿＿＿＿＿（单位）提出索赔要求。

附件：索赔事件资料

提出单位（盖章）

负责人（签字）

年　月　日

1．工程监理单位（Construction project management enterprise）

依法成立并取得国务院建设主管部门颁发的工程监理企业资质证书，从事建设工程监理活动的服务机构。

2．监理（Construction project management）

工程监理单位受建设单位委托，根据法律法规、工程建设标准、勘察设计文件及合同，在施工阶段对建设工程质量、进度、造价进行控制，对合同、信息进行管理，对工程建设相关方的关系进行协调，并履行建设工程安全生产管理法定职责的服务活动。

3．相关服务（Related services）

工程监理单位受建设单位委托，按照建设工程监理合同约定，在建设工程勘察、设计、保修等阶段提供的服务活动。

4．项目监理机构（Project management department）

工程监理单位派驻工程负责履行建设工程监理合同的组织机构。

5．注册监理工程师（Registered project management engineer）

取得国务院建设主管部门颁发的《中华人民共和国注册监理工程师注册执业证书》和执业印章，从事建设工程监理与相关服务等活动的人员。

6．总监理工程师（Chief project management engineer）

由工程监理单位法定代表人书面任命，负责履行建设工程监理合同、主持项目监理机构工作的注册监理工程师。

7．总监理工程师代表（Representative of chief project management engineer）

由总监理工程师授权，代表总监理工程师行使其部分职责和权力，具有工程类注册执业资格或具有中级及以上专业技术职称、3 年及以上工程监理实践经验的监理人员。

8．专业监理工程师（Specialty project management engineer）

由总监理工程师授权，负责实施某一专业或某一岗位的监理工作，有相应监理文件签发权，具有工程类注册执业资格或具有中级及以上专业技术职称、2 年及以上工程实践经验的监理人员。

9．监理员（Site supervisor）

从事具体监理工作，具有中专及以上学历并经过监理业务培训的监理人员。

10．监理规划（Project management planning）

指导项目监理机构全面开展监理工作的纲领性文件。

11．监理实施细则（Detailed rules for project management）

针对某一专业或某一方面监理工作的操作性文件。

12．工程变更（Engineering variations）

按照施工合同约定的程序对工程在材料、工艺、功能、构造、尺寸、技术指标、工程量及施工方法等方面做出的改变。

13．工程计量（Engineering measuring）

根据工程设计文件及施工合同约定，项目监理机构对施工单位申报的合格工程的工程量进行的核验。

14．旁站（Key works supervising）

监理人员在施工现场对工程实体关键部位或关键工序的施工质量进行的监督检查活动。

15．巡视（Patrol inspecting）

监理人员在施工现场进行的定期或不定期的监督检查活动。

16．平行检验（Parallel testing）

项目监理机构在施工单位对工程质量自检的基础上，按照有关规定或建设工程监理合同约定独立进行的检测试验活动。

17．见证取样（Sampling witness）

项目监理机构对施工单位进行的涉及结构安全的试块、试件及工程材料现场取样、封样、送检工作的监督活动。

18．工程延期（Construction duration extension）

由于非施工单位原因造成合同工期延长的时间。

19．工期延误（Delay of construction period）

由于施工单位自身原因造成施工期延长的时间。

20．工程临时延期批准（Approval of construction duration temporary extension）

当发生非施工单位原因造成的持续性影响工期事件，总监理工程师所作出的临时延长合同工期的批准。

21．工程最终延期批准（Approval of construction duration final extension）

当发生非施工单位原因造成的持续性影响工期事件，总监理工程师所作出的最终延长合同工期的批准。

22．监理日志（Daily record of project management）

项目监理机构每日对建设工程监理工作及建设工程实施情况所做的记录。

23．监理月报（Monthly report of project management）

项目监理机构每月向建设单位提交的建设工程监理工作及建设工程实施情况分析总结报告。

24．设备监造（Supervision of equipment manufacturing）

项目监理机构按照建设工程监理合同和设备采购合同约定，对设备制造过程进行的监督检查。

25．监理文件资料（Documentation of project management）

工程监理单位在履行建设工程监理合同过程中形成或获取的，以一定形式记录、保存的文件资料。

参 考 文 献

[1] 信息产业部通信工程定额质监中心. 通信工程监理实务[M].北京：人民邮电出版社，2006.

[2] 孙青华. 通信工程项目管理及监理[M]. 北京：人民邮电出版社，2013.

[3] 秦文胜. 通信工程监理实务[M]. 北京：人民邮电出版社，2013.

[4] 张开栋. 通信工程监理教程[M]. 北京：人民邮电出版社，2005.

[5] 黄坚. 通信工程建设监理[M]. 2 版. 北京：北京邮电大学出版社，2013.

[6] 张航东，邵明伟.通信管线工程施工与监理[M]. 北京：人民邮电出版社，2009.

[7] 丁龙刚. 通信工程施工与监理[M]. 北京：电子工业出版社，2006.

[8] 于正永. 通信工程设计及概预算[M]. 2 版. 大连：大连理工大学出版社，2014.

[9] 全国一级建造师执业资格考试用书编写委员会. 建设工程项目管理[M]. 2 版. 北京：中国建筑工业出版社，2007.

[10] 梁卫华. 通信线路工程施工与监理[M]. 成都：西南交通大学出版社，2014.